普通高等教育创新型人才培养系列教材
上海理工大学一流本科系列教材

复杂机电系统综合设计

▶ 丁晓红　主编

▶ 熊　敏　倪卫华　副主编

FUZA JIDIAN XITONG
ZONGHE SHEJI

化学工业出版社

·北京·

内 容 简 介

本书是在遵循课程教学改革"高阶性、创新性、挑战度"的要求，考虑加强学生综合设计能力培养，倡导"理实一体、知行合一"的教学理念基础上编写的。全书分为上下两篇，第1篇主要介绍常用基础知识和设计技术，包括8章内容，涵盖从机构和结构的设计分析技术、机械制造工艺规程到电气控制系统设计的复杂机电系统设计全过程中涉及的相关知识，从设计的角度对专业基础课程和专业课程的相关知识点进行总结和联系，并引入产品全生命周期设计、创新设计方法、有限元分析和优化设计、增材制造等新知识和新技术；第2篇以小型冲床、四足行走机器人和模块化工业机器人3个典型的设计案例，具体分析原理方案设计、结构设计与分析、工艺和控制系统设计的要点，引导学生在设计实践中应用知识和创新知识，举一反三，提高综合设计能力。

本书可作为高等学校机械类专业的教材，也可供相关专业的师生和工程技术人员参考。

图书在版编目（CIP）数据

复杂机电系统综合设计/丁晓红主编. —北京：化学工业出版社，2022.7（2024.4重印）
ISBN 978-7-122-41284-3

Ⅰ.①复…　Ⅱ.①丁…　Ⅲ.①机电系统-系统设计
Ⅳ.①TH-39

中国版本图书馆 CIP 数据核字（2022）第 067966 号

责任编辑：韩庆利　　　　　　　　　　文字编辑：吴开亮
责任校对：边　涛　　　　　　　　　　装帧设计：史利平

出版发行：化学工业出版社（北京市东城区青年湖南街 13 号　邮政编码 100011）
印　　装：北京科印技术咨询服务有限公司数码印刷分部
787mm×1092mm　1/16　印张 15¼　字数 376 千字　2024 年 4 月北京第 1 版第 2 次印刷

购书咨询：010-64518888　　　　　　　售后服务：010-64518899
网　　址：http://www.cip.com.cn
凡购买本书，如有缺损质量问题，本社销售中心负责调换。

定　　价：45.00 元

前 言

航天器、高速列车、数控机床、工业机器人等都是典型的复杂机电系统，其特征是在机械载体上集成了机、电、液、光等多物理过程和多单元技术，是现代机械装备的发展方向。复杂机电系统的设计不仅涉及机械设计、制造及控制等学科知识，还涉及计算机技术、信息技术等多学科交叉领域。对于机械类本科高年级学生而言，以复杂机电系统为对象，通过综合应用机构分析与设计、结构设计与优化、制造工艺规程及电气控制系统设计等相关知识，并基于典型案例的设计实践，不仅可引导他们应用和拓展专业基础和专业课程的知识，还能激发他们的创新思维，从而提高其深度分析和解决机械领域复杂工程问题的能力。本书正是基于这个目的，在编者多年的机械专业顶峰体验课程"复杂机电系统综合设计"的教学实践基础上编写而成。

不同于一般的针对某一知识领域的专业课程教材，本书的特点体现在以下几个方面。

① 强调知识应用的逻辑关系。以设计为主线，从产品的全生命周期出发，从设计问题的提出到最终产品的制造，明晰力学、材料、机构和结构、制造工艺和测试控制等相关知识点在复杂机电系统设计中的逻辑关系，这种逻辑关系不仅体现在知识系统的连贯性上，也体现在实际的案例设计实践中。

② 强调知识的应用场景。本书分为两篇：第1篇是常用基础知识和设计技术，第2篇是典型设计案例。在第1篇中涉及的相关知识描述上突出成果导向的教学理念，密切结合工程实际，强调知识点如何应用；第2篇以小型冲床、四足行走机器人和模块化工业机器人为例，在实际场景中引导学生对相关的知识进行综合应用和创新。

③ 融合前沿知识和技术。随着计算机技术、信息技术以及增材制造技术的发展，设计技术也发生了深刻变革。本书紧跟机械科技前沿，融合了创造性思维方法、机械结构优化、设计建模、静动态性能分析、增材制造等前沿知识和技术，并结合机械及机械设计的发展史，使学生不仅能初步应用相关的前沿知识和技术，而且能体会机械科学领域的纵深感。

④ 价值塑造、知识传授和能力培养并驾齐驱。在相关的章节引入具有社会主义核心价值观和体现大国工匠精神的视频资源，在知识学习和能力提升的同时，塑造学生正确的世界观、人生观和价值观。

本书可用于机械专业综合课程的教学，教学中可采用基于案例的问题导向和实践为主的教学方法，引导学生以学习团队的形式完成案例设计内容。

本书由上海理工大学丁晓红担任主编并统稿，上海理工大学熊敏、倪卫华担任副主编，上海理工大学李天箭、冯春花参编。具体编写分工：第1、2、6章由丁晓红编写，第3、5章由李天箭编写，第4章由熊敏编写，第7章由倪卫华编写，第8章由冯春花编写，第9、10、11章由李天箭、熊敏、倪卫华、冯春花联合编写。在编写过程中，受到北京启创远景科技有限公司、贝尔教育科技（大连）有限公司的大力支持，并参考了国内外的著作，在此对这些支持单位和著作的作者表示感谢！

本书承蒙上海理工大学王师镭、陈彩凤、白国振和苏州大学应用技术学院李国杰等老师的精心审阅，在此表示衷心感谢！

由于编者水平有限，书中难免有不足之处，敬请读者和专家批评指正。

编 者

目 录

第1篇　常用基础知识和设计技术

第 2 篇　典型设计案例

第 9 章　小型冲床设计 ·· 184

第1篇

常用基础知识和设计技术

本篇概括地介绍复杂机电系统设计常用的基础知识和设计技术，目的是从设计的角度，系统地串联并深化机械工程相关课程中的基础知识，形成系统的设计知识架构，为案例实践提供理论支撑。

第1章 ▶▶
概述

本章从复杂机电系统的含义出发，剖析其主要的行为特征，从设计的角度给出复杂机电系统架构及其涉及的相关知识，并简述机械的分类和机械工程的发展史。

1.1 ➲ 复杂机电系统的含义

通常认为，复杂机电系统（complex electromechanical system）是由机、电、液、光等多物理过程、多单元技术集成于机械载体而形成整体功能的复杂装备，其最本质的特征是机电一体化。图 1-1 所示的数控机床、工业机器人、汽车、高速铁路列车、航天发射器都是典型的复杂机电系统。复杂机电系统一般由控制功能、动力功能、传感检测功能、操作功能和结构功能五大功能模块组成，可类比为人的大脑、内脏、五官、四肢和躯体。随着人工智能的发展，复杂机电系统进一步深度融合传感检测、控制和操作等功能，使之可根据工作状态实现判断、决策、控制和改变操作的功能。

(a) 数控机床

(b) 工业机器人

(e) 航天发射器

(c) 汽车

(d) 高速铁路列车

图 1-1　典型的复杂机电系统案例

复杂机电系统一般由动力系统、传动系统、执行系统、控制系统和框架支撑系统及辅助系统五大功能模块组成，如图 1-2 所示。复杂机电系统的每一部分的子功能均由一个或若干个机电系统来实现，因此复杂机电系统也可以理解为是由一个或若干个机电系统组成的。例如，图 1-1（a）所示的数控机床，由输入设备进行指令输入，通过 PLC、计算机及数控装置控制主传动系统、进给传动系统、测量反馈装置及辅助装置等，操纵机床的工作台、刀具等实现各种进给运动、切削加工和其他辅助操作等多种功能。各系统部件相互协调，组成了一个复杂机电系统，如图 1-3 所示。

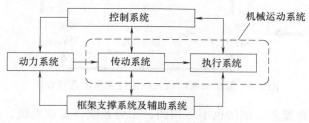

图 1-2　复杂机电系统的组成

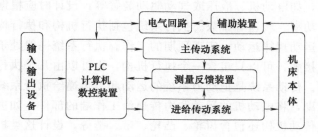

图 1-3　数控机床的机电系统

　　任意一个系统的行为通常表现为它与其外部环境的相互联系和作用，这种联系和作用是通过能量、物料、信息三大要素来实现的。复杂机电系统也不例外，工作时多种物理过程并存，各子系统与服役环境进行着能量、物料和信息流的传递、转换和演变，这些动态信息的关联和演化过程与复杂机电系统工作状态、性能密切相关，也是进行设计、制造、运维等工作的重要依据，如图 1-4 所示，输入的三大要素通过系统处理后输出。仍以数控机床为例说明这种处理过程，如图 1-5 所示，信息流同时输入启动、停止、测量反馈等控制模块和驱动模块，控制切削运动和照明等辅助模块后输出；物料流主要表现在工件切削中；而能量流不仅通过驱动、传动控制工件切削，也需要输入控制、照明等模块，最后汇总输出。在复杂机电系统中涉及机、电、液、光等多物理场非线性耦合，设计分析时，不仅需要机械工程及相关领域的专业知识，还需要很强的数学、物理、化学等理论基础。

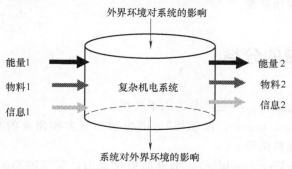

图 1-4　复杂机电系统的输入输出特征

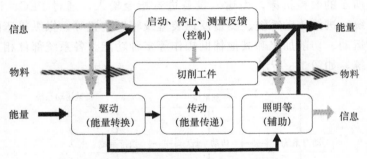

图 1-5　数控机床的输入输出特征和功能结构图

复杂机电系统种类繁多，结构也不尽相同，动力系统、传动系统、执行系统、控制系统以及框架支撑系统及辅助系统五部分各司其职。动力系统的功能是向机器提供运动和动力，是整个系统的动力源，如电动机、液压或气动驱动装置等，设计时应根据操作功能的需要选择合适的动力装置及功率、转速等参数。执行系统包括执行机构和执行构件，它的功能是驱动执行构件按给定的运动规律运动，实现预期的工作。执行系统一般处于系统的末端，执行机构直接与工作对象接触，可以只包含一个执行机构，也可以由几个执行机构组成，如各种工具、夹具和量具等。传动系统是把动力系统的运动和力传递给执行系统的中间装置，如数控机床中的滚珠丝杠副，将电动机的运动和力传递给工作端的部件，如进给系统、工作台和滑鞍的移动等，这类传动机构还包含齿轮、凸轮、带、链等，设计这类机构除需要结构件的设计知识外，还需要利用机械原理的知识进行机构的分析和综合。控制系统是为了使动力系统、传动系统、执行系统彼此协调工作，并准确可靠地完成整机功能的装置。控制系统包括监测、控制所需的传感器，以传感器数据为基础的信息处理系统，以及将这些信息转换为机器动作的驱动器等，使控制对象改变其工作参数或运行状态而实现相应的要求。这类系统嵌入动力装置、工作机构、传动机构及整机中，设计这类系统需要用到电工电子、机械测试与控制基础、PLC和微机原理等课程的知识，设计意图需要由电气控制原理图等来表达。框架支撑系统包括机架、箱体等支撑构件，用于安装和支承动力系统、传动系统、执行系统和控制系统等，如数控机床的床身、立柱、主轴箱等，机器各部分的位置精度、运动精度及机器的承载能力等主要依靠框架支撑系统来保证。框架支撑系统占有机械整体空间，决定其他零部件的相互位置，并承受和传递因机械动作而产生的反力，这类结构件的设计需要用到理论力学、材料力学、弹性力学等力学知识以及机械设计、机械制造、公差及互换性等专业知识，其设计意图可用工程制图来表达；此外，根据系统的功能要求，还可能有润滑、密封、冷却、显示、照明等辅助系统。

1.2 ➲ 机械的分类

机械的分类方法有多种，一般可分为以下几类。

① 动力机械（prime mover，原动机）。产生动力（力和速度的乘积）为目的的机械，如电动机、内燃机、蒸汽机等。

② 作业机械（working machine）。由外部提供动力，实现需要的功能，如金属切削机械（各种机床）、交通运输机械（飞机、汽车、铁路机车、船舶等）、起重运输机械（各种起

重机、运输机、升降机、卷扬机等）、工程机械（挖掘机、铲运机、工程起重机、压路机、打桩机、钢筋切割机、混凝土搅拌机、凿岩机、军工专用工程机械等）、轻工机械（纺织机械、食品加工机械、印刷机械、制药机械、造纸机械等）及专用机械（冶金机械、采煤机械、化工机械、石油机械等）。

③ 测试机械（measuring machine）。以物理量、机械量的测量（显示、记录、判断等）为目的的机械，如长度测量机、材料试验机、加速度计、流量计等。

④ 信息、智能机械（information or intelligent machine）。以信息的储存、计算和决策为目的的机械，如计算机及相关设备、影音设备、智能机器人等。

⑤ 其他机械。如医疗、康复机器、娱乐游戏机械、照相机等。

除上述分类的方法外，机械也可以按照行业和用途进行分类，如农业机械、矿山机械、纺织机械等，也可以按照操作原理来分类，如水利机械、电气机械等。

1.3 ☉ 机械工程的发展史

机械工程（Mechanical Engineering，ME）是一个应用学科，它以相关的自然科学和技术科学为理论基础，结合生产实践中的技术经验，研究和解决在开发设计、制造、安装、运用和维修各种机械中的全部理论和实际问题。远古时人类就开始使用工具和机械，最初发明工具和机械的动机是为了省力，如石器时代的石刀、石斧等。学习机械工程史，不仅可了解机械本身的发展历程，还可了解机械科技发展背后的推动力、机械科学及相关技术领域和自然科学之间的关系、机械科学技术与社会发展和变革的关系，对于机械专业人才的科学、技术和人文素养及思维能力的提升具有重要意义。由于本书篇幅有限，不能详细涉及上述全部问题，请参阅本书的相关参考文献。

在人类历史上，机械的发展可大致分为三个阶段：①古代机械阶段，从青铜器时代到公元14~16世纪欧洲文艺复兴运动时期；②近代机械阶段，17世纪至第二次世界大战结束；③现代机械阶段，第二次世界大战结束直到现在。

1.3.1 古代机械阶段

根据制造工具的材料，古代人类使用工具的历史可分为石器、青铜器和铁器时代，杠杆、轮轴、斜面、螺旋和尖劈被称为五种"简单机械"，是古代人类从使用工具的实践中总结出来的，也是后来机械发展的根基。几千年前，人类就已经发明制造了用于谷物脱壳和粉碎的臼和磨，用来提水的桔槔和辘轳，还有车船及各种武器等，这些工具和机械所用的动力从人自身的体力发展到利用畜力、水力和风力。人类从使用工具进化到使用简单机械的时间，大致在青铜器时代。古代机械中有很多巧妙的构思和辉煌的创造，如我国东汉时期张衡发明的浑天仪、三国时期马钧发明的龙骨水车、宋代毕昇发明的活字印刷术等，如图1-6所示。明朝末年宋应星所著的《天工开物》系统地记述了中国农业、工业和手工业的生产工艺和经验，也包括金属的开采和冶炼、铸造和锤锻工艺、工具和机械的操作方法，船舶、车辆、武器的结构、制作和用途等。在中国以外，公元前4世纪亚里士多德（Aristotle）撰写的著作《机械问题》是现存最早的研究机械和力学原理的文献，公元前2600年左右，埃及建造了金字塔，人们采用滚木（简单的轮轴）、土堆起的斜坡（斜面）和撬棍（杠杆）等简单机械搬运和提升巨石。"简单机械"一词源于公元前3世纪的古希腊人阿基米德（Archimedes），众所周知的阿基米德名言"给我一个支点，我就能撬起整个地球"就是他在杠杆的机械增益效果的研究中产生的。他不仅是流体力学的鼻祖，发现了阿基米德原理，也是伟大的数学家、力学家、天文学家。公元1世纪的古希腊哲学家希罗在其著作《力学》中论述了杠杆、滑轮、螺旋、轮轴和劈的制作和应用。随着古希腊、古罗马的衰亡，欧洲进入中世纪后，封建割据、神学统治和瘟疫蔓延造成了中世纪的欧洲科技发展缓慢，但在中世纪晚期，机械技术开始逐渐复苏。公元14～16世纪欧洲发生了文艺复兴运动（the Renaissance），这是一场伟大的思想解放运动，它是后来包括资产阶级革命、工业革命在内的一系列伟大社会变革的序幕。在这个时期，社会和生产力的发展加速，也包括机械的发展加速。毕昇发明的活字印刷术在13世纪传到欧洲后，1434年，德国人古腾堡（J. Gutenberg）发明了螺旋加压、可双面印刷的平板印刷机，1450年，古腾堡在他的故乡美因兹（Mainz）建立了印刷厂；1588年，英国人发明了针织机；15世纪，意大利人发明了转臂式起重机；16世纪中叶，瑞士出现了钟表制造业，钟表制造业的发展则为工业革命中机床的发展奠定了基础。

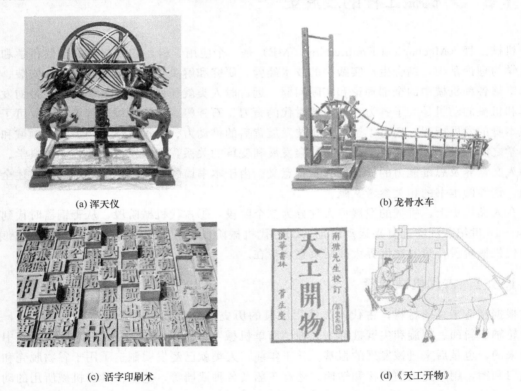

(a) 浑天仪

(b) 龙骨水车

(c) 活字印刷术

(d)《天工开物》

图1-6 中国的古代机械

1.3.2 近代机械阶段

达·芬奇（L. da Vinci）是文艺复兴精神的杰出代表，他是一个伟大的艺术家，也是卓越的工程师和发明家，他曾绘制过车床、镗床、螺纹加工机床和内圆磨床的构想草图，设计过多种泵和机关枪等武器，还自制和试验了飞机。1600年，意大利科学家伽利略（G. Galilei），解释了简单机械只能传递能量而不能创造能量，最早提出了速度、加速度的概念，惯性原理和抛体运动的表述，发现了单摆运动的等时性；1638 年，伽利略在实验的基础上首次提出了梁的强度计算公式。1678 年，英国学者胡克（R. Hooke）提出了胡克定律。1687 年，牛顿出版了《自然哲学的数学原理》，在总结哥白尼、开普勒、伽利略等人研究成果的基础上，创立了经典力学。1785 年，法国物理学家库仑（C. A. de Coulomb）引入了摩擦系数的概念，提出了机械啮合理论来解释干摩擦现象。

18 世纪 60 年代，英国开始了第一次工业革命，期间最重要的机械发明是珍妮纺纱机和瓦特的蒸汽机（图 1-7）。1764 年，英国哈格里夫斯（J. Hargreaves）发明了珍妮纺纱机，虽然仍然是手工操作，却使纺纱生产率提高了数十倍。继纺纱机发明之后，在冶金、采煤等其他工业部门，也出现了发明和使用机器的高潮，因此，珍妮纺纱机通常作为英国工业革命开始的标志。随着机械化装置的使用，动力成为制约机器生产进一步发展的严重问题，这导致了蒸汽机的改进和发明。1759 年开始，瓦特（J. Watt）开展了一系列改进蒸汽机的试验，1790 年，瓦特发明了气缸示功器，终于完成了蒸汽机的改进。蒸汽机的改进极大鼓舞了各行各业使用和发明机器的热情，如蒸汽机车和蒸汽轮船等推动了铁路交通和远洋运输的发展。

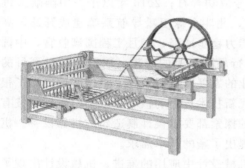 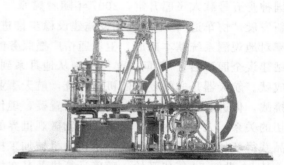

(a) 珍妮纺纱机　　　　　　　　　　　　　　　(b) 瓦特的蒸汽机

图 1-7　近代机械

19 世纪中叶，随着发电机和电动机的发明，世界进入了电气时代，内燃机、汽车和飞机的发明，开始了新的交通运输革命。19 世纪 60～70 年代开始的第二次工业革命，电动机和内燃机取代了蒸汽机，汽轮机和水轮机随着电力工业的发展而发展起来，更多的新机器发明应用于经济的各个部门，并开始进入人们的日常生活，磨床、齿轮加工机床等各种精密机床出现，各种机械传动、液压传动取得巨大的进步，大批量生产模式、现代管理制度首先在机械企业中建立起来。

这一时期，机械设计进入半理论、半经验设计阶段。各种新型机器的发明和使用对机械设计提出了很多的要求，各种机械的载荷、速度等都有很大的提高，因此机械设计理论在古典力学的基础上迅速发展，材料力学、弹性力学、流体力学、机械力学、疲劳强度理论等学科得到了飞速发展，并建立了学科体系。1854 年，德国学者鲁洛克斯（F. Reuleaux）发表了著作《机械制造中的设计学》，他把机械设计学独立出来，建立了以力学和制造为基础的新科学体系，由此产生了"机构学""机械零件设计"等内容。在这一基础上，机械设计学得到了很快的发展，在疲劳强度、接触应力、断裂力学、高温蠕变及齿轮接触疲劳强度计算、弯曲疲劳强度计算等方面取得了大量的突破。同时，新工艺、新材料、新结构的不断涌现也促进了机械设计水平的提高。这段时期，机器的尺寸减小、速度增加、性能提高，机械设计的计算方法和数据积累也有了很大的发展。

近代的机械制造业发端于 16 世纪出现的钟表制造业，但直到 20 世纪 20 年代，机械制造才作为一门单独的课程出现在苏联的工程教育中。机械制造技术发展的推动力是社会对制造的生产率要求和精度要求。近代的机械制造学科中包含金属切削理论、金属切削刀具的设计、机械制造工艺（包含夹具）、金属切削机床的设计、机械加工精度的理论等。

1.3.3 现代机械阶段

从第二次世界大战结束至今，全球范围内兴起了第三次技术革命。第一、二次技术革命是动力革命，而第三次技术革命则是信息化的革命，它以信息技术、原子能技术和航天技术为代表，涉及新能源技术、新材料技术、生物技术和海洋技术等领域。下面以航天技术为例，简单回顾人类探索太空的历史。1957 年 10 月，苏联发射了世界上第一颗人造地球卫星，开创了空间技术发展的新纪元；1958 年，美国也发射了人造地球卫星；1961 年，苏联宇航员乘坐飞船进入太空；1969 年，美国实现了人类登月的梦想；1981 年，美国哥伦比亚航天飞机首次执行任务。我国 1970 年发射了第一颗人造地球卫星"东方红 1 号"，2003 年，中国神舟五号载人飞船升空，2007 年随着嫦娥一号成功奔月；2016 年以来，中国航天进入创新发展"快车道"，空间基础设施建设稳步推进，北斗全球卫星导航系统建成开通，高分辨率对地观测系统基本建成，卫星通信广播服务能力稳步增强，探月工程圆满收官，中国空间站建设全面开启，"天问一号"实现从地月系到行星际探测的跨越，取得了举世瞩目的辉煌成就。航天器是非常复杂的机电系统，航天事业的发展给机械设计、机械制造提出了很多新挑战，促进了机械科技的发展。毋庸置疑，现代新技术革命的核心领域都与机械科技有着密切的关系，人类对太空、深海和生物微观世界的探索都要求设计制造新的机器设备。机械产品获得新材料的同时，也给新材料的机械加工提出了新的技术需求。

从 20 世纪 50 年代开始，随着计算机及其在机械设计中应用的推进，机械设计出现了革命性的变化，并催生了创新的设计方法，包括计算机辅助设计、优化设计、可靠性设计、动态设计、创造性设计和绿色设计等。计算机辅助设计极大地提高了设计的效率；控制论、信息论、系统论的发展给机械设计在哲学高度上提供了指导思想和方法论；多体动力学和有限元方法给机械动力学提供了新的分析方法。

在信息技术的带动下，机械制造技术从成组技术、CAD/CAM、计算机辅助工艺编程、数控机床、加工中心，到柔性制造系统和计算机集成制造系统、柔性和智能自动化的发展，极大地提高了生产率和加工质量，降低了工人的劳动强度。先进制造技术是制造技术、信息技术、管理科学和其他科技领域交叉、融合、发展和应用的产物。目前先进制造的发展方向还包括：超高速、超精密切削技术，难加工材料切削技术；特种加工和增材制造技术；面对资源、环境挑战的绿色制造技术以及网络化制造技术等。

智能制造是新一代信息技术与制造业的深度融合。一方面，它贯穿于设计、生产、管理、服务等各个环节，是制造模式、生产组织方式和产业形态的深刻变革；另一方面，它又随着信息技术的发展及其与制造过程融合的深入而不断提高。近年来，智能制造的研究进入了飞速发展期，云计算、大数据、物联网和信息物理系统等成为研究的新兴热点。复杂机电系统及装备是智能制造的主体，将机械工程、材料技术、电气工程、控制工程、信息技术等通过信息流融合于信息驱动的具有复杂运行规律的机电系统，信息论、控制论和系统论作为"横断科学"的融合，使其更具有自律性、自适应性以及对作业全过程的可观测性和可控性。

总之，复杂机电系统的发展将不断挑战技术极限，不断提升多学科知识的融合、高新技术集成的水平。具体来说，目前机械科技的发展趋势如下。

① 智能化。"智能化"是对机器行为的描述，是在控制理论的基础上，吸收人工智能、运筹学、计算机科学、模糊数学、心理学、生理学和混沌动力学等新思想、新方法，模拟人类智能，使其具有判断推理、自主决策等能力，以求得更高的控制目标。未来如何进一步将新一代信息技术与机器学理论深入融合，在设计、制造、运行、维护的全生命周期中对机械产品和装备赋能，实现性能、功能大幅提升甚至革命性变化，是推动智能制造水平大幅提升的一个重要内容，也是当前装备质量水平提升的努力方向。

② 模块化。由于机械产品种类和生产厂家众多，研制和开发具有标准机械接口、电气接口、动力接口、环境接口的机械是一项十分复杂但又非常重要的事。模块化可以利用标准单元迅速开发出新的产品，同时也扩大了生产规模。

③ 微型化。微电子机械系统泛指几何尺寸不超过1cm的机械产品，并向微米、纳米级发展。微机械自动化产品体积小、耗能少、运动灵活。微机械设计发展的瓶颈在于微机械技术，微机械产品的加工采用精细加工技术。

④ 绿色化。绿色制造涉及产品的整个生命周期，它有四个层次的含义：一是绿色设计，在设计阶段，产品本身应节能减排，为了可回收再制造，设计阶段还需要考虑产品的拆卸、回收、修理的问题；二是绿色材料，采用对环境友好的材料制造机械产品；三是绿色工艺，采用低能耗制造工艺和环境友好的生产技术；四是处理回收绿色化，机械产品的再制造技术是有效的技术之一。

⑤ 人格化。未来的机械产品更加注重与人之间的关系，机械产品的最终使用对象和服务对象都是人，如何赋予机械智能、情感、人性显得越来越重要。

学海扩展

灿烂的中国古代科技

华夏文明几千年孕育了众多的科技成果，其中明朝宋应星所著的《天工开物》被誉为"中国17世纪的工艺百科全书"。

视频资源：灿烂的中国古代科技

筑梦天疆——中国航天

从1970年第一颗人造卫星"东方红1号"发射成功，到天宫二号空间实验室等重大成果相继问世，中国航天不断创造历史，谱写奇迹！

视频资源：中国航天探索浩瀚宇宙

第2章 ▶▶
设计的内涵

本章从设计的概念出发，介绍对于包括复杂机电系统在内的技术系统的设计意义、设计的流程、设计的思考过程和创造性的思考方法，以及传统、现代和先进设计技术的基本含义。内容不仅包括具体产品开发需要考虑的问题，也包括面向产品全生命周期设计相关的思考方法和相关工作内容，并介绍现代和未来设计的新技术。

2.1 ◐ 设计的意义和必要性

从广义上来说，设计是将人脑中产生的想法实物化的过程，因此为了制造出新实物，必须明确：①它应实现怎样的功能？②针对该功能的机构、材料、尺寸、加工方法是什么？③如何表达新实物的设计信息，以便制造出来？以上3个内容是首先需要考虑的基本问题。进一步还需要明确：④制造出来的实物如何搬运？可否拆卸？⑤使用中维修保养是否方便？对环境是否友好？⑥经济成本如何？当对上述问题均有明确的答案后，便可以开始进行设计了。

需要注意的是，这里将制作实物作为设计的结果，而不是将设计图纸作为设计的结果。因此，复杂机电系统的设计是根据设计者所设定的需求，明确系统需实现的功能，基于功能，针对机、电、液、光等多物理场耦合的复杂系统开展原理方案设计、机构和结构设计、加工工艺设计和控制系统设计，最终制造出可实现相应功能的实物。

设计影响产品的性能、质量和成本，产品是否能满足用户的需求、是否具有市场竞争力，设计是关键，产品的创新和创造更是必须从设计开始。随着社会的发展和科技的进步，产品更新换代的周期日益缩短，产品在质量、品种、对环境友好等方面的要求越来越高，催生了新的材料、新的设计理念和设计方法，对设计者也提出了更高的要求。

2.1.1 机械工程师应具有的素质

要设计制造出好的机械产品，机械工程师必须具有以下的素质。

① 深厚的理论基础和精湛的专业知识。机械设计及制造涉及数学、力学、材料学、图学、摩擦学、机构学、制造工程学、工艺学、机械电子学、信息技术、计算机、工业美学等学科，机械工程师只有理论扎实、知识广博，才能正确识别产品设计制造过程中的关键问题，用合理的方法正确处理各种问题，才能进行创新。

② 丰富的实践经验。机械产品的设计需要考虑机械产品的全生命周期，从市场分析开始，直到产品运行维修、回收报废的整个过程。在这个过程中，各种因素互相耦合、互相制约。机械工程师应具有丰富的社会和生产实践经验，才能在设计制造过程中对各种复杂的问

题进行综合考虑，平衡利弊，最终获得具有最优性价比的产品。

③ 高度的责任感和严谨的工作态度。古人云："君子慎始，差以毫厘，谬以千里。"这正是对机械工程师的告诫，机械工程师应对其承担的设计制造任务的技术合理性和制造出来的产品品质负责。只有一丝不苟、精益求精，机械工程师才能保证所承担的技术任务的工作原理正确、设计方案先进可行、可制造性好、可靠性高、运维方便、回收性良好。

除上述三个基本点外，当今社会和科技的发展，对机械工程师提出了更高的要求。首先，机械工程师必须有创造性思维，设计就是创造，机械工程师应勤于观察和思考，善于联想，训练自己的创造性思维，勇于创新；其次，机械工程师需要有系统性思维，从系统的角度，从时间、空间的维度去观察、思考问题，应具备复杂工程所涉及的系统知识，从多学科的视角对设计制造问题进行审视；最后，应不断学习新知识，跟踪机械科技发展前沿，用新思维、新理论、新工具开发新产品，特别是那些突破目前技术的新产品。

2.1.2 机械产品的全生命周期

机械产品全生命周期包括产品从市场调研、规划到报废回收的整个过程，在时间轴上覆盖产品市场调研、概念设计、详细设计、工艺设计、生产准备、产品试制、产品定型、产品销售、运行维护、产品报废和回收利用等全过程，在空间上覆盖企业内部、供应链上的企业及最终用户。一般将全生命周期划分为 3 个阶段：产品生命初期（Beginning of Life，BOL）、产品生命中期（Middle of Life，MOL）和产品生命末期（End of Life，EOL），其中BOL 包括产品的设计和制造阶段，MOL 包括产品的物流、使用、维护和服务阶段，EOL包括产品的回收、再制造、再利用和报废过程。

产品生命初期（BOL）是一个产品从无到有的过程，也是本书涉及的主要内容。产品整个生命周期的成本约有 75% 取决于设计阶段，因此，在设计时不仅需要考虑设计、制造成本，还需要综合考虑产品生命中期（MOL）和后期（EOL）涉及的销售、运维、使用和回收报废等成本。机械产品全生命周期三个阶段的相互关系如图 2-1 所示，从时间轴的正向看，BOL 向 MOL 和 EOL 传递产品的设计参数、制造参数以及功能指标等产品固有信息，以此支持 MOL 的运维决策、EOL 的回收再利用或报废处理的判断。MOL 向 EOL 传递产

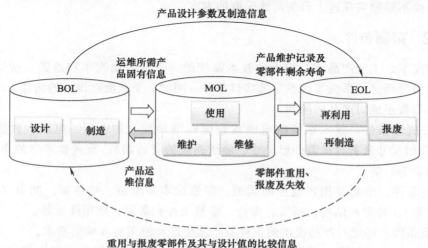

图 2-1 机械产品全生命周期三个阶段的相互关系

品整体及各零部件的运维记录及剩余寿命预估值等信息，以此作为将产品分解、对不同零部件按剩余价值进行处理的判断依据。MOL 向 BOL 传递产品维修保养记录和使用中出现的问题，以此指导 BOL 改进设计。EOL 向 BOL 和 MOL 传递产品对设计工作参数的完成度以及零部件回收再利用和报废情况等信息，使 BOL 的设计得以持续改进，实现产品族的优化，同时通过对寿命低于设计值零部件的失效分析，为 MOL 运维方式的改进提供支撑。

随着现代信息技术与机械装备的深度融合，可以建立机械产品的全生命周期数据库，实现信息从设计到制造的无纸化传递，进而指导制造阶段的工艺制定、原材料采购、零部件生产或采购以及装配工作的完成。通过全生命周期数据库的建立，可缩短开发周期，降低风险与成本，提高产品质量。企业产品设计制造、生产管理的信息化与可视化，是现代化企业的一个基本特征。

2.2 ◐ 问题的提出和产品规划

研发某种产品的目的是满足用户对该产品的需求，因此在设计之前必须对产品的需求进行仔细的分析和预测，即进行产品规划。产品规划的任务除了解市场的需求外，还需要确定产品的受众、产品推出的时间等。用户的愿望、征询用户的意见、自己和他人的想法、改进现有产品、市场分析和趋势研究等都是提出新产品构思的途径。产品规划的结果是为研发某一新产品制订任务书，说明该设计要达到的目的。任务书对以后产品在市场上的表现起着决定性的作用，因此，在制订任务书时，对要制造的产品达到怎样的目标和意图需进行慎重的考虑。

设计任务书的内容包括研制工作必需的全部重要信息，如设计意图的说明、对产品的说明及求解方案的限制条件等。一般可把任务书分为用途描述和限制条件两部分，任务书中提出的一些参数仅是粗略的参数，费用和期限也是预估的。

2.2.1 用途描述

用途描述是描述所研制的产品要做什么，与求解方案无关，即仅说明研制的产品要达到什么目的，而不限制实现这个目的的可能采取的方案。

2.2.2 限制条件

一般情况下，工业产品都是庞大的技术系统的一部分，如汽车和道路、桥梁和隧道相关，因此它需要满足由系统属性确定的接口条件；同时，受众所在国家的法律、环境、生产企业的能力等都形成对产品的限制。

① 系统属性条件。技术系统的电源或数据网络参数（如电压、电流、数据通信速率等）、相关几何尺寸数据（机器外形尺寸、输送系统的集装箱）、重量要求（如车辆和桥梁、机器和建筑物等）等。

② 市场条件。市场和用户范围的类型、制造成本和价格、销售量、期限（研制周期、出厂交货日期）、外形和结构、精度、寿命、维修条件和费用、使用性能等。

③ 环境条件。环境对产品提出的条件及产品生产和使用对环境的要求。

④ 法律、规定、标准。产品生产和使用的国家（地区）的安全、环境等相关法律、规定和标准。

⑤ 生产企业的能力。企业内部工作人员的能力、组织情况、基础结构和生产手段等。

2.3 ▶ 设计的流程

2.2 节所述的产品规划阶段，确定了产品的大致规格、制造费用、制造期限等，规划确定后，设计活动就开始了。一个复杂机电系统的完整设计过程如图 2-2 所示，图中给出了设计过程的范围，其中狭义的设计过程包括设计计划、草案图、计划图、零件图、装配图、电气控制图，这是我们在以前机械设计类课程中出现过的内容，而实际所需的最小限度的基本设计过程还包括产品整体规划及制造、装配、调试、检查、试车等内容，2.2 节的产品规划也包含在此过程中，本书涉及的内容被称为广义的设计，包括了产品的全生命周期。

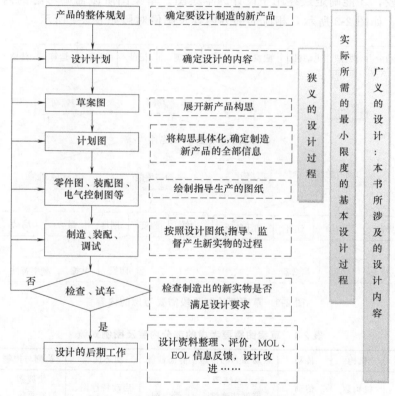

图 2-2 一个复杂机电系统的完整设计过程

2.3.1 设计计划

这一阶段是按照产品规划阶段确定的设计要求，决定设计的基本规格、日程、任务分配和预算。

① 基本规格。将产品规划阶段尚不清楚的内容作为技术规格具体化，需要考虑以下问题：产品的基本性能有哪些？技术上是否可实现？如何实现？

② 日程。图 2-2 所示的基本设计过程中各阶段的时间分配，应能保证产品在规划书中给定的出厂日期前制造完成，制定日程表时，需要留有余地，因为设计制造过程中很可能发

生不可预测的因素。

③ 任务分配。确定企业各部门及各成员所分担的任务。任何一种好产品都需要一个齐心协力的研发团队，组织领导者应从自己承担全部责任的角度去分配任务，并能使团队每个成员都能最大限度地发挥自己的作用。

④ 预算。制造满足基本技术规格的机器需要进行费用预算，形成预算书。

2.3.2 草案图绘制

这个阶段需要根据设计计划中的技术规格进行构思，并将其具体化，绘制草案图。草案图仅描述构思，不必确定全部尺寸及进行精确的设计计算，但若干假定和简单的设计计算是必要的。草案图是将人脑中形成的新产品构思记录下来并具体化的过程，具有极高的创造价值，通常需要不断修改、不断完善，因此，一种新产品可能需要若干个草案图，并通过互相之间的评价比较，才能确定最终用于设计的草案图。草案图阶段需要考虑的内容包括功能、机构、结构等，如图 2-3 所示，相应的部分内容及图例对照如表 2-1 所示。

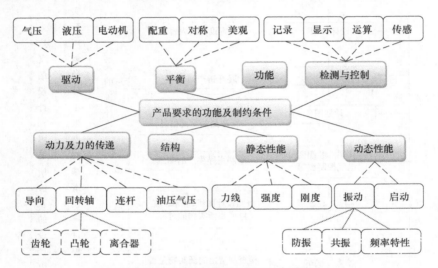

图 2-3　草案图绘制阶段需要考虑的内容

表 2-1　草案图需要考虑的部分内容及图例对照

内容	功能	机构	传动	运动和力的传递	静态性能	动态性能	检测与控制	平衡
图例	功能原理图	机构运动简图	传动路线图	动力系统图、速度加速度分析图	受力图	启动特性图、频率特性图	接线图、控制系统图、检测系统图	配重图

因为产品研发的目的是满足用户的需求，实现预定的功能，因此产品的功能是首先要考虑的问题。一般情况下，产品的总功能需要分解为各子功能，并分别进行求解。机构是实现功能的载体，如何将功能映射到机构，是设计最为重要的任务。实现同一功能可以采用不同的机构，设计时应尽可能设计不同的机构方案。驱动动力可以有多种方式，如电动机、液压、气压等，需要充分把握各种驱动的特性，选择与所求功能吻合的动力源。传动方式种类繁多，设计时要考虑各种传动的特点，需要注意的是，随着现代机械的发展，齿轮等传统的传动方式已部分由直驱电动机所取代，这种新型的电动机直接连接机器的运动执行部分，

没有中间的机械传动环节。静态特性包括结构的强度和刚度，这是机械零件设计必须考虑的问题。动态性能包括启动性能和工作时的振动性能，动态性能对机械产品的性能影响很大，需要特别重视，对于振动问题，需要考虑各种防振、减振的方法。检测与控制系统是机械产品的大脑，对于智能机器，则显得尤为重要。

2.3.3 计划图绘制

计划图绘制阶段是将草案图阶段确定的内容变成具体实物的阶段，需要考虑设计制造过程中的各种约束条件。确定计划图一般需要反复斟酌设计方案和相关的约束条件，也可能需要重新绘制草案图或从原有的几个草案图中选择出最佳的草案图。计划图绘制完成后，从机构、传动、控制、检测到尺寸公差、加工装配方案及产品运输等各方面的内容都确定了，即计划图包含了待制造产品的全部信息。有了计划图，就可以绘制出产品的全部零件图。

一个复杂机电系统需要包括若干张计划图：机器的整体布置图、机器的部件计划图、动作计划图等。计划图阶段应确定的内容如图 2-4 所示，其中机器的安装空间需要确定，然后还要确定适合于这样空间的安装方式，对于需要防振的设备，应确定基础及固定方法；配管是确定公共设施的油、气、水等配置的管路需要经过机器中的哪个部分、管路尺寸等，配线主要确定电力、数据通信的线路配置相关问题，如配线的线径、根数、配线路径等；设计时还要考虑传感器的安装部位及配线；制造是指确定外协委托厂家，并确定外购件的价格和交货期等。

计划图确定后，就可以进行生产成本的估价了。

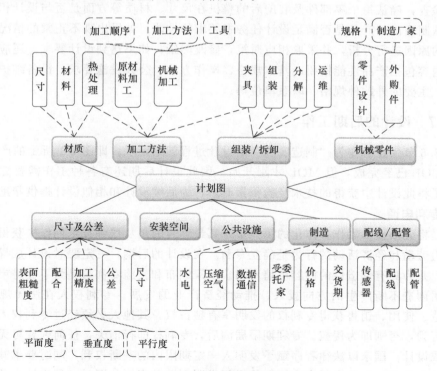

图 2-4　计划图阶段需要考虑的内容

2.3.4 零件图、装配图、电气控制图绘制

零件图和装配图是指导制造的文件，设计者基于计划图绘制零件图，基于零件图绘制装配图。装配图是为了描述加工后零件如何组装，在实物组装之前在纸面上进行预装配，若装配有问题，则需要修改零件图，因此装配图应按照实际的组装顺序绘制，以便检查组装是否可能、零部件间是否有干涉。在利用计算机辅助设计（CAD）软件进行零件图、装配图绘制时，经常先绘制装配图，然后再导出零件图。这种设计顺序是基于计算机绘图易于进行修改的特点，设计者应对导出的零件图进行仔细的检查和修正，并在完成全部零件图的修正后，按照实际的组装顺序重新绘制装配图，以保证设计的正确。电气控制图用来表明电气工作原理及各电气元件的作用，并表达它们之间的相互关系。电气控制图一般由主电路、控制电路、保护电路、配电电路等几部分组成。运用电气控制图，有利于分析电气线路、排除电路故障、进行程序编写等。

2.3.5 制造、装配、调试阶段

制造阶段是将设计阶段的信息进行物化的过程。以零件图和零件明细表为基础，将零件分为外购零件和企业内部制造的零件两类。对于需要制造的零件，首先应制定工艺流程，按照工艺流程进行制造；外购零件则向委托企业进行采购。设计者应对制造和外购零件及零件组装和调试过程进行指导和监督。

2.3.6 检查、试车阶段

通过检查，确认每个零部件及装配后的整机在尺寸、材质等方面是否与设计相符；通过试车，确认制造出的产品是否满足设计任务书要求的性能。如果出现不正常的情况，则需要对其产生的原因进行分析，并采取相应对策，修改图纸；如果达到设计要求，还应撰写使用说明书，内容包括产品性能概要、基本规格、操作方法、公共设施要求、设备维护方法、备用件列表、主要的外购件规格、联系单位等。

2.3.7 设计的后期工作

到2.3.6节为止，作为"制造实物"的设计过程就结束了，即图2-1所示的产品全生命周期中的BOL已经完成，但MOL才刚开始。因此设计后期还有各种工作需要完成，这些工作是为了将此设计中获得的技术经验积累起来，为后续设计和相似设计提供帮助。

（1）专利申请

设计是将无形技术创作具体化的第一步，其最终目的是从这种技术创作中获得利润，连接人类脑力劳动和经济活动的行为是确立专利。在设计的后期，一定要对设计成果的专利性进行确认，并为具有创造性的内容申请专利。国家颁布和实施专利法是为了促进市场资源向有利于发明创造不断产生的方向投入，推动经济产业的发展。专利权人在法律规定的期限内，对制造、使用、销售获得专利权的发明享有独占权，其他人必须经过专利权人同意才能实施上述行为，否则即为侵权。专利期限届满后，专利权即行消失，任何人皆可无偿地使用该项发明或设计。国家以法律程序赋予发明人一定期限内的垄断权利，同时要求其将发明的内容向全社会公开，以此在提高市场个体进行发明创造的意愿的同时，促进社会整体技术水平的快速积累和发展。我国的专利分为发明、实用新型和外观专利。

可以被确立为专利的发明必须满足以下条件。

① 应当具备新颖性、创造性和实用性。

新颖性是指该发明或者实用新型不属于现有技术，即发明在申请之前没有公开发表其发明的技术思路或实施思路。针对新颖性常出现的问题是，技术发明的内容已经刊登在公开的资料上，因此专利申请一定要在论文或技术报告公开发表之前。

创造性是指与现有技术相比，该发明具有突出的实质性特点和显著的进步，该实用新型具有实质性特点和进步。专利必须是一般技术人员、研究人员不能轻而易举得出的发明。

实用性是指该发明或者实用新型能够制造或者使用，并且能够产生积极效果。用途不明的发明，或者将发明加以实施在方法上不明的发明，不能成为专利。

② 利用自然规律在技术上有创造。这里包含两层含义：一是利用自然规律，如文学艺术类创作不属于利用自然规律的创作，因此不能成为专利；二是技术上的创造，如将解答数学、物理问题的公式编制为计算机程序软件等智力活动的规则和方法，疾病的诊断和治疗方法等也不能成为专利。

（2）综合评价

需对制造出的产品进行综合评价，内容包括以下几点。

① 对设计流程的反思。整体计划是否完全合理？费用、期限、人员安排是否妥当？完成的产品是否按预测期望的那样与用户的要求相符？进入市场的时机是否成熟？产品销售是否有利润？

② 机器的安全性、可靠性。除在设计制造过程中保证产品的安全性和可靠性外，产品生命周期的 MOL、EOL 数据也要充分有效地利用。

③ 未达到设计性能的处理。如果有未达到的设计性能，要尽快研究改进方案，对产品进行改进完善。

（3）成果公布

达成整体计划目标后，设计成果应该进行公布。成果公布可以撰写学术、技术论文发表于专业期刊上，也可以通过报纸、电视等多种媒体进行发布，其目的是使自己的成果广为人知，获得公认。

成果公布后，要收集各种反响，根据反响做出更好的设计，经过计划→设计→公布→反响的迭代循环，实现产品更新换代。

2.4 ❯ 设计的思考过程

设计是一个创造的过程，思考贯穿于整个设计过程。本节讨论如何在设计的过程中进行思考，在设计的各个阶段如何去考虑相关的问题。

2.4.1 一般的思考过程

这里我们聚焦图 2-2 所示的"狭义的设计过程"，即针对已经明确设计任务书的产品，从设计计划开始到设计图纸完成这个过程。

一般来说，设计的思考过程是从功能开始的：①如何实现所需的产品功能？对所要求的功能按其构成进行分析和分解，功能构成的各要素再映射成机构的各要素，因此需要思考：

②实现特定的功能需要怎样的机构？对机构进行分析和综合，进一步思考：③这些机构需要用怎样的构件？最终形成怎样的结构？除了机械部分外，还需要思考：④如何对机构进行控制实现所需的特定功能？因此设计的思考过程是功能→机构→结构→传感控制的过程，这个思考过程通常需要进行反复评价和迭代，最终才能实现从零开始产生出满足所要求功能的创造性设计。上述思考流程如图 2-5 的箭头所示，思考内容可分为三个领域：功能；机构和结构、传感控制，各个领域之间的思考方法包含分析、分解、映射、综合等，各领域的具体思考内容如图 2-5 中最下方的虚线框所示。

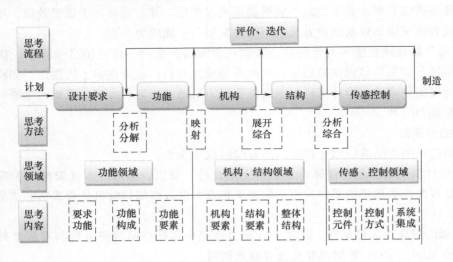

图 2-5　一般的思考过程

2.4.2　创造性的思考方法

从思维的角度，创新性的思考方法包括以下几种方法。

（1）群体集智法

针对某一特定问题，运用群体智慧开展创新活动。具体的形式包括会议集智法、书面集智法和函询集智法。会议集智法即通过会议，以面对面的形式集中和激发大家的智慧。书面集智法是采用书面形式表达创新思维，这种方法可以避免面对面讨论中他人的想法对自己创新思维的抑制。函询集智法是借助信息反馈，反复征求专家书面意见来获得创意。这些形式通常组合应用。

（2）系统分析法

对已有的产品从系统论的角度进行分析，从而获得创新的灵感。采用的形式有设问探求、缺点列举、希望点列举等。设问探求是提出一些问题促使研发人员思考，事实上，提出问题本身就是一种创造，通过设问探求，引发多角度的发散性思考，促进广思、深思与精思。缺点列举是针对原有产品，找出缺点并解决问题。希望点列举是设计者从社会希望或个人愿望出发，通过列举希望点来形成创造目标或课题。

（3）联想法

联想是对输入人脑中的各种信息进行加工、转换、连接后输出的思维活动，联系思维由此及彼、由表及里，是科技创造活动中最常见的一种思维活动。具体形式有相似联想、接近联想、对比联想、强制联想。相似联想是从某一思维对象想到与之具有某种相似特征的对象上，这种相似可以是形态、功能、时间或空间上的，把表面差别很大但意义相似的事物联想起来，有助于形成建设性的创造思维。接近联想是由某一思维对象联想到与之接近的对象上，这种接近可以是功能、时间、空间、用途、形态等各个方面。对比联想是进行对比关系的联想，有助于形成发散思维和启动创意。强制联想是将完全无关或关系很远的多个事物联系起来，进行逻辑性思考，这是一种使思维强制发散的思考方法，有利于克服思维定式。

（4）类比法

类比法是比较分析多个事物之间的相同或相似之处，找出共同点，从而提出新设想的方法，可分为拟人类比、直接类比、象征类比和因果类比。拟人类比是将人作为创造对象的一个因素，在创造对象时充分考虑人的情感，或者将创造对象拟人化。直接类比将创造对象与相似的事物或现象作比较，简单快速。象征类比是借助实物形象和象征符号来描述某种抽象的概念或情感，依靠知觉感知，使问题的关键点明了。因果类比是根据一事物的因果关系推知另一事物的因果关系。

（5）仿生法

仿生法是师法于自然，以自然现象为原型，通过直接模仿或机理分析研究进行创新。仿生法具有启发、诱导、扩展创造思维的效果，它不是仅再现自然现象，而是借助原型设计出新功能的仿生系统，这种仿生创造思维的产物是对自然的超越。

（6）组合创新法

组合创新法是运用已有的技术进行组合，推陈出新。根据组合的性质，可分为功能组合、材料组合、同类组合和异类组合。例如，智能手表，在原有的计时功能基础上组合了接听电话、运动监测、健康监测等功能；塑钢门窗就是铝材和塑料的组合；多个气缸的汽车、多个发动机的飞机就是通过同种功能在一种产品上的重复组合来获取更大的动力；将本属于不同产品的相异功能组合在一起，可以创新出具有新功能的产品，如车铣加工中心，就是将车床和铣床的功能进行了组合创新。

（7）反求设计法

反求设计法是一种逆向思维，借助已有的产品、图样等可感观的事物，创新出更先进、更完美的产品，这种思考方法符合大部分人所习惯的形象→抽象→形象的思维方式。

（8）功能设计法

功能设计法是典型的正向思维方法，和 2.3 节所述的设计过程基本一致。传统的功能设计法是根据给定的功能要求，制订多个方案，进行优选，再对所选出的最佳方案进行结构设计，并考虑材料、强度、制造工艺等产品全生命周期的各种因素，最后设计出满足设计需求的新产品。这种设计方法的创新程度主要表现在原理方案的新颖性、结构的合理性和可靠性上。

功能设计法的基本步骤如图 2-6 所示。设计过程的出发点是设计任务书，从设计任务书到具体解的进程中，首先是根据预先规定的设计需求来说明要研制系统的目的功能，然后再把目的功能进一步分解为分功能结构及基本功能结构，这个分解的结果往往有多种，需要进行评价和选择，这个过程称为功能综合。功能综合后需要进行定性综合或设计，即针对每一个分功能的输入输出（能量、物料、信息）形成原理解，这个解是一个定性的解，这个解是最具有创新意义的。定性综合是为基本功能结构设计不同的物理效应，并通过编排或变换效应载体得到各基本功能的原理解，进一步得到分功能原理方案，选择各分功能的原理解，形成整体原理方案，根据整体原理方案，初步定性设计零部件构型。定性综合后即可开展定量综合，即计算和确定结构参数、开展试验研究、改进和完成技术设计。

随着现代设计技术的发展，产品的智能设计或自动设计成为设计技术的发展目标，而正向设计思维是智能设计或自动设计的一个基本出发点。广义的智能设计就是需求者提出产品的功能要求，设计者根据提出的功能要求，并考虑产品全生命周期的各种约束因素，建立若干个设计准则和设计模型，通过人工智能、优化算法等进行反复寻优迭代，最终获得产品的最优设计结果。

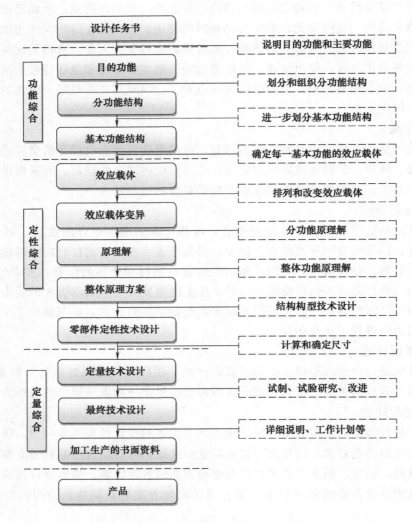

图 2-6　功能设计法详细流程

（9）TRIZ 理论

TRIZ 理论由苏联工程师和发明家阿奇舒勒（Genrich Altshuller）在 20 世纪 40 年代提出，TRIZ 是俄文经英文直译后的缩写，含义为"解决发明任务的理论"。这个理论认为，发明问题的核心是解决矛盾，在设计过程中不断发现矛盾，利用 TRIZ 理论的工具解决矛盾，就能获得理想的产品。TRIZ 理论提供了一系列工具，包括解决技术矛盾的 40 个发明原理和阿奇舒勒矛盾矩阵，解决物理矛盾的 4 个分离原理和 11 个方法，76 个发明问题的标准解法和发明问题解决算法，以及消除心理惯性的工具和资源-时间-成本算子等。

TRIZ 理论认为，产品及其技术系统的发展按照一定的客观规律进化，并可被发现、认知和利用，为此提出了 10 条技术系统进化法则，应用于产生市场需求、定性技术预测、产生新技术、专利布局和帮助企业制定战略等。这些进化法则包括：①S 曲线进化法则。技术系统的完整生命周期包括孵化期、成长期、成熟期和衰退期，S 曲线可帮助人们判断产品和行业所处的发展阶段，以便制定有效的产品开发策略和企业发展战略。②矛盾产生和克服法则。创造性问题来源于矛盾，系统从一个矛盾到另一个矛盾，通过克服不断产生的矛盾来发展。③完备性法则。系统的目标是使产品能够达到最理想的功能和状态，为了实现这一目标，系统必须具备最基本的要素，各要素之间有不可分割的联系，只有当每一要素都能达到最低工作能力，且所有要素共同形成的统一系统的最低工作能力得到保障时，技术系统才有生命力。④能量传递法则。技术系统要实现其功能，必须保证能量可贯穿系统的所有部分，即能量能够从能量源流向技术系统的所有元件，同时技术系统的进化应该沿着使能量流动路径缩短的方向发展，以减少能量的损失。⑤提高理想度法则。一个系统在实现功能的同时，必然存在有益作用和有害作用，系统改进的方向是最大化有益作用、最小化有害作用。⑥子系统协调性法则。技术系统的进化沿着各子系统之间，以及技术系统和超系统之间更协调的方向发展，技术系统的协调包括结构、工作节奏、性能及材料等因素的协调。⑦子系统不均衡进化法则。技术系统由多个具有各自功能的子系统组成，各子系统沿着自己的 S 曲线进化，系统中最先达到极限的子系统将抑制整个系统的进化，需要考虑系统的持续改进来消除矛盾。⑧动态性法则。技术系统在进化过程中，对有针对性变化的适应性会提高，系统的动态可变性是为了使系统向可控性增强方向进化。⑨向超系统进化法则。当一个系统自身发展到极限时，系统将与其他系统联合，向超系统进化，使原系统突破极限，向更高水平发展。⑩向微观级进化法则。技术系统的进化沿着减小其元件尺寸的方向发展，由宏观系统向微观系统转化，转化过程中会利用越来越高级别的物质与场，来获得更高的性能或控制。在以上进化法则中，完备性法则、提高理想度法则和 S 曲线进化法则是进化系统的战略法则，保证了系统的"诞生""生存"和"成长"。矛盾产生和克服法则使系统不断向前发展。另外，提高理想度、完备性和能量传递法则通常用于技术系统产生的前期，而子系统协调性法则和子系统不均衡进化法则多用于技术系统发展中期，向超系统、微系统进化和动态性法则多用于技术系统发展后期。

TRIZ 理论的发明者通过对大量专利的研究、分析和总结，提炼了 40 个常用的发明原理，这些发明原理揭示了创新的基本方法，众多的发明创造集中于这些发明原理的反复使用和有机结合。表 2-2 列出了 40 个发明原理、简单的含义说明及举例。

表 2-2 TRIZ 理论的 40 个发明原理

序号	原理名称	含义及举例
1	分离法	将整体切分，如卡车加拖车代替大卡车、组合式的家具、百叶窗代替大窗帘等
2	提取法	将物体中有用或有害的部分提取出来，如空调压缩机分离出来放在室外、微波滤波器等
3	局部质量改善法	在物体的特定区域改变其特征，如加工刀具的表面处理提高耐磨性、物体的不同部分具有不同的功能(各种多功能组合工具等)
4	非对称法	利用不对称进行创新设计，如搅拌机中不对称搅拌叶片、建筑上的多重坡屋顶增强防水、保温性等
5	组合法	不同物体或同一物体的各部分之间建立联系，实现新的功能，如集成电路板的芯片、冷热水混合水龙头等

序号	原理名称	含义及举例
6	一物多用法	一个物体具有多种不同的功能,如可实现打印、复印、扫描、传真的办公一体机,智能手机等
7	套叠法	使多个物体内部相契合或置入,如伸缩式镜头、推拉门等
8	重力补偿法	对重力进行等效补偿,如螺旋桨直升机、潜水艇利用排放水实现升浮等
9	预先反作用法	设法消除和控制预先估测可能出现的故障,如在灌注混凝土之前给钢筋施加压应力、悬索桥利用钢索反向拉力抵消桥面所受的压力等
10	预先作用法	事件发生前就执行某种动作,如邮票打孔便于撕开、建筑商使用的预制件等
11	预先防范法	为提高系统的可靠性事先做好应急措施,如汽车的安全气囊和备用轮胎、照相机的防红眼装置等
12	等势法	势场内应避免位置的改变,如工厂中的生产线将传送带设计成与操作台等高、电子线路中应避免电势差大的线路相邻等
13	逆向法	用与原来相反的动作达到相同的目的。如为了松开套紧的元件,不是加热外部部件,而是冷冻内层部件;模拟飞行器,用传感器和虚拟场景变幻代替真实飞行时人的动作而产生的感受等
14	曲线/面法	利用曲线或曲面来代替原来的线性特征,如洗衣机中的甩干筒、丝杠将直线运动变为旋转运动等
15	动态化法	通过运动或柔性等处理,提高系统的适应性,如可调节病床、可调节座椅、折叠伞等
16	部分超越法	当期望的效果难以全部实现时,采用达到略大于或略小于理想效果的方法,以使问题简化,如粉末喷涂时,将大量的粉末向物体表面喷涂,再刮去多余的粉末等
17	多维法	通过改变系统的维度来进行创新,如多轴联动加工中心可完成三维复杂曲面的工件加工、立体车库可实现多层停车等
18	机械振动法	利用振动,将规则的周期性变化包含在一个平均值附近,如手机用振动代替铃声、振动送料机、核磁共振检查仪等
19	离散法	改变作用的执行方式,以获得某种预期的创新结果,如将连续作用变为周期性或脉冲作用(自动灌溉机)等
20	有效作用持续法	用连续性动作提高系统的效率,如双面打印机、汽车在下坡时储存动能等
21	快速法	高速越过某过程或个别危险/有害的阶段,如高速牙医钻头、闪光灯的瞬间强光等
22	变害为利法	设法将已存在的有害因素变为有益的价值,如利用垃圾发电、用疫苗激发人体的免疫机制等
23	反馈法	利用反馈信息,如声控灯、自动调温器等
24	中介法	利用中间载体,如化学反应中的催化剂、门把手等
25	自服务法	系统在执行主要功能的同时完成其他辅助功能,如电厂余热供暖、自热食品等
26	复制法	利用复制品或模型来替代原有高成本的物品,如模拟驾驶舱、卫星图片等
27	替代法	放弃或降低某些品质或性能方面的要求,用低价物品代替高价物品,如一次性纸杯、义肢等
28	机械系统替代法	利用物理场或其他形式的作用替代机械系统的作用,如光电传感器用声音栅栏代替实物栅栏、激光切割代替水切割、点钞器等
29	压力法	用气体或液体代替固体,如各种充气或充液结构、液体静力和流体动力结构、气垫运动鞋、缓冲阻尼器等
30	柔化法	采用薄膜或柔性壳体结构,如可变形的花瓶、适合应用于人体皮肤表面或植入人体内部的压电薄膜传感器等
31	孔化法	通过多孔性质改变气体、液体或固体的存在形式,如轻质高强的泡沫金属、活性炭等
32	色彩法	改变系统的色彩,如变色眼镜片、发光的斑马线、紫外光笔等
33	同化法	与指定物体相互作用的物体应采用相同或相近的材料制作,如可吸收的手术缝合线、蛋筒冰激凌的蛋筒既是容器也是食材
34	自生自弃法	抛弃与再生的过程合二为一,如火箭发动机的分级方式、自动铅笔等
35	性能转化法	改变系统的属性,如固体胶、高压电输送等

序号	原理名称	含义及举例
36	相变法	利用相变发生时的体积改变、放热或吸热等现象,如热管、加湿器等
37	热膨胀法	将热能转化为机械能,如热气球、自动喷淋系统、双金属热敏开关等
38	逐级氧化法	加速氧化过程,如水下呼吸器中存储浓缩空气、高压氧舱、空气过滤器用电离空气来捕获污染物等
39	惰性环境法	采用惰性环境,如真空包装、霓虹灯充满惰性气体发出各种颜色的光、高保真音响用泡沫吸收振动、真空吸尘器等
40	复合材料法	用复合材料代替均质材料,如碳纤维制品、超导陶瓷、防弹玻璃等

2.5 ⊙ 设计技术

机械设计技术一般可分为反向设计(反求设计)和正向设计。反向设计的过程是首先根据已有的产品,以此为基础进行仿造设计,并进行改进或创新的过程。正向设计的过程即是2.3节所述的过程,首先明确设计目标,因此是目标导向的方法,随着设计技术和计算力学等领域的发展,采用现代设计方法的正向设计可设计出具有更高性能的产品。

正向设计可分为传统设计技术、现代设计技术和先进设计技术,其主要特征和说明见表2-3。

表 2-3　设计技术特点和说明

设计技术	基础和工具	特征	说明
传统设计技术	简化力学模型、设计标准、手册等技术资料、传统 CAD	有序化、成熟性	
现代设计技术	计算机、工程设计和分析软件、设计方法学、创造性思维方法	高效、近似最优、设计型专家系统	智能设计的初级阶段
先进设计技术	机器学习、智能专家系统	人机深入融合、自学习、自适应、自进化	智能设计的高级阶段

传统设计技术代表的形式是人工设计和传统 CAD 技术,一般依据力学和数学建立的理论公式或经验公式为基础,并基于实践经验,运用图表和设计手册等技术资料,进行设计计算、绘图和编写设计说明书,其特点是设计方法的有序化和成熟性,是"机械设计"等课程中应用的主要方法。

现代设计技术以计算机为工具,以工程设计和分析软件为基础,运用现代设计理念开展设计,其特点是产品开发的高效性和高可靠性。现代设计技术内容广泛,涉及多个学科,如计算机辅助设计、优化设计、可靠性设计、健壮性设计、虚拟设计等都是常用的设计手段。另外,现代设计技术具有通用性,如优化设计不仅可用于机械产品设计中的机构优化设计、机械零件优化设计,还能用于电子工程、建筑工程等多领域中。关于机械结构的优化设计,在第 6 章将进行详细的介绍。创新设计也是现代设计技术中的一种,是指设计人员在设计中发挥创造性,提出新方案,探索新的设计思路,提供具有社会价值、新颖性且成果独特的设计成果,其特点是运用创造性思维,强调产品的独特性和新颖性。一般来说创新设计很难找出固定的设计方法，创造性思考的一般方法如 2.4.2 节所述。

设计技术发展的终极目标是智能设计，理想的智能设计是根据人们的需求，自动设计出满足需求的完美产品。先进设计技术的基础是人机智能设计系统，智能活动由人机共同承担。智能设计离不开智能模拟，人工智能是 20 世纪中期产生并正在迅速发展的新兴边缘学科，是探索和模拟人的智能和思维过程的规律，进而设计出类似人的某些智能自动机的科学，其中心任务是研究如何使计算机完成那些以前只能靠人的智力才能做的工作。智能设计系统不仅是对人脑某些思维特征（如抽象思维、形象思维）的模拟，而且具有自学习、自适应的能力，即具有自我进化的机制。智能设计的特点包括：①以设计方法学为指导。设计方法学是对设计本质、过程设计思维特征及其方法学的深入研究，是智能设计模拟人工设计的基本依据。②以人工智能为实现手段。借助专家系统技术在知识处理上的强大功能，结合人工神经网络和机器学习技术，支持设计过程的自动化。③以 CAD/CAE 技术为数值计算和图形处理工具，提供对设计对象的优化设计、有限元分析和图形显示输出的支持。④面向集成智能化。不仅支持设计的全过程，而且考虑到产品全生命周期的集成。⑤提供强大的人机交互功能，使设计师与人工智能融合成为可能。由这些特点可知，人工智能体系和一般计算机应用系统不同，一般的计算机应用系统处理的对象是数据，而人工智能系统处理的对象不仅有数据，还有信息和知识，使系统具有思维和推理能力。

从问题描述的角度出发，任何复杂系统都需要抽象出统一的表达模型，通过抽象把问题分层分类，然后采用相应的处理方法。智能设计的抽象层次模型如图 2-7 所示，图的左边是智能设计过程中层次结构及各层之间的相互关系，下一层以上一层为基础，下一层为上一层提供支持和服务；图的右边表现了抽象层次模型在具体应用时承担的任务。智能设计系统的抽象层次模型是系统集成求解的基础。

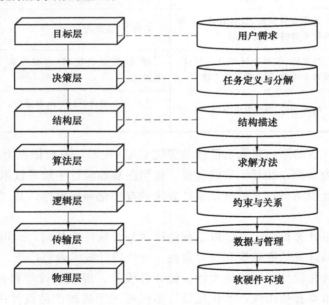

图 2-7 智能设计系统的抽象层次模型

应该指出，目前设计技术的发展还远未达到人们所希望的智能化水平的期望，如人工智能、专家系统针对复杂问题还缺少适应性和灵活性，知识获取和进化手段匮乏，成为知识系统的瓶颈，人工神经网络等算法还难以解释高层次的思维活动等。

思 考 题

1. 面向产品全生命周期的设计过程需要考虑哪些问题？
2. 创造性的思维方法有哪些？选择一种感兴趣的方法深入了解。
3. 通过查阅文献，描述人机融合智能设计系统的架构。

实现复杂机电系统的设计要求，机构分析与方案设计是第一步，也是设计中最具有创新意义的阶段。本章从机构选型开始，逐步介绍机械系统设计方法，指导学生完成机械系统运动方案设计、执行系统协调设计、原动机的选择和系统方案评价与决策。

3.1 ➲ 机构选型

3.1.1 执行构件运动的常用机构

"机械原理"课程中介绍了连杆机构、齿轮机构、凸轮机构、间歇运动机构等的组成、运动原理以及设计与分析方法，把这些结构最简单且不能再进行分割的闭链机构称为基本机构，或称为机构的基本型。工程中，基本机构虽然有着广泛的应用，但由基本机构组合在一起而形成的机构系统的应用更为广泛。基本机构是设计创新机构系统的基础，下面对常用机构形式作简单回顾。

（1）连杆机构的基本型

连杆机构的基本型见表 3-1。

表 3-1　连杆机构的基本型

基本型	基本特性	图示
曲柄摇杆机构	曲柄摇杆机构是连杆机构的最基本类型。通常情况下，曲柄做等速转动，摇杆做往复摆动。摇杆往复摆动的速度可以相等，也可以不等。往复摆动的速度变化情况可按行程速比系数的大小来确定。曲柄摇杆机构可实现等速转动到无急回特征的往复摆动或有急回特征的往复摆动的运动变换。摇杆的摆动角度和速度与机构尺寸密切相关	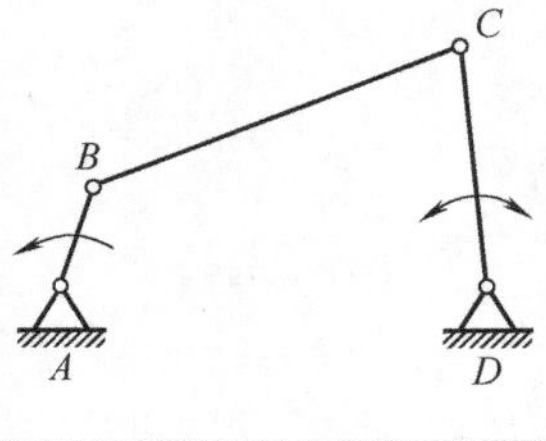
双曲柄机构	双曲柄机构的主动曲柄做等速转动，另一个曲柄做变速转动，实现等速转动到变速转动的运动变换	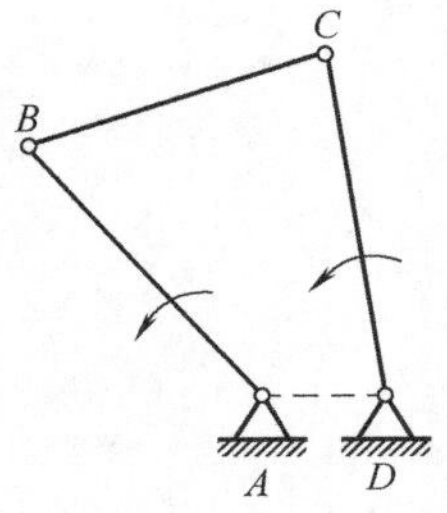

续表

基本型	基本特性	图示
双摇杆机构	在双摇杆机构中,还可分为有整转副的双摇杆机构和没有整转副的双摇杆机构,它们均能实现等速摆动到不等速摆动的运动变换	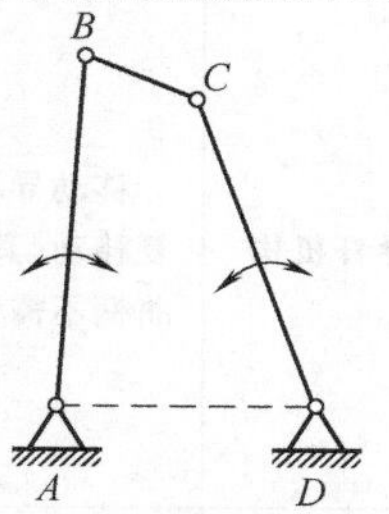
曲柄滑块机构	通常情况下,曲柄做等速转动,滑块做往复移动,其往复移动速度可以相等,也可以不等,这取决于行程速比系数的大小。曲柄滑块机构可实现等速转动到无急回特性的往返移动或有急回特性的往返移动的运动变换	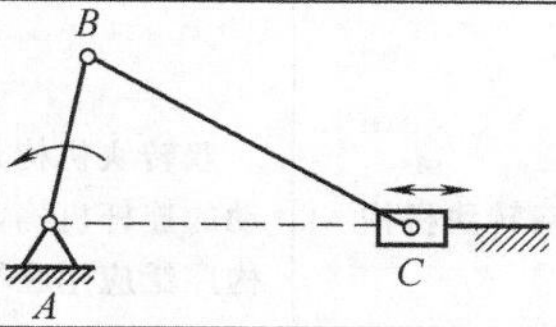
正弦机构	正弦机构也是一种把曲柄的等速转动转化为往复移动的连杆机构,但其移动的位移与曲柄转角呈现正弦函数的关系	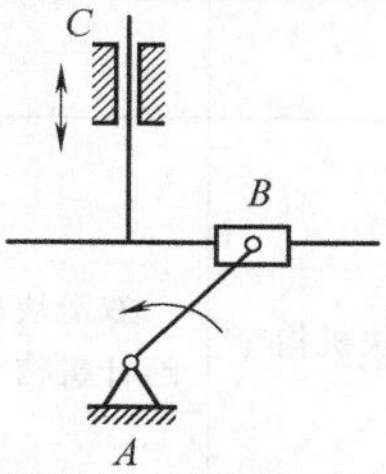
正切机构	正切机构是一种把摆杆的摆动转化为往复移动的连杆机构,但其移动的位移与摆杆转角呈现正切函数的关系	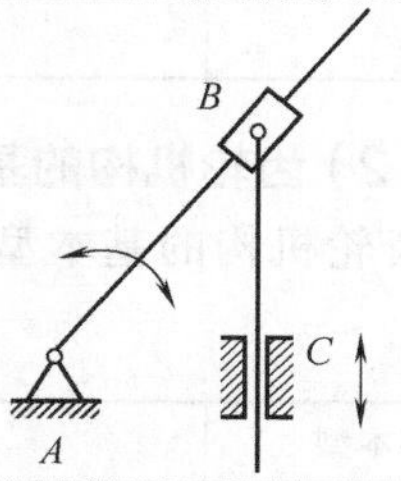
转动导杆机构	转动导杆机构是把曲柄的等速转动转化为导杆的连续转动的连杆机构,曲柄 AB 和导杆 CD 都能整周转动,但导杆的连续转动不等速,且具有急回特征	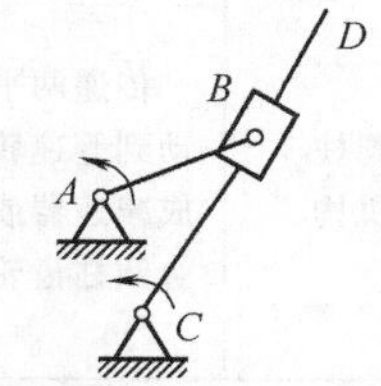
曲柄摇块机构	曲柄摇块机构把曲柄的等速转动转化为摇块的不等速往复摆动,其运动转换原理与曲柄摇杆机构相同,只是把摇杆的摆动演化为摇块的摆动	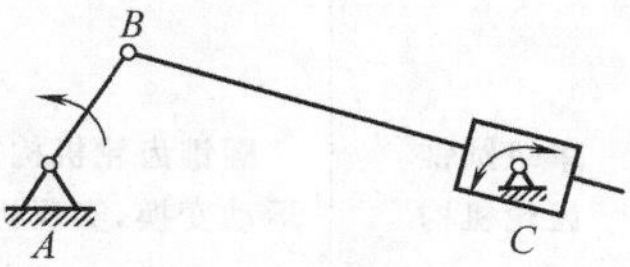
摆动导杆机构	摆动导杆机构是把曲柄 AB 的等速转动转化为导杆 CD 的不等速往复摆动,其运动转换原理与曲柄摇杆机构相同,和转动导杆机构不同的是,导杆 CD 不能整周转动	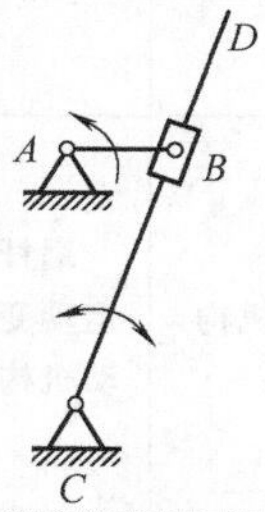

基本型	基本特性	图示
移动导杆机构	移动导杆机构是把曲柄的等速转动转化为滑块的不等速往复移动,其运动转换原理与曲柄滑块机构相同。通常情况下,曲柄不需做整周转动	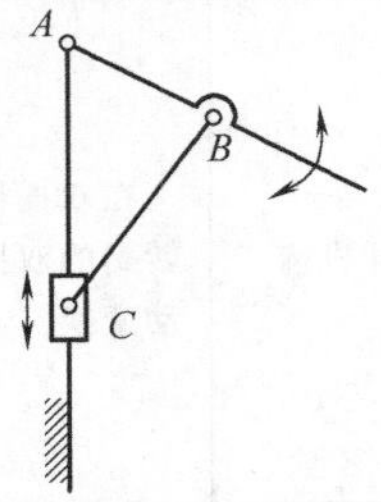
双转块机构	双转块机构是把一个主动滑块的转动转化为另一个滑块转动的连杆机构,其特点是两个滑块的转动轴线平行。双转块机构广泛应用在平行轴线联轴器的设计领域	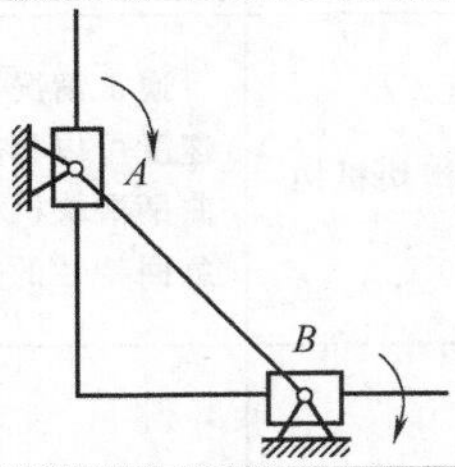
双滑块机构	双滑块机构是把一个滑块的移动转化为另一个滑块移动的连杆机构	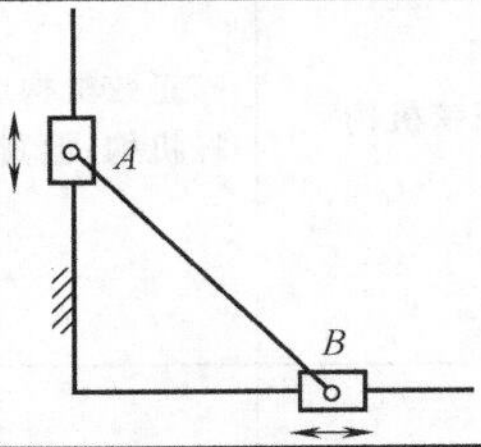

（2）齿轮机构的基本型

齿轮机构的基本型见表 3-2。

表 3-2　齿轮机构的基本型

基本型	基本特性	图示
单级圆柱齿轮机构	传递两平行轴之间运动和动力的圆柱齿轮机构,用于等速转动到等速转动的运动变换,实现机构的减速或增速传动,常做成减速器或变速器。外啮合圆柱齿轮机构用于反向传动,内啮合圆柱齿轮机构用于同向传动	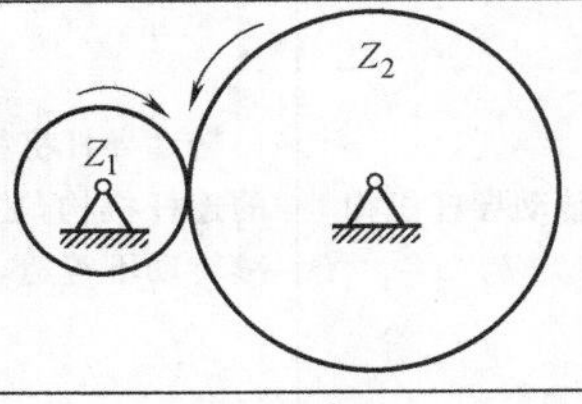
单级圆锥齿轮机构	圆锥齿轮机构用于两相交轴之间的等速转动到等速转动的运动变换,实现机构的减速或增速传动	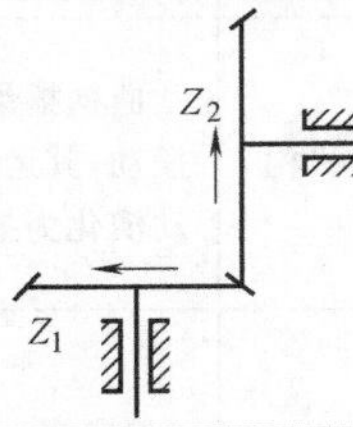
单级蜗杆机构	蜗杆传动机构用于两交错轴之间的等速转动到等速转动的运动变换,实现机构的大速比减速传动。通常情况下,蜗杆传动机构具有自锁性	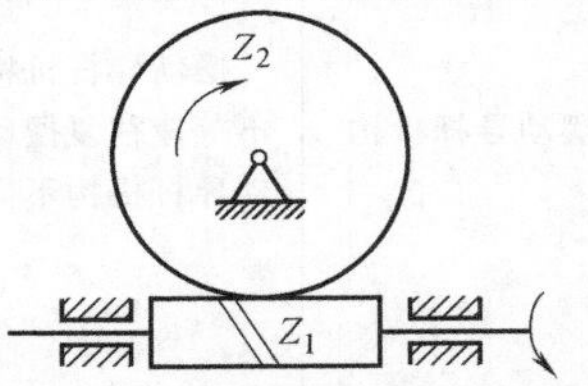

（3）凸轮机构的基本型

凸轮机构的基本型见表 3-3。

表 3-3　凸轮机构的基本型

基本型	基本特性	图示
直动从动件盘形凸轮机构	直动从动件盘形凸轮机构是把凸轮的等速转动转化为从动件的往复直线移动，其移动的位移、速度、加速度与凸轮的轮廓曲线形状有关	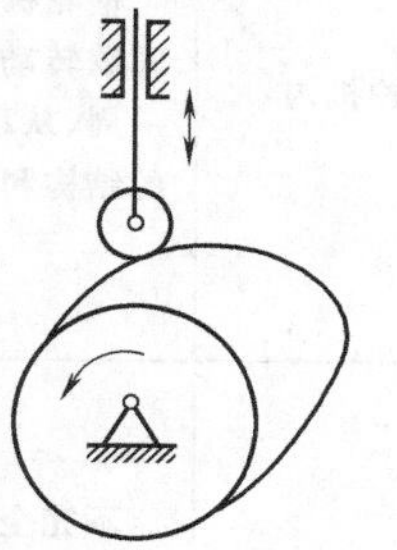
摆动从动件盘形凸轮机构	摆动从动件盘形凸轮机构是把凸轮的等速转动转化为从动件的往复摆动，其摆动的角位移、角速度、角加速度与凸轮的轮廓曲线形状有关	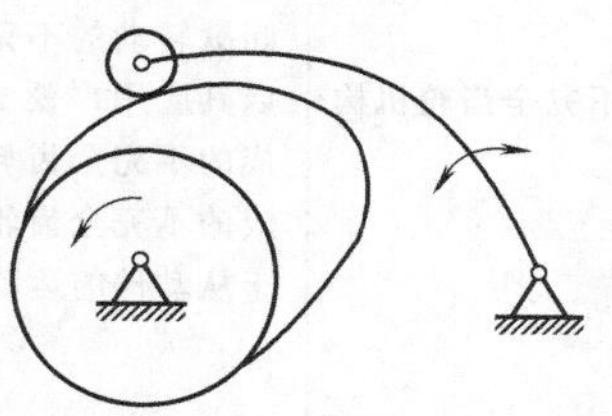
直动从动件圆柱凸轮机构	直动从动件圆柱凸轮机构是把凸轮的等速转动转化为从动件的往复直线移动，其移动的位移、速度、加速度与凸轮的轮廓曲线形状有关。直动从动件圆柱凸轮机构可实现从动件的较大位移，同时返回行程不需要返位弹簧，避免了返回行程的运动失真现象	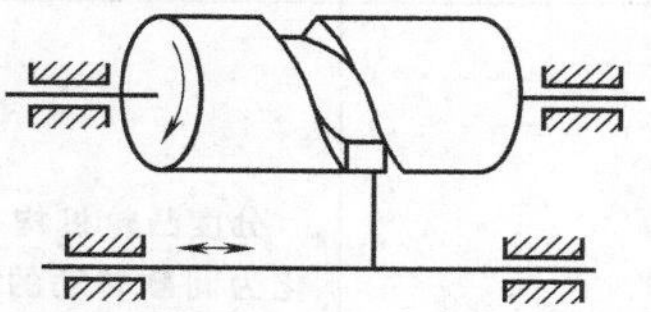
摆动从动件圆柱凸轮机构	摆动从动件圆柱凸轮机构是把凸轮的等速转动转化为从动件的往复摆动，其摆动的角位移、角速度、角加速度与凸轮的轮廓曲线形状有关。摆动从动件圆柱凸轮机构可实现从动件的较大角位移，同时返回行程不需要返位弹簧，避免了返回行程的运动失真现象	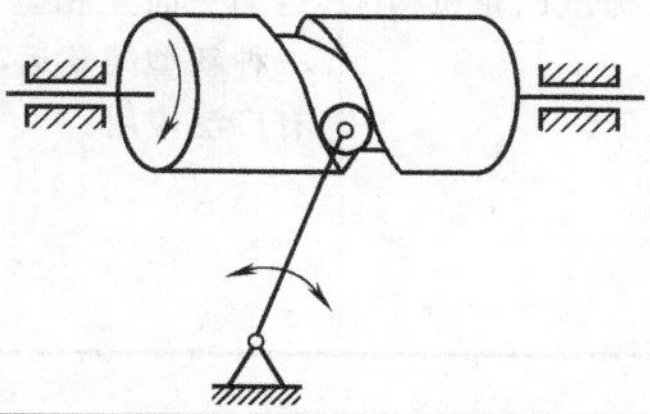

（4）间歇运动机构的基本型

间歇运动机构的基本型见表 3-4。

表 3-4　间歇运动机构的基本型

基本型	基本特性	图示
棘轮机构	棘轮机构常用于把往复摆动转化为间歇转动，间歇转动的角度可以调整。有时也可用于运动的制动	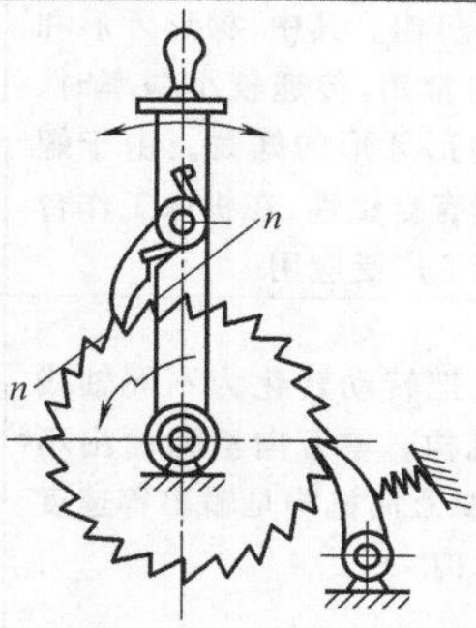 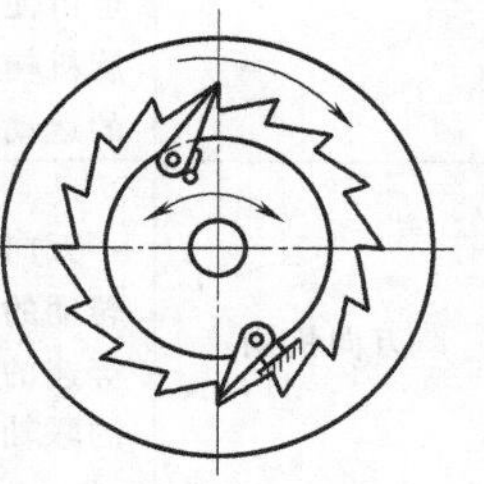

续表

基本型	基本特性	图示
槽轮机构	槽轮机构是把连续等速转动转化为间歇转动的常用机构。主动转臂转动一周，从动槽轮可以转过的角度由槽轮的结构和转臂的个数确定	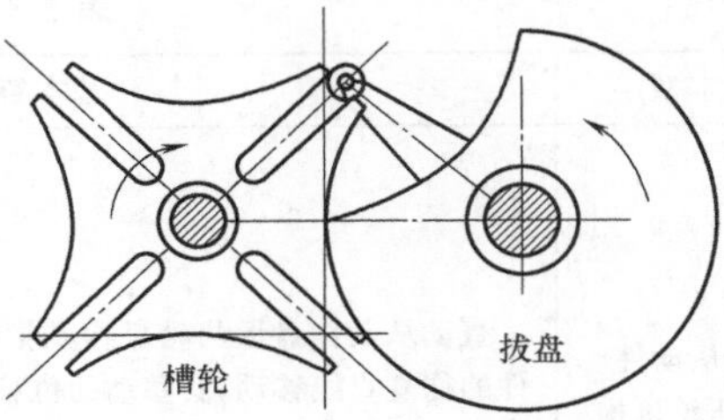 槽轮　拨盘
不完全齿轮机构	不完全齿轮机构是把连续等速转动转化为间歇转动的常用机构。由于做间歇转动的不完全齿轮的冲击较小，所以其应用广泛。可分为外啮合齿轮构成的不完全齿轮机构与内啮合齿轮构成的不完全齿轮机构，两者运动差别在于从动件的运动方向相反	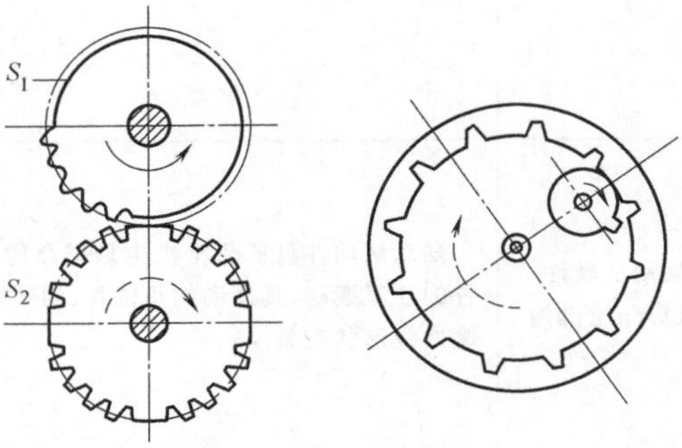
分度凸轮机构	分度凸轮机构是一种把连续转动转化为间歇转动的机构，但主、从动件的运动平面互相垂直。分度凸轮机构是一种新型间歇运动机构，在自动机械中有广泛应用	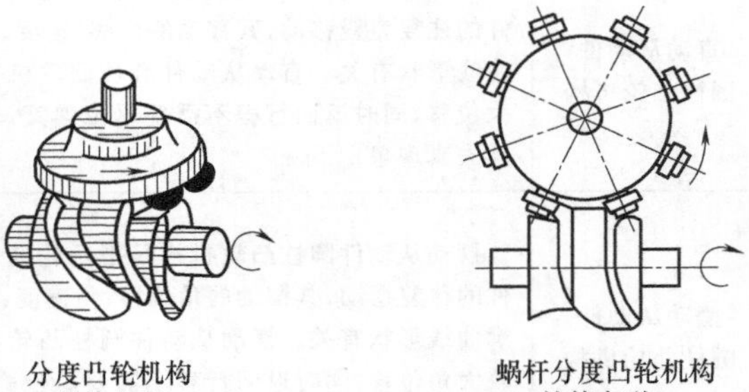 分度凸轮机构的基本型　蜗杆分度凸轮机构的基本型

（5）其他常用机构的基本型

其他常用机构的基本型见表 3-5。

表 3-5　其他常用机构的基本型

基本型	基本特性	图示
螺旋机构	螺旋机构是把旋转运动变为往复直线运动的常用机构。其中，梯形牙形和矩形牙形最为常用，传递较小功率时，也可使用三角形牙形的螺纹。由于螺旋机构大都具有自锁性，在机床工作台的运动中得到了广泛应用	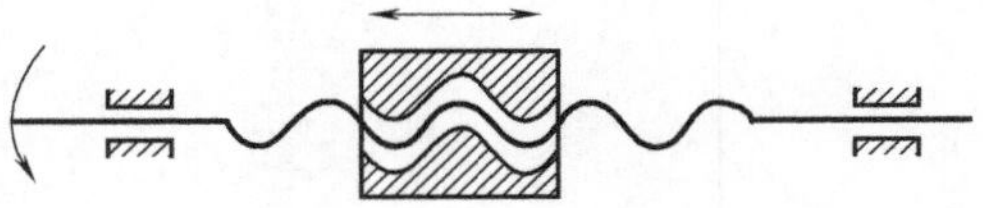
万向机构	万向机构是把转动转化为不同轴线转动的联轴机构。单万向机构输出不等速的转动，双万向机构是输出等速度的联轴传动机构	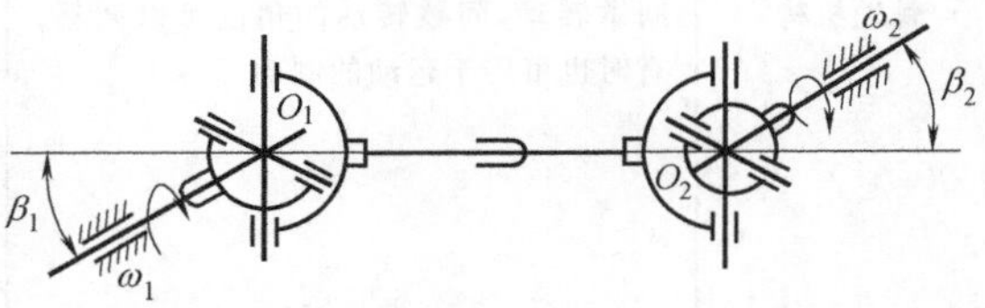

基本型	基本特性	图示
挠性传动机构	主、从动件之间靠挠性构件连接起来，常称为挠性传动机构。典型的挠性传动机构有带传动机构、链传动机构和绳索传动机构，它们都是实现转动到转动的速度或方向变化的机构。根据带的具体结构，带传动还分为平带传动、V 带传动及圆带传动等多种形式，但它们的运动结果是相同的。同样，链传动也有多种结构形式。带传动和链传动的中心距较大，在远距离的转动到转动的运动变换中，常用这种传动机构	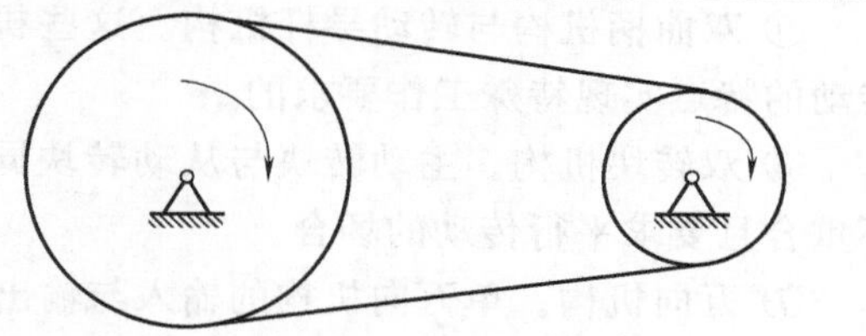 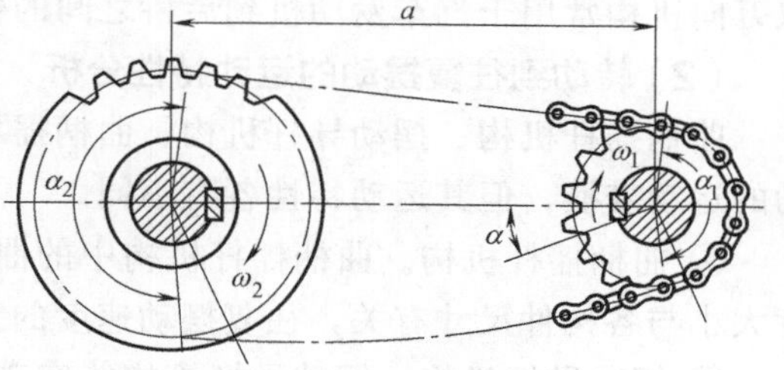 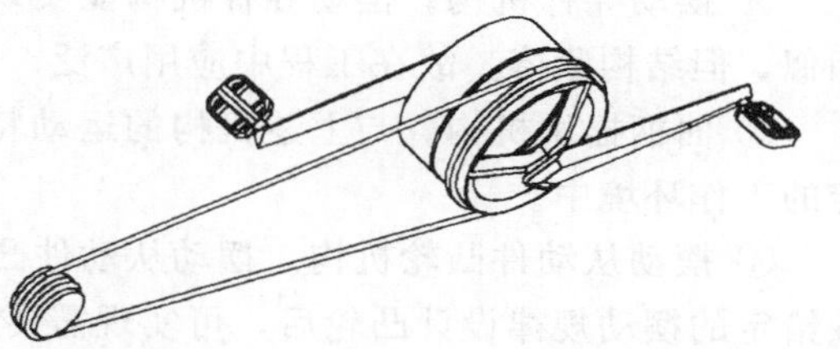

　　基本机构的类型还有许多种，这里不再一一列举。设计时可根据具体的功能要求选择具体的基本机构。

3.1.2　机构选型的运动特性分析

　　能实现相同运动变换的机构不止一种，必须充分了解它们的运动与动力特性，才能更好地选择基本机构的类型。

（1）转动到转动的运动特性分析

　　各类齿轮机构、带传动机构、链传动机构、摩擦轮机构、双曲柄机构、转动导杆机构、双转块机构等都能够实现转动到转动的运动变换，但其运动和动力特性有许多差别。下面就常用的运动变换方式分别说明。

　　① 齿轮机构。用于速度或方向的运动变换，既可实现减速，也可增速传动。结构紧凑，运转平稳，传动比大，机械效率高，使用寿命长，可靠性好，是最常用的转动到转动的变换机构，特别是组成各种轮系后，其应用更加广泛。

　　② 带传动机构。常用于两转动轴中心距较大时的运动速度的变换，既可实现减速，也可增速传动。运转平稳，传动比较大，但传动比不准确，过载时发生打滑，是最常用的大中心距时转动到转动的速度变换机构。

　　③ 链传动机构。常用于两转动轴中心距较大时的运动速度的变换，既可实现减速，也可增速传动。传动比较大，压轴力较小，但瞬时传动比不准确，不适合在高速场合应用，是在低速时最常用的大中心距转动到转动的速度变换机构。

　　④ 摩擦轮机构。用于速度或方向的运动变换，既可实现减速，也可增速传动。结构紧

凑、简单，运转平稳，但传动比不准确，只能在小功率且传动比要求不是很准确的场合应用。

⑤ 双曲柄机构与转动导杆机构。这些机构都是利用主动件等速转动、从动件的不等速转动的特点实现特殊工作要求的。

⑥ 双转块机构。主动转块与从动转块同速转动，但它们的转动轴线平行，可用于轴线不重合且要求平行传动的场合。

⑦ 万向机构。单万向机构的输入与输出速度不相等，采用双万向机构可实现同速输出，双万向机构常用于汽车发动机到后桥之间的传动轴。

（2）转动到往复摆动的运动特性分析

曲柄摇杆机构、摆动导杆机构、曲柄摇块机构、摆动从动件凸轮机构都能实现转动到摆动的运动变换，但其运动特性各有不同。

① 曲柄摇杆机构。曲柄摇杆机构中的曲柄等速转动可实现摇杆的往复摆动，其摆动角度大小与各构件尺寸有关，往复摆动速度的差异与行程速比系数有关。

② 摆动导杆机构。摆动导杆机构能实现摆杆的往复摆动，其运动特点与曲柄摇杆机构相似，但结构紧凑，故在工程中应用广泛。

③ 曲柄摇块机构。与上述机构的运动特点相似，但做往复摆动的是块状构件，用在特定的工作环境中。

④ 摆动从动件凸轮机构。摆动从动件凸轮机构的特点是从动件的运动规律具有多样性。按给定的摆动规律设计凸轮后，可实现需要的运动要求。

（3）转动到往复移动的运动特性分析

曲柄滑块机构、正弦机构、移动导杆机构、齿轮齿条机构、直动从动件凸轮机构、螺旋机构均可实现转动到往复移动的运动变换。它们的运动变换相同，但运动特性却存在很大的差别。其中，曲柄滑块机构、正弦机构、移动导杆机构中的移动构件做往复变速移动；直动从动件凸轮机构中的移动杆的运动规律可实现运动特性的多样化；齿轮齿条机构和螺旋机构可实现移动件的等速运动。

（4）转动到间歇转动的运动特性分析

槽轮机构、不完全齿轮机构、分度凸轮机构都能实现等速转动到间歇转动的运动要求。槽轮机构中槽轮做变速间歇转动，当圆柱销进入和退出槽轮时，角加速度有突变，影响其动力性能，因而不能在高速状况下使用；不完全齿轮机构也有类似缺点，在从动轮开始运动和终止运动阶段，也会产生较大的冲击，故也不能实现高速传动。分度凸轮机构的承载能力和运动平稳性得到了很大改善，可应用于高速分度转位机构中。

（5）摆动到连续转动的运动特性分析

曲柄摇杆机构、摆动导杆机构中的摇杆和摆杆为从动件时，可实现曲柄的连续转动。这种运动变换过程中，要注意克服机构运动中的死点位置。

（6）移动到连续转动的运动特性分析

能实现这类运动变换的机构有曲柄滑块机构、齿轮齿条机构、不自锁的螺旋机构。其中，利用曲柄滑块机构实现这种运动变换时，机构存在死点位置，可采用机构的错位排列或通过安装飞轮的方法通过机构死点位置。由于曲柄转动不等速，还可利用飞轮进行速度波动的调节。齿轮齿条机构和不自锁的螺旋机构均可实现等速的转动。

综上所述，常见运动转换基本功能和匹配机构如表 3-6 所示。

表 3-6 常见运动转换基本功能和匹配机构

运动转换		图示	功能载体
转动运动形式	运动缩小运动放大	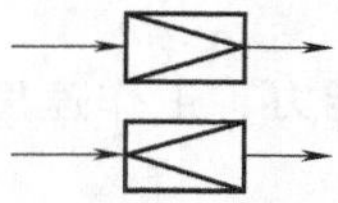	带传动机构、链传动机构、螺旋传动机构、齿轮传动机构、摩擦轮传动机构、行星传动机构、蜗杆传动机构、谐波齿轮传动机构、连杆机构、摆线针轮传动机构
	运动轴线变向	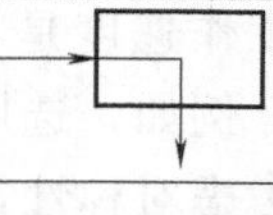	圆锥齿轮传动机构、蜗杆传动机构、双曲面齿轮传动机构、螺旋齿轮传动机构、半交叉带传动机构、单万向节传动机构
	运动轴线平移	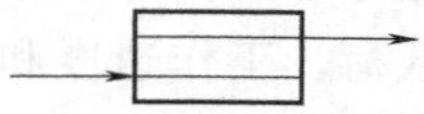	带传动机构、圆柱摩擦轮传动机构、平行四边形机构、链传动机构、双万向节传动机构、圆柱齿轮传动机构
	运动分支	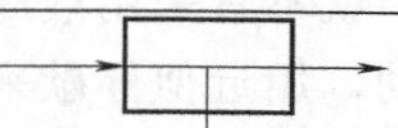	齿轮传动、带传动、链传动
运动形式变化	连续转动→单向直线移动	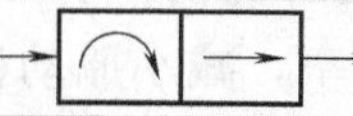	齿轮齿条机构、螺旋机构、带传动机构、链传动机构
	连续转动→往复直线移动	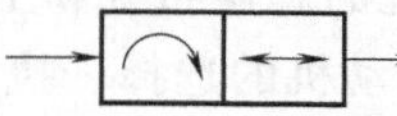	曲柄滑块机构、六杆滑块机构、移动从动件凸轮机构、正弦机构、连杆-齿轮齿条机构、齿轮-连杆组合机构
	连续转动→双侧停歇直线移动	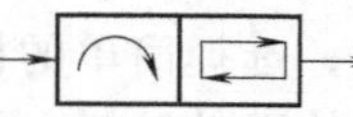	移动从动件凸轮机构、利用连杆轨迹实现停歇运动机构、不完全齿轮齿条往复移动间歇机构、不完全齿轮移动导杆间歇机构
	连续转动→单侧停歇直线移动	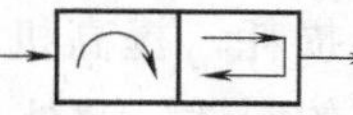	不完全齿轮齿条机构、行星内摆线间歇移动机构、槽轮-齿轮齿条机构、移动从动件凸轮机构
	连续转动→单向间歇转动	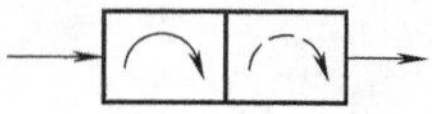	不完全齿轮机构、槽轮机构、圆柱凸轮分度机构、凸轮间歇转动机构、平面凸轮间歇机构、弧面凸轮分度机构、偏心轮分度定位机构、内啮合星轮间歇机构
	连续转动→双向摆动	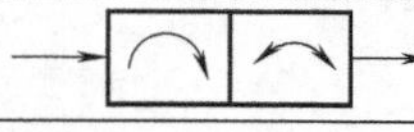	曲柄摇杆机构、摆动导杆机构、曲柄六杆机构、曲柄摇块机构、摆动从动件凸轮机构
	连续转动→双侧停歇摆动	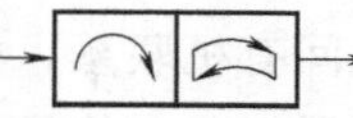	摆动从动件凸轮机构、双侧停歇的凸轮连杆机构、利用连杆轨迹实现停歇运动机构、曲线槽导杆机构、六杆两极限位置停歇摆动机构
	连续转动→单侧停歇摆动	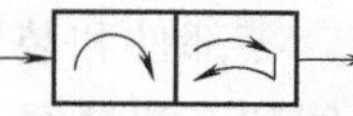	摆动从动件凸轮机构、输出摆杆有停歇的圆弧导路机构、曲线槽导杆机构

3.1.3 机构选型的基本原则

进行机构形式设计时，应考虑以下基本原则和要求。

① 按先易后难的原则选择机构形式，并考虑加工制造方便、经济成本低廉。

机构选型的通常顺序是：先选基本机构，再选机构组合，最后选组合机构。因为基本机构结构简单，资料积累较多，技术成熟，设计方便。如果基本机构不能满足要求，再考虑选择若干种基本机构的组合来满足机械对运动转换的要求。最后考虑设计难度较高的组合机构。例如，为实现转动转换为摆动的功能，基本机构有曲柄摇杆机构，机构组合有曲柄摇杆机构串联—导杆机构，或串联—铰链四杆机构等，都能满足这一转换功能。设计时可先选基本机构，只有当曲柄摇杆机构不能满足摆幅要求，或不能满足动力特性要求时，再考虑选择曲柄摇杆机构串联导杆机构的组合形式，以获得从动件更大的摆角幅度。因此，必须对各类机构的运动特性有深入的理解，机构选型才能选得准、选得好，这也是一个推陈出新、创造发明的过程。此外，应尽可能选用标准化、系列化、通用化的零部件，以达到最大限度降低生产成本，提高经济效益的目的。

② 机构形式设计需要考虑机构的承载能力、工作速度、运动精度、传力特性，机构应有良好的动力性能。

各种机构的承载能力和所能达到的最大工作速度是不同的，因此需要根据速度的高低、载荷的大小及不同特性等来选用合适的机构。例如，选用低副机构，不仅承载能力大，而且更容易加工。对高速机械，机构选型要尽量考虑对称性，对机构或回转构件进行平衡使其质量合理分布，以求惯性力的平衡和减小动载荷。工作速度和运动精度对机构选型影响很大，例如，对运动速度和运动时间要求很高时，就不宜采用液压和气压传动；如果对运动精度要求不高，可采用近似直线运动代替直线运动，用近似停歇来代替停歇，这样可使所选机构结构简单，易于设计、便于制造。对于传力大的机构，要尽量增大机构的传动角或减小压力角，以防止机构的自锁，增大机械的传力效率，减小原动机的功率及损耗。

③ 机构形式设计还要考虑整个机械系统的总体布置和工作条件。

整个系统的总体布置和工作条件包括原动机的选择、执行机构的工作位置、传动机构与执行机构的布局等。要求总体布局合理、紧凑，使机械的输出端尽可能靠近输入端，这样可省去不必要的传动机构，简化和缩短运动链；选择简单的机构实现同样的运动要求，尽量采用构件数和运动副数最少的机构，这样可以使运动链短、结构简单，降低制造费用，减轻机械重量，有利于减少运动副摩擦带来的功率损耗，提高机械效率，减少运动链的累积误差，从而提高传动精度、工作可靠性和机械系统的刚性；此外，还要考虑生产车间的条件、使用维修要求等。

3.2 ➡ 机械系统方案设计

机械系统是由若干机械要素组成，彼此间有机联系，并能完成特定功能的系统。由分析可知，任何机械产品都是由若干零部件及装置组成，均是具有一定的质量、刚度和阻尼的结构形式，并能够完成指定的动作行为。其中，零部件和装置构成了机械系统的机械要素，一定的结构形式确立了系统内部各部件和装置间的有机联系，其动作行为则是该系统要完成的特定功能。

从运动学的角度来考察，机械系统的基本功能是实现机械运动的生成、传递与变换。在图1-2所示的机械系统中，动力系统（即原动机）生成原始的机械运动，然后经传动系统（传动机构）的传递，最后由执行系统（执行机构）变换成为期望的运动形式之后输出。如图1-2中虚线框所示，动力系统、传动系统和执行系统构成了机械系统中的运动部分。由于运动的传递与运动形式的变换是机构的基本特性，因此，通常把机械系统运动部分中的传动系统与执行系统称为"机械运动系统"，有时也称为"机构系统"。机械系统中的控制系统、框架支撑系统及辅助系统的功能则在于使运动过程更加有效地进行。

3.2.1 运动方案设计

机械产品的设计过程是一个通过分析、综合与创新获得满足某些特定要求和功能的机械系统的活动过程。如 2.3 节所述，机械新产品或新系统的开发设计过程通常包括产品的整体规划，设计计划，草案图，计划图，零件图、装配图、电气控制图和试制等过程，其中草案图和计划图设计阶段也称为总体方案设计阶段，这是设计的关键一步，它对于机械产品的性能优劣、市场竞争力起着决定性作用，直接关系到机械产品的全局和设计过程的成败。因此，机械系统总体方案设计在整个机械设计过程中占有十分重要的地位。而方案设计的核心任务就是进行机械系统运动方案的设计。运动方案设计的优劣将直接影响机械产品的使用效果、结构繁简、成本高低等。

（1）机械系统运动方案设计的目的

机械系统运动方案设计就是针对机械系统运动部分的设计。运动方案设计的目的，就是通过调查研究进行机械产品规划、确定设计任务、明确设计要求和条件，在此基础上寻求问题的解法及原理方案构思，进行功能原理设计，拟定机械功能原理方案，选择机构类型，得出一组或若干组可行的机械系统运动方案，为下一步进行详细的结构设计做好原理方案方面的准备，也为最终进行评价和决策提供可行性、先进性等相关技术原理方面的详尽的科学依据。

（2）机械系统运动方案设计的一般过程

任何产品的设计都是从需求到功能再到结构的映射过程。机械系统运动方案设计流程如图 3-1 所示。

① 功能原理设计。功能原理设计拟定实现总功能的工作原理和技术手段。机械产品的功能原理设计任务是针对某一确定的功能要求，去寻求某些物理效应，并借助一些作用原理来求得实现该功能目标的解法原理。常用的功能原理有摩擦传动原理、机械推拉原理、材料变形原理、电磁传动原理、流体传动原理、光电原理等。

实现同一种功能要求，可以采用不同的工作原理。例如螺栓的螺纹可以车削、套丝，也可以搓丝；加工螺旋弹簧，可以采用绕制原理，也可以采用直接成形原理。采用不同的工作原理，机械的工艺动作不一样，机械的运动方案也就不同；即使采用同一种工作原理，也可以拟定出几种不同的机械运动方案。例如，在滚齿机上用滚刀切制齿轮和在插齿机上用插刀切制齿轮，虽同属范成加工原理，但由于所用刀具不同，两者的机械运动方案也就不同。

② 运动规律设计。所谓运动规律设计，是指为了实现上述工作原理而选择何种运动规律，通过对工作原理所提出的工艺动作进行分解以完成运动规律设计。工艺动作分解的方法不同，所得到的运动规律也不相同。例如，同是采用范成法加工齿轮，可以有不同的工艺动作分解方法：一种方法是把工艺动作分解成齿条插刀与轮坯的范成运动、齿条刀具上下往复的切削运动以及刀具的进给运动等，按照这种工艺动作分解方法，得到的是插齿机床的设计方案；另外一种方法是把工艺动作分解为滚刀与轮坯的连续转动（切削运动和范成运动合为一体）和滚刀沿着轮坯轴线方向的移动，按照这种工艺动作分解方法，就得到滚齿机床的方案。这些说明，实现同一工作原理，可以采用不同的工艺动作分解方法，因而得到不同的运动规律，最后设计出来的机械运动方案和机械系统也不一样。

③ 执行机构形式设计。在机械系统运动方案设计过程中，当把机械的整个工艺动作过程所需要的动作或功能分解成一系列基本动作或功能，并确定了完成这些动作或功能所需要的执行构件数目和各执行构件的基本运动形式、运动规律和执行动作之后，即可根据各基本动作和功能的要求，选择或创造合适的机构形式来实现这些动作。例如，为了实现刀具的上

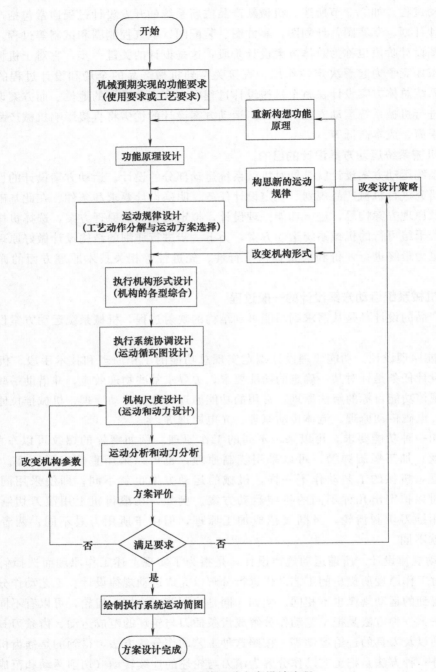

图 3-1　机械系统运动方案设计流程

下往复运动，既可以用齿轮齿条机构、螺旋机构，也可以采用曲柄滑块机构、凸轮机构，还可以通过机构组合或结构变异创造发明新的机构。在进行执行机构形式设计时，不仅要考虑机构功能、结构、尺寸、动力特性、机械效率等多种因素，同时还要考虑机械运动循环图所提出的运动协调配合要求。实现同一种运动规律，可以选用不同类型的机构，至此形成并绘制出多种备选的机械系统运动方案示意图。

　　④ 执行系统协调设计。一台复杂的机械，通常由多个执行机构组合而成，各执行机构

所要完成的工艺动作一般都是有序的、相互配合的，因此各执行机构必须按工艺动作序列的时间顺序、空间关系和相互配合关系来完成各自的动作，以完成预期的工作要求。描述各执行机构间运动协调配合关系的图，就是机械运动循环图，它可以指导各执行机构的设计、安装和调试。

⑤ 机构尺度设计。根据原动机和执行构件的运动要求，通过机构选型来确定原动机和执行构件之间的传动机构和执行机构。由于实现同一种运动可选用不同的机构形式，所以会产生多种设计方案。设计师从中选择一种或几种较优的方案，画出从原动机、传动机构到执行机构的机械运动方案示意图。这种示意图表示了机械运动配合情况和机构组成状况，代表了机械运动系统的方案。对于运动情况比较复杂的机械，还可以采用轴测投影的方法绘制出三维机械系统运动示意图。

根据各执行构件、原动件的运动参数以及各执行构件运动的协调配合要求，同时还要考虑动力性能要求，确定各机构中构件的几何尺寸（机构的运动尺寸）或几何形状（如凸轮的轮廓）等。在进行机构的尺度综合时，要考虑机构的静态和动态误差的分析。

⑥ 运动分析和动力分析。对整个系统进行运动分析和动力分析，检验是否满足运动要求和动力性能方面的要求。

⑦ 方案评价。对各机构尺度综合所得到的结果，通常从运动规律、动力条件、工作性能等多方面进行综合评价，确定合适的机构运动尺寸，通过对众多方案的评价过程，从中确定最优方案，绘制出最终的执行系统运动简图。执行系统运动简图应按比例尺画出各机构的运动尺寸和几何形状。由执行系统运动简图所求得的运动参数、动力参数、受力情况等，可作为机械技术设计（包括总图、零部件设计等）的依据。

对机械运动循环图进行时序优化，可得到优化的时序关系。按真实尺寸比例画出各机构的简图并按时序关系组合在一起，就是执行系统运动简图。

综合以上内容可知，实现同一种功能要求，可以采用不同的工作原理；实现同一种工作原理，可以分解得到不同的运动规律；实现同一种运动规律，可以采用不同形式的机构。因此，为了实现同一种预期的功能要求，可以得到很多种设计方案。机械系统运动方案设计所要研究的问题，就是如何合理地利用设计者的专业知识和分析能力，创造性地构思出各种可能的运动方案，并从中选出最佳设计方案。

3.2.2 运动方案确定

实现某一运动转换基本功能的机构形式往往有多种，而一个机械系统通常是由实现多种运动功能要求的机构协调构成的，因此，按照运动传递顺序把机构组合起来所构成的运动方案就会有很多种。如何从多种构成方案中确定合适的运动方案，是执行机构形式设计中的一个十分重要的问题。

设计者把机械系统分解成几个独立因素，并列出每个因素所包含的几种可能状态作为列元素构成一个形态学矩阵，通过组合找出可实施的方案。例如，图 3-2 所示为一四工位专用机床简图，四工位专用机床是在四个工位上分别完成相应的装卸工件、钻孔、扩孔、绞孔工作。

在进行四工位专用机床设计时，考虑到它的执行动作有两个：一是装有四工位工件的回转工作台转动；二是装有由专用电动机带动的三把专用刀具的主轴箱上的刀具转动和移动。其中刀具的转动由专用电动机（电动机 1）实现，回转工作台转动和主轴箱的移动由另一个

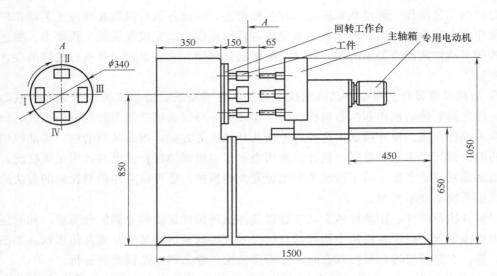

图 3-2 四工位专用机床简图

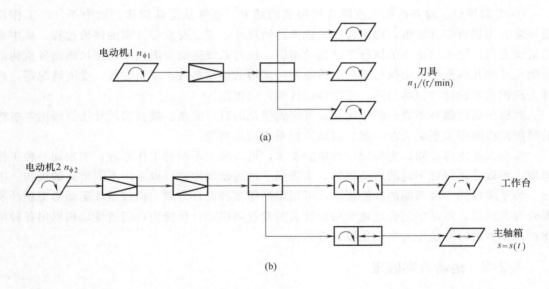

图 3-3 四工位专用机床运动转换功能图

电动机实现（电动机 2）。绘制图 3-3 所示的四工位专用机床运动转换功能图，对图中每个矩形框中的功能选择合适的机构形式。然后，把纵坐标列为分功能，横坐标列为分功能解，即为分功能所选择的机构形式，这样就形成了一个功能解组合的形态学矩阵。

图 3-4 所示为四工位专用机床的形态学矩阵描述四工位专用机床主轴箱移动功能实现方案。对该形态学矩阵的行、列进行组合可以求解得 N 种方案。

$$N = 5 \times 5 \times 5 \times 5 = 625 \text{（种）}$$

在这 625 种方案中剔除明显不合理的方案，再从是否满足预定的运动要求、运动链中机构安排的顺序是否合理、制造的难易程度、可靠性的好坏等方面进行综合评价，然后选择较优的方案。在图 3-4 中，我们选择用实线和虚线分别组合的方案Ⅰ和方案Ⅱ。

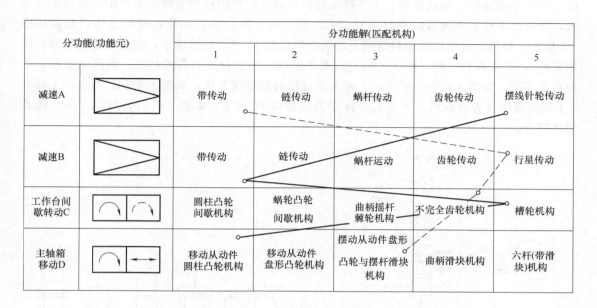

分功能(功能元)		分功能解(匹配机构)				
		1	2	3	4	5
减速A		带传动	链传动	蜗杆传动	齿轮传动	摆线针轮传动
减速B		带传动	链传动	蜗杆运动	齿轮传动	行星传动
工作台间歇转动C		圆柱凸轮间歇机构	蜗轮凸轮间歇机构	曲柄摇杆棘轮机构	不完全齿轮机构	槽轮机构
主轴箱移动D		移动从动件圆柱凸轮机构	移动从动件盘形凸轮机构	摆动从动件盘形凸轮与摆杆滑块机构	曲柄滑块机构	六杆(带滑块)机构

图 3-4　四工位专用机床主轴箱移动功能实现方案

3.2.3　执行系统协调设计（运动循环图设计）

机械的总功能可以分解成若干个分功能，它们对应着若干个相应的工艺动作，把这些工艺动作称为机械的执行动作，与其他非生产动作区别开来。根据机械的总功能分解得到的分功能，可以确定机械由几个动作通过相互配合来完成一个工艺动作过程。

完成执行动作的构件称为执行构件，它是机构从动件中能实现预期执行动作的构件，有时也称为输出构件。实现各执行构件所需运动的机构，称为执行机构。

一般来说，一个执行动作由一个执行机构来完成，有时也采用多个执行机构完成一个执行动作，或采用一个执行机构完成多个执行动作。机械的各执行动作是有序的、相互协调配合的，因此存在执行机构的协调设计问题，以及描述协调关系的机械运动循环图问题。

（1）执行机构的动作特点

某些机械各执行构件之间的运动是彼此独立的，不需要协调配合。例如，外圆磨床中，砂轮和工件都做连续回转运动，同时工件还做纵向往复移动，砂轮架带着砂轮做横向进给运动，这几个运动是相互独立的，无严格的协调配合要求。在这种情况下，可分别为每一种运动设计一个独立的运动链，并由单独的原动机驱动。而在另外一些机械中，则要求其各执行构件的运动必须准确协调配合，才能保证其工作的完成。

（2）执行机构动作的协调配合

① 各执行机构动作在时间上协调配合。有些机械要求各执行构件在运动时间的先后上和运动位置的安排上，必须准确协调地互相配合。

图 3-5 所示为一粉料压片机机构系统，它由上冲头（六杆肘杆机构 7-8-9-11）、下冲头（双凸轮机构 4-5-6-11）、料筛传送机构（凸轮连杆机构 1-2-3-11）组成。粉料由连杆 2 经料筛 3 送至上冲头 9 与下冲头 5 之间，通过上、下冲头加压把粉料压成片状。根据生产工艺路线方案，此粉料压片机在送料期间上冲头不能压到料筛，只有当料筛不在上、下冲头之间

时，冲头才能加压。因此送料、上下冲头之间运动在时间顺序和空间上有严格的协调配合要求，否则就无法实现机器的粉料压片工艺。粉料压片执行机构动作在时间上协调配合如图3-6所示，料筛3将松散的粉料送到下冲头5和机架11之间的凹槽中，同时将上次制作好的压紧粉料10平推到一侧［图3-6（a）］；图3-6（b）为粉料进入后的状态；料筛3退回，上冲头9下压，如图3-6（c）所示；上冲头接触粉料后继续下压，如图3-6（d）所示；上冲头9下压到极限位置后返回，下冲头5将压紧的粉料10顶出，如图3-6（e）所示，一个运动循环完成。

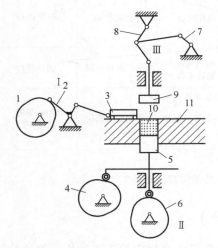

图 3-5　粉料压片机机构系统

1,4,6—凸轮；2—连杆；3—料筛；5—下冲头；7—曲柄；
8—连架杆；9—上冲头；10—粉料；11—机架

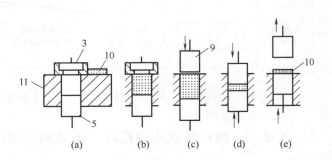

图 3-6　粉料压片执行机构动作在时间上协调配合
注：序号图注见图 3-5

② 各执行机构动作在空间上协调配合。在粉料压片机中，执行机构Ⅰ、Ⅲ的两个运动轨迹是相交的，故在安排两执行机构的运动时，不仅要注意时间的协调，还要注意空间位置上的协调，即空间同步化。

③ 各执行机构动作的运动速度协调配合。有些机械要求其各执行构件的运动速度必须保持协调，有些机械要求执行构件运动之间，必须保持严格的速比关系。例如，按范成法加工齿轮时，刀具和工件的范成运动必须保持某一恒定的速比；又如，在平板印刷机中，在压印时，卷有纸张的滚筒表面线速度与嵌有铅版的台版移动速度必须相等。

对于有运动协调配合要求的执行构件，往往采用一个原动机，通过运动链将运动分配到各执行构件上去，借助机械传动系统实现运动的协调配合。但在一些现代机械（如数控机床）中，常用多个原动机分别驱动，借助数控系统实现运动的协调配合。

④ 多个执行机构完成一个执行动作时，其执行机构运动的协调配合。图3-7所示为一纹板冲孔机构，它在完成冲孔这一工艺动作时，要求由两个执行机构的组合运动来实现。一是打击板（曲柄摇杆机构1中的摇杆）的上下摆动，类似榔头的敲击动作，带动冲头滑块上下摆动；二是电磁铁动作，装有衔铁的曲柄在电磁吸力作用下做往复摆动，带动冲头（滑块机构2）沿打击板上的导路做往复移动，四杆滑块机构带动滑块冲头在动导路（摆杆）上移动。只有当冲头滑块移至冲针上方，同时冲头又随打击板下摆时，才能敲击到冲针4，完成冲孔这一工艺动作。显然，这两个执行机构的运动必须精确协调配合，否则就会产生空冲，

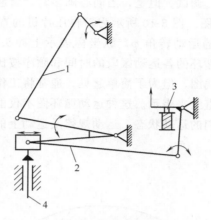

图 3-7　纹板冲孔机构
1—曲柄摇杆机构；2—滑块机构；3—电磁铁；4—冲针

即冲头敲不到冲针而无法完成在纹板上冲孔的要求。

（3）运动循环图设计

为了描述各执行机构之间有序的、制约的、相互配合的运动关系，可编制出机械系统在一个运动循环中的运动循环图。运动循环图又称工作循环图，它是描述各执行机构之间有序的，既相互制约又相互协调配合的运动关系的示意图。在编制工作循环图时，首先从机械中选择一个构件作为定标件，以该构件的运动位置（转角或位移）作为确定其他执行构件运动先后次序的基准。运动循环图通常有下面三种形式。

① 直线式运动循环图（矩形运动循环图）。图 3-8 所示为粉料压片机的直线式运动循环图，其横坐标表示上冲头机构中曲柄转角 φ。这种运动循环图将运动循环的各运动区段的时间和顺序按比例绘在直线坐标轴上。其特点是能清楚地表示整个运动循环内各执行机构的执行构件行程之间的相互顺序和时间（或转角）的关系，并且绘制比较简单，但执行构件的运动规律无法显示，因而直观性较差。

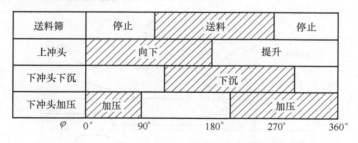

图 3-8　粉料压片机的直线式运动循环图

② 圆周式运动循环图。图 3-9 所示为粉料压片机的圆周式运动循环图。它以上冲头中的曲柄作为定标构件，曲柄每转一周为一个运动循环。

该图描述了上冲头（冲压、提升）、下冲头（加压、下沉）、料筛（输送、停止）各工艺动作的先后顺序和动作持续时间的长短。这种运动循环图将运动循环的各运动区段的时间和顺序按比例绘在圆形坐标上，其特点是直观性强。因为机器的运动循环通常是在分配轴转一周的过程中完成，所以通过它能直接看出各个执行机构原动件在分配轴上所处的相位，因而便于凸轮机构的设计、安装、调试。但是，当同心圆多时，看起来不很清楚。

③ 直角坐标式运动循环图。图 3-10 所示为粉料压片机的直角坐标式运动循环图。图中横坐标是定标构件（曲柄）的运动转角 φ，纵坐标表示上冲头、下冲头、送料筛的运动位移。这种运动循环图将运动循环的各运动区段的时间和顺序按比例绘在直角坐标轴上。实际上，它就是执行构件的位移线图，但为了简单起见，通常将工作行程、空回行程、停歇区段分别用上升、下降和水平的直线来表示。这种运动循环图不仅能表示出执行机构中构件动作的先后顺序，而且能描述它们的运动状态、运动规律及运动上的配合关系，显然比前两种循环图更为完善。

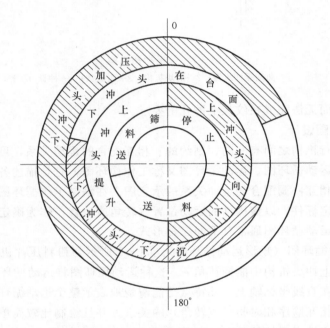

图 3-9　粉料压片机的圆周式运动循环图

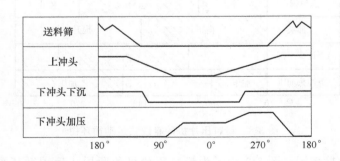

图 3-10　粉料压片机的直角坐标式运动循环图

（4）机械运动循环图的设计实例

在设计机械的运动循环图（工作循环图）时，通常机械应实现的功能是已知的，它的理论生产率也已确定，机械的传动方式以及执行机构的结构均已初步拟定好，根据各执行机构运动时既不干涉而机械完成一个产品所需的时间又最短的原则，以图 3-11 所示的自动打印机为例对运动循环图设计步骤进行说明。自动打印机主要有两个执行机构：打印机构和送料机构。

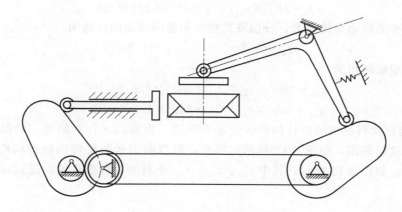

图 3-11 自动打印机示意图

① 确定执行机构的运动循环时间 T_p。选择打印机构的执行构件（打印头）作为定标件，以它的运动位置（转角或位移）作为确定各个执行构件的运动先后顺序的基准。首先绘制打印头的运动循环图，已知自动打印机的生产率为 4500 件/班，即

$$Q = \frac{4500}{8 \times 60} = 9.4 \text{（件/min）}$$

因为实际生产率总是低于理论生产率，为了满足每班打印 4500 件的总功能要求，取 $Q = 10$ 件/min，即自动打印机的分配转速 $n_分$ 为

$$n_分 = 10 \text{（r/min）}$$

分配轴转一周，即完成一个产品的打印所需时间为

$$T_{p1} = 1/n_分 = 1/10(\text{min}) = 6 \text{（s）}$$

② 确定组成执行构件运动循环的各个区段。根据打印工艺要求，打印头的运动循环由以下四段组成：

t_{k1}——打印头前进运动时间，s；

t_{ok1}——打印头在产品上停留的时间，s；

t_{d1}——打印头退回运动时间，s；

t_{o1}——打印头停歇时间，s。

因此，打印头的运动循环 T_{p1} 为

$$T_{p1} = t_{k1} + t_{ok1} + t_{d1} + t_{o1} \tag{3-1}$$

相应的分配转角为

$$360° = \varphi_{k1} + \varphi_{ok1} + \varphi_{d1} + \varphi_{o1}$$

③ 确定打印头各区段运动的时间及转角。为保证打印质量，打印头在产品上停留的时间为

$$t_{ok1} = 0.2\text{s}$$

相应的分配轴转角为

$$\varphi_{ok1} = 360° \times t_{ok1}/T_{p1} = 360° \times 0.2/6 = 12°$$

为保证送料机构有充分的时间来装料、送料，取

$$t_{o1} = 3s$$

相应的分配轴转角为

$$\varphi_{o1} = 360° \times t_{o1} / T_{p1} = 360° \times 3/6 = 180°$$

根据打印头的运动规律要求，分别取其前进和退回运动的时间为

$$t_{k1} = 1.5s \qquad t_{d1} = 1.3s$$

相应的分配轴转角为

$$\varphi_{k1} = 360° \times t_{k1} / T_{p1} = 360° \times 1.5/6 = 90°$$

$$\varphi_{d1} = 360° \times t_{d1} / T_{p1} = 360° \times 1.3/6 = 78°$$

④ 初步绘制执行机构的执行构件的运动循环图。根据以上计算结果，绘制出打印头的直角坐标式运动循环图，如图 3-12 所示。同样，可以画出送料机构的执行构件——送料推头运动循环图，如图 3-13 所示，其中 t_{k2}、t_{d2}、t_{o2} 分别为送料推头的前进运动、退回运动和停歇时间。

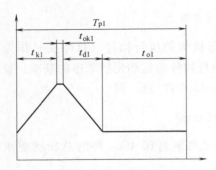
图 3-12　打印头的直角坐标式运动循环图

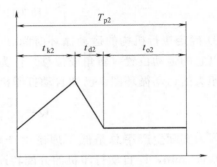
图 3-13　送料推头运动循环图

⑤ 在完成执行机构的设计后对初步绘制的运动循环图进行修改。根据加工工艺要求初步拟定的执行构件运动规律设计出的执行机构，往往由于整体布局和结构方面的原因，或者因为加工工艺方面的原因，在实际使用中要做必要的修改。例如，为了满足压力角、传动角等条件，构件的尺寸必须进行调整。又如，当零部件加工装配有困难时，也必须对执行机构进行修改。修改后的执行机构所实现的运动规律与原来设想的可能不完全相同，因此，还需要根据执行构件的实际运动规律对运动循环图进行修改。

⑥ 进行各执行机构的协调设计。各执行机构的协调设计又称同步化设计，设计完成后画出机械工作循环图。以打印机构的起点为基准，把打印头和送料推头的运动循环图按同一时间（或分配轴的转角）比例组合起来画成总图，这就是自动打印机的机械工作循环图。但是，当把这两个执行机构的运动循环图组合起来时，可能出现以下两种情况。

一种是打印头从开始打印，到接触工件并在它上面停留一段时间再退回到原处等待送料，完成一个运动循环后，送料机构才开始送料、退回、停歇。这样组成的机械运动循环，即为机械的最大运动循环（图 3-14）。可以看出，这样的两个执行机构，一个工作完成后，另外一个才开始工作，不会产生任何干涉，但是这种运动循环是极不经济的，机械运动循环时间很长，而且其中许多时间是空等，生产效率极低。

另一种是当送料机构刚把产品送到打印工位时，打印头正好压在产品上，即如图 3-15（a）所示的自动打印机工作循环图，点 1 和点 2 在时间上重合，这样，两个执行机

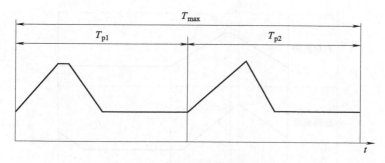

图 3-14 自动机最大运动循环图

构的运动循环完全重合，即可使机器获得最小的运动循环。

$$T_{min} = T_{p1} = T_{p2}$$

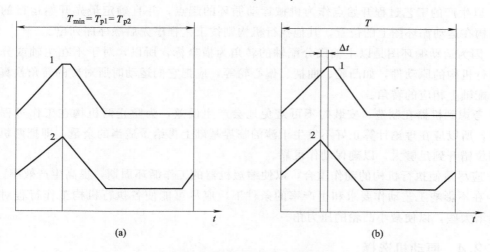

图 3-15 自动打印机工作循环图

这种工作循环图在时间和顺序上能基本满足设计要求，但这仅是一种临界状态，实际上点 1 和点 2 不可能精确重合。因为实际的执行机构由于尺寸有误差、运动副之间存在间隙等原因，不可避免地存在着运动规律误差。其结果势必影响产品的加工质量和机器的正常工作。例如，当打印头接触工件时，工件还未到位，正在移动，于是印在工件上的图像就会模糊不清，影响打印质量。

为了确保打印机能正常工作，应使点 2 在时间上超前点 1，即相应的分配轴转角也应根据实际情况超前，经修改后就可得到比较合理的机械工作循环 [图 3-15（b）]，这样的工作循环图既满足机器生产率的要求，又符合产品加工过程的实际情况，并且能保证机器正常可靠地运转。

因为自动打印机的送料机构首先将产品送至打印工位，然后打印机构才对产品进行打印，故它们之间只有时间上的顺序关系，而没有空间上的相互干涉，所以前面阐述的只是机械运动循环图的时间同步化设计。图 3-16 就是经过时间同步化设计后的自动打印机工作循环图。

在绘制机械运动循环图时，还必须注意以下几点。

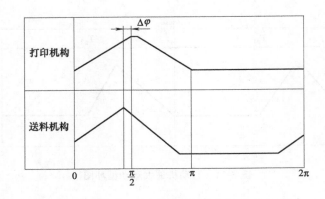

图 3-16　经过时间同步化设计后的自动打印机工作循环图

　　a. 以生产的工艺过程开始点作为机械运动循环的起点，并且确定最先开始运行的那个执行机构在运动循环图上的位置，其他执行机构则按工艺程序先后顺序序列出。

　　b. 因为运动循环图是以主轴或分配轴的转角为横坐标，所以，对于不在主轴或分配轴上各执行机构的原动件，如凸轮、曲柄、偏心轮等，应把它们运动时所对应的转角换算成主轴或分配轴上相应的转角。

　　c. 考虑到机器在制造、安装时不可避免地会产生误差，为防止两机构在工作过程中发生干涉，所以应在理论计算正好不发生干涉的临界基础上再给予适当的余量，即把两机构的运动相位错开到足够大，以确保动作可靠。

　　d. 应尽量使执行机构的动作重合，以便缩短机器的工作循环周期，提高生产效率。

　　e. 在不影响工艺动作要求和生产率的条件下，应尽可能使各执行机构工作行程对应的中心角增大些，以便减小凸轮的压力角。

3.2.4　原动机选择

　　前节提到，在设计机械运动循环图时，通常机械应实现的功能是已知的，它的理论生产率也已确定。机械的理论生产率确定后，同时可以进行的还有原动机的选择。

　　在进行机械系统总体方案设计时，原动机的类型确定不仅决定着整个机械系统的工作性能及结构，而且也是机械系统复杂程度与成本高低的重要因素。现代机械中应用的原动机种类繁多、特性各异，其中内燃机主要应用于经常变换场所的机械设备和运输车辆，一般机械上的原动机常用三相异步交流电动机、液压与气动马达，对于要求输出运动具有较高调速与控制性能的机械采用伺服电动机。它们各自有不同的特点，简单描述如下。

（1）电动机

　　电动机（motor）是把电能转换成机械能的一种设备。电动机的类型很多，可满足不同的工作环境和机械不同的负载特性要求。其主要优点为驱动效率高，具有良好的调速性能，可远距离控制启动、制动、反向调速，与传动系统或工作机械连接方便，作为一般传动，电动机的功率范围很广。其中，伺服电动机是指能精密控制系统位置和角度的电动机，它体积小、重量轻，具有宽广而平滑的调速范围和快速响应能力，但价格相对较高。电动机的主要缺点为必须有电源，不适合野外使用。

　　电动机的容量按工作所需的功率选择。工作所需要的功率为

$$P_w = \frac{F_w v_w}{1000\eta} \tag{3-2}$$

式中　F_w——输出端驱动力，N；

　　　v_w——输出端转速，m/s；

　　　η——电动机与传动装置的总效率。

（2）发动机

发动机（engine）是一种能够把其他形式的能转化为机械能的机器，包括内燃机（汽油、柴油、煤油发动机等）、外燃机（斯特林发动机、蒸汽机等）等，适合于工作环境无电源的场合。

（3）液压马达与液压缸

液压马达与液压缸采用液压系统驱动，液压系统主要由动力元件（液压泵）、执行元件（液压缸或液压马达）、控制元件（各种阀）、辅助元件和工作介质等五部分组成。液压传动具有无级变速、大负载等特点。

（4）气动马达与气缸

气压传动装置是将压缩空气的压力势能转换成机械能的驱动装置。气压传动与液压传动有不少类似之处，要有气源设备、执行构件以及控制、辅助元件。

（5）其他新型驱动装置

其他新型驱动装置包括压电驱动器、形状记忆合金驱动器、橡胶驱动器等。

3.2.5　系统方案评价与决策

机械系统运动方案设计的最终目标，是要寻求一种既能实现预期功能要求，又性能优良、价格低廉的最佳运动方案。机械系统的运动方案设计是一个多解问题，设计者必须对各个方案的性能优劣、价值高低等因素进行分析比较，经过科学的评价和决策，最终获得最满意的方案。

机械系统运动方案设计的过程，就是一个先通过分析、综合，使得待选方案的数目由少变多，再通过评价、决策，使得待选方案由多变少，最后获得最佳方案的过程；通过创造性构思产生多个待选方案，再以科学的评价和决策选出最优方案，而不是主观地确定一个设计方案。通过校核来最终确定某一机械设计方案的可行性，这是现代设计方法的重要特征。

如何通过科学的评价和决策方法来确定最优方案是机械系统运动方案设计的关键问题。为此，必须根据机械系统运动方案的特点来确定评价特点、评价准则和评价方法等，从而使评价结果更为准确、客观、有效，并能被广大工程技术人员认可和接受。

（1）机械系统运动方案的评价特点

机械系统运动方案设计是机械设计的初始阶段的设计工作，因此对它的评价具有以下一些特点。

① 评价准则应包括技术、经济、安全可靠三方面的内容。由于运动方案设计只解决原理方案和机构系统的设计问题，不具体涉及机械设计的细节，因此，往往只能定性地对经济性进行评价。机械系统运动方案的评价准则包括的评价指标总数不宜过多。

② 由于机械系统运动方案设计所能提供的信息还不够充分，因此一般不考虑重要程度的加权系数。但是，为了使评价指标有广泛的适用范围，对某些评价指标可以按不同应用场合列出加权系数。例如承载能力对于重载的机械应加上较大的加权系数。

③ 考虑到实际的可能性，一般可以采用 0~4 分的五级评分方法进行评价，即将各评价指标的评价值等级分为五级。

④ 对于评价值低于 2 的方案，一般认为较差，应该予以剔除。若方案的评价值高于 3，只要它的各项评价指标都均衡，则可以采用。对于评价值介于 2~3 之间的方案，则要进行具体分析，有的方案在找出薄弱环节后加以改进，可成为较好的方案而被采纳。例如，当传递相距较远的两平行轴之间的运动时，采用 V 带传动是比较理想的方案。但是，当整个系统要求传动比十分精确，其他部分都已考虑到这一点而采取相应措施时（如高精度齿轮传动、无侧隙双导程蜗杆传动等），V 带传动就是一个薄弱环节。如果改成同步带传动，就能达到扬长避短的目的，又能成为优先选用的好方案。至于有的方案，确实缺点较多，又难以改进，则应予以淘汰。

⑤ 在评价机械运动方案时，应充分集中机械设计专家的知识和经验，特别是所要设计的这一类机械的设计专家的知识和经验，要尽可能多地掌握各种技术信息，要尽量采用功能成本（包括生产成本和使用成本）指标值进行运动方案的比较。

（2）机械系统运动方案的评价方法

常用的机械系统运动方案的评价方法分为数学分析评价法和实验评价法。数学分析评价法主要有以下四种：价值工程评价法、系统工程评价法、模糊综合评价法和评分法。

① 价值工程评价法。价值工程作为一门新兴的管理科学，它以产品为研究对象，以提高产品的实用价值为目标，以功能分析为核心，以开发集体智力资源为基础，以科学分析方法为工具，力求用最低的成本支出达到最合适的机械产品功能。其主要思想是通过对选定研究对象的功能及费用分析，提高对象的价值。这里的价值，指的是反映费用支出与获得之间的比例。

采用价值工程评价法来评价机械系统运动方案，其实质是进行功能评价，并以金额为评价尺度（即功能评价值），找出实现某一功能的最低成本。在价值工程中功能与成本的关系是

$$V = \frac{F}{C} \tag{3-3}$$

式中　V——价值；

　　　F——功能；

　　　C——寿命周期成本，它等于生产成本 C_v 与使用成本 C_u 之和。

可以按机械系统的各项功能求出综合功能评价值，然后代入功能与成本的关系式求出 V 值，以便从多种方案中选取最佳方案。

为了评定机械产品的价值，必须使产品功能与其成本能够进行比较，所以采用货币来表示产品功能。机械产品都是为了实现使用者需要的某种功能，而为了获得这种功能，使用者必须克服某种困难（例如要付出相应的劳动量），而克服困难的难易程度可以设法用货币来表示。这种用货币表示的实现功能的费用，即是产品功能的货币表现，称为功能评价值。

这种方法要求有充分的实际数据作为依据，可靠性强，可比性好。而目标成本实际上是不断变化的，需要不断收集资料进行分析，并适当地调整收集到的成本值。有了机械运动方案的功能、成本和功能评价值，就可以对几个机械运动方案进行评估选优。但是，由于方案阶段不确定因素较多，因此困难较大，所以，对某一专门机械产品，一定要在大量资料积累之后，才能够有效地进行评价选择。此外，该方法由于强调机械的功能和成本，因此它有可

能对不同工作原理的方案进行评价，为人们进行方案创造开辟了一条重要途径。

② 系统工程评价法。系统工程评价法是将整个机械运动方案作为一个系统，从整体上评价各方案适合总的功能要求的程度，以便从多种方案中客观地、合理地选择最优方案。

系统工程评价是通过总评价值 H 进行的。当各评价指标都重要时，采用乘法规则，总评价值 H 计算式为

$$H = U_1(\,\cdot\,)U_2(\,\cdot\,)U_3(\,\cdot\,)\cdots(\,\cdot\,)U_n \tag{3-4}$$

式中 U_1，U_2，$\cdots$，U_n——各评价指标值。

H——总评价值，H 值越大，表示方案越优。

理想方案的 H 值应为

$$H_0 = U_{1max}(\,\cdot\,)U_{2max}(\,\cdot\,)U_{3max}(\,\cdot\,)\cdots(\,\cdot\,)U_{nmax} \tag{3-5}$$

图 3-17 表示了系统工程评价法评价的步骤。

采用系统工程评价法进行机械运动方案评价时，通常几个方案中 H 值最高的方案为整体最佳的方案，但是还是可以由设计者根据实际情况作出最终选择。例如，完成某一实际工艺动作有许多机械运动方案，有时为了满足某些特殊的要求，并不一定要选择 H 值最高的方案，而是选择 H 值稍低而某些指标较高的方案。

③ 模糊综合评价法。在进行机械系统运动方案评价时，由于评价指标较多，例如应用范围、可调性、承载能力、耐磨性、可靠性、工艺复杂性、结构复杂性等，它们往往属于设计者的经验范畴，很难用定量分析来评价，只能采用"很好""好""不太好""不好"等模糊概念来评价。

模糊综合评价法就是采用集合和模糊数学的理论方法将这些模糊信息数值化，用区间内的数值来表达评价值，以进行定量评价的方法。

④ 评分法。评分法分为直接评分法和加权系数法两种。前者是根据评分标准直

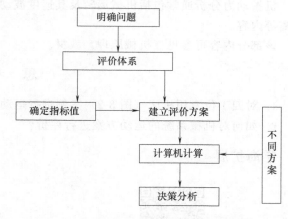

图 3-17 系统工程评价法评价的步骤

接打分，各评价项目分配的分值均等；后者是按照各评价项目的重要程度确定其权重，各项打分应乘以加权系数后再计入总分。总分的高低体现方案的优劣，获得高分的方案为优选方案。

对于一些重要的机械系统运动方案设计，当用上述评价方法无把握时，可以通过模型实验或计算机模拟实验对方案进行评价。依据实验结果进行评价，可以得到更为准确的评价结果，但花费也更高。

3.3 ➲ 机构运动分析与力分析

3.3.1 机构运动分析

平面机构运动分析方法有图解法和解析法。图解法包括相对运动图解法和瞬心法。相对

运动图解法的要点是根据相对运动原理列出速度（加速度）矢量方程，然后分析方程中各矢量的大小、方向，根据此矢量方程作速度（加速度）多边形求解。瞬心法是利用机构速度瞬心对机构进行速度分析。

解析法的要点是画出机构位置的封闭矢量多边形，并据此列出此多边形的矢量方程求解机构的有关位置参数；对此矢量位置方程求一次、二次导数可分别解得机构速度和加速度。

该部分内容可参见《机械原理》教材。

3.3.2 机构力分析

平面机构力分析分为动态静力分析和动力分析两方面。

平面机构动态静力分析方法也有图解法和解析法两种。用图解法进行机构动态静力分析的步骤是：首先求出各构件的惯性力，并把它们视为外力加于产生这些惯性力的构件上；然后再根据静定条件将机构分解为若干个构件组和平衡力作用的构件；进行力分析的顺序一般是先由离平衡力作用的构件最远的构件组（即外力全部为已知的构件组）开始，逐步推算到平衡力作用的构件。机构动态静力分析的解析法是根据力的平衡条件列出机构所受各力（包括已知的和待求的）之间的关系式，然后求解。

机械动力分析通常包括机械运转及其速度波动的调节、机构的惯性力平衡、机械振动与隔离等内容。

该部分内容可参见《机械原理》教材。

思 考 题

1. 对四工位专用机床（图3-2）案例进行运动协调设计，完成运动循环图。
2. 如何对机械系统的运动方案进行评价？

学海扩展

我国古代科技中的伟大发明
——诸葛亮的"木牛流马"

三国时期，诸葛亮为了解决蜀国在长途征战中的粮草运输问题，创造性地发明了木牛流马。木牛流马的发明和使用，不仅展示了古代人民的智慧和创造力，也为现代科技进步提供了启示。

视频资源：木牛流马

机械创新设计助力中国智慧农业发展

随着科技的飞速发展，农业也开始迎来了智能化时代。在智慧农业发展中，农业机器人已经成为推动农业生产的一股新势力。伴随技术的不断进步，农业机器人将会成为未来智慧农业生产的主导力量。

视频资源：机械创新设计助力智慧农业发展

机械零件的结构设计是将抽象的零件工作原理具体化为用于指导生产的零部件技术图样的过程，是复杂机电系统设计中的重要阶段。本章分别介绍典型加工工艺零件和典型功能零部件结构设计的要点，以及典型零件精度设计要求，指导学生完成机械零件详图设计。

4.1 ⊃ 典型工艺零件结构设计

机械零件传统的加工方法有切削、铸造、锻压和焊接等，最新的加工方式还有 3D 打印等，其中切削为减材加工方法，铸造、锻压和焊接为等材加工方法，而 3D 打印可归为增材加工方法。每种加工方法因其加工原理、加工设备及加工过程等不同，使得由之成形的零件结构具有不同的特点。对于不同加工对象，考虑其加工生产过程中出现缺陷的原因，对其进行结构设计时应该尽量避免缺陷的产生，同时也需要使其结构便于加工的实施，提高生产效率，降低成本。

4.1.1 金属切削件结构设计

切削加工是最常见的加工方式，它通过刀具去除毛坯上多余的金属，最后达到所需的尺寸和精度。作为切削对象的金属零件，在进行结构设计时，必须考虑其结构工艺性，包括零件的加工工艺性和零件的装配工艺性。下面介绍考虑加工工艺性和装配工艺性时，典型结构的设计要求。

（1）考虑切削件的加工工艺性

考虑切削件加工工艺性的结构设计实例见表 4-1。

表 4-1 考虑切削件加工工艺性的结构设计实例

设计原则	不合理结构	合理结构	结构设计细节解析
考虑刀具在加工过程中的位置，便于加工过程进行，即刀具在完成了一次加工面的加工任务后，要能方便地离开该处，以免刀具和工件碰撞或损坏已被加工过的表面，保证加工全程顺利进行	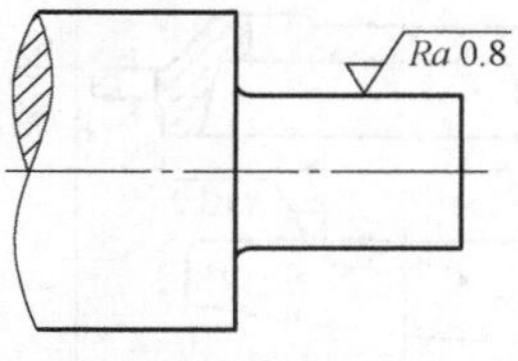 *Ra* 0.8	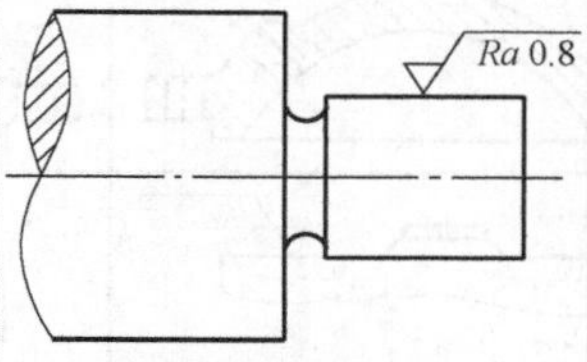 *Ra* 0.8	需磨削加工的轴表面，台阶处砂轮无法退出，此外，台阶处的圆弧加工也困难，因此结构上应有砂轮越程槽
	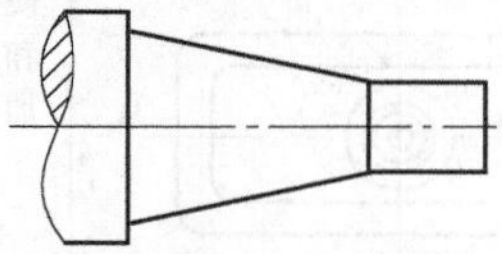	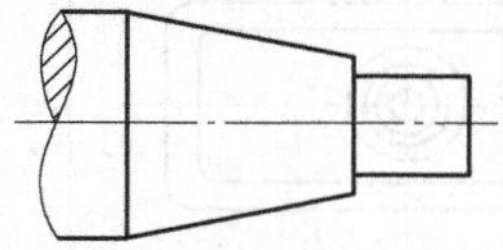	在加工锥面的过程中，两端退刀困难，耗费工时，结构上应有退刀空间

设计原则	不合理结构	合理结构	结构设计 细节解析
考虑刀具在加工过程中的位置,便于加工过程进行,即刀具在完成了一次加工面的加工任务后,要能方便地离开该处,以免刀具和工件碰撞或损坏已被加工过的表面,保证加工全程顺利进行	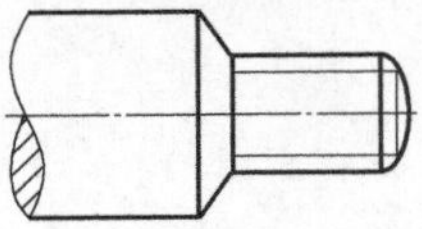	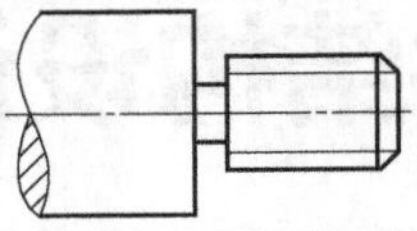	结构有两个不合理之处:①加工螺纹无退刀槽;②圆形轴端面加工困难
	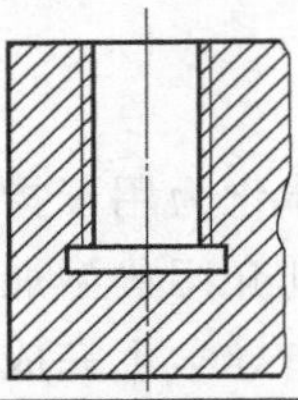	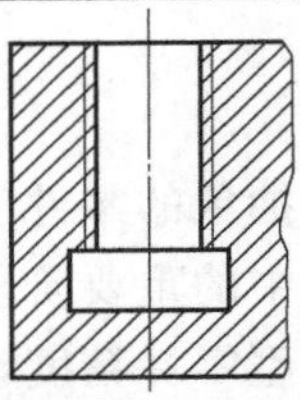	车、镗加工盲孔内螺纹时,在其终点应留有足够的退刀槽
	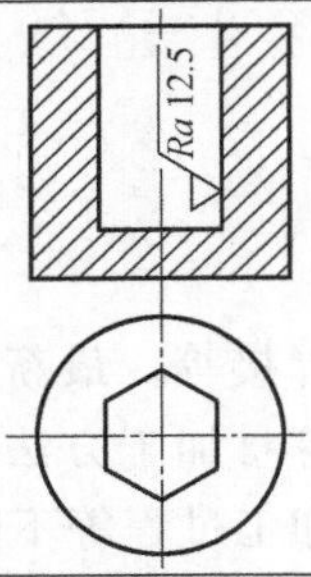	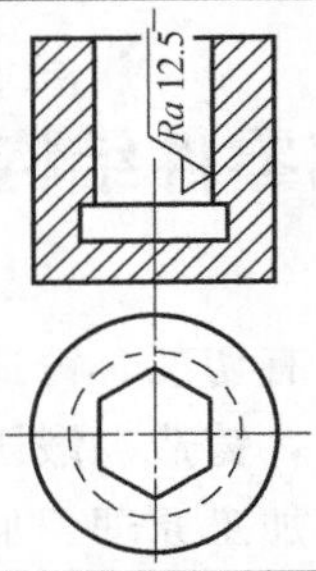	铣、刨、插加工时,要保证退刀槽的宽度
	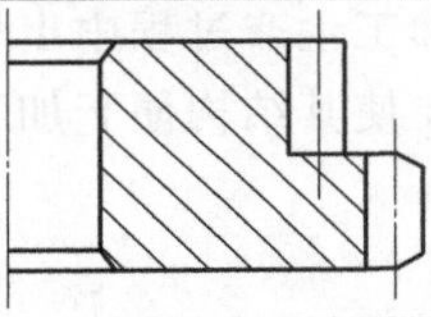	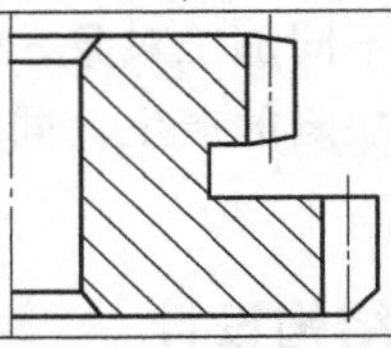	插齿机加工多联齿轮时,工件上必须设计空刀槽,以保证完全加工出工件表面
	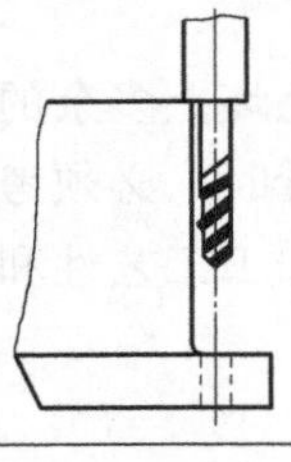	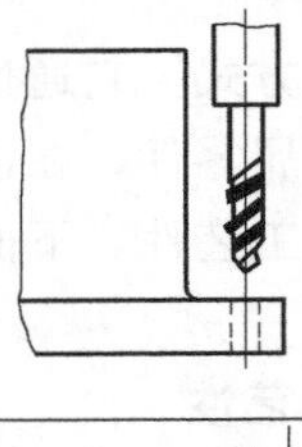	孔的位置应考虑钻头的工作空间
加工表面的设计应采用最高生产率的工艺方法	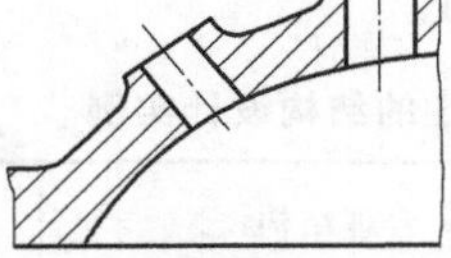	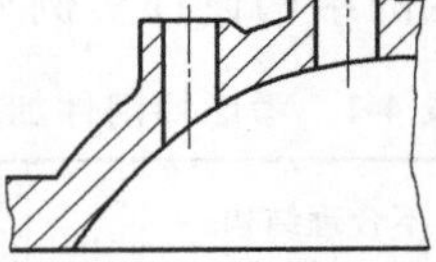	被加工平面应力求设计成平行或垂直于零件的安装或加工基准平面,便于加工,节省加工找正时间,容易保证精度要求,同时可以避免使用特殊夹具
	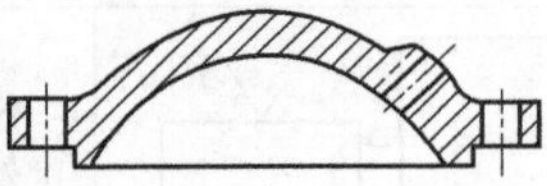	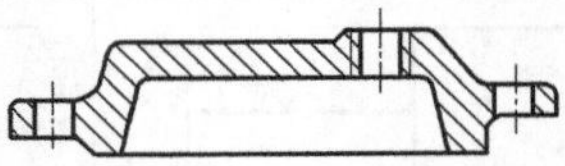	尽量避免斜孔,缩短加工找正的时间,提高孔位置的精度
	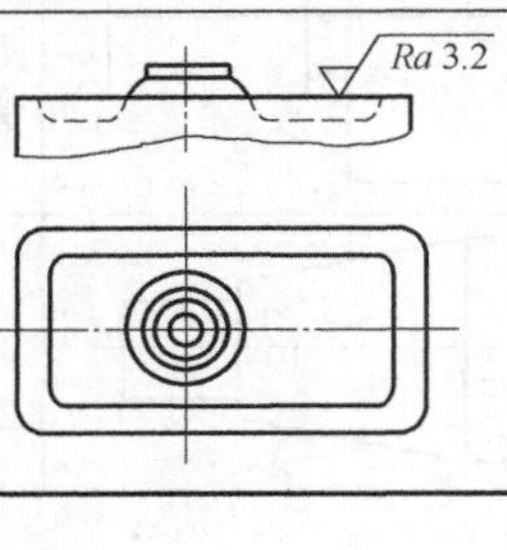	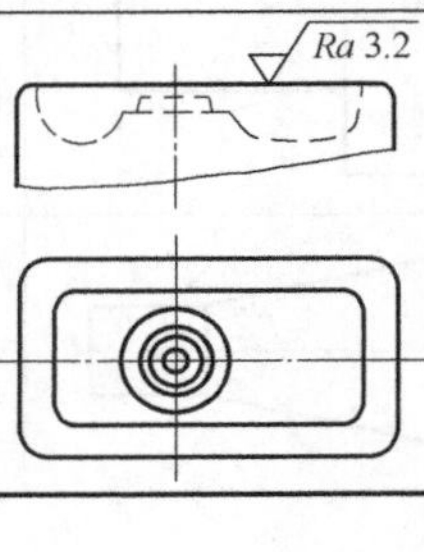	加工面应高于非加工面,便于加工,提高加工生产率和精度,能采用端面铣削法加工

续表

设计原则	不合理结构	合理结构	结构设计细节解析
加工表面的设计应采用最高生产率的工艺方法	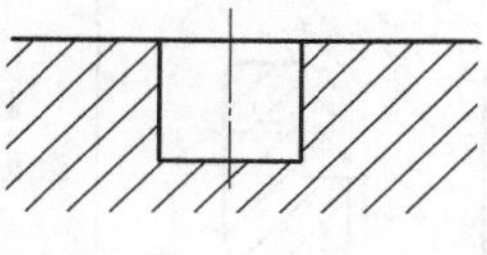	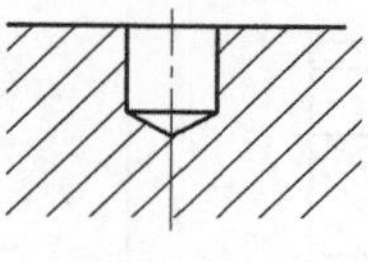	力求避免平底不通孔,减少加工量
	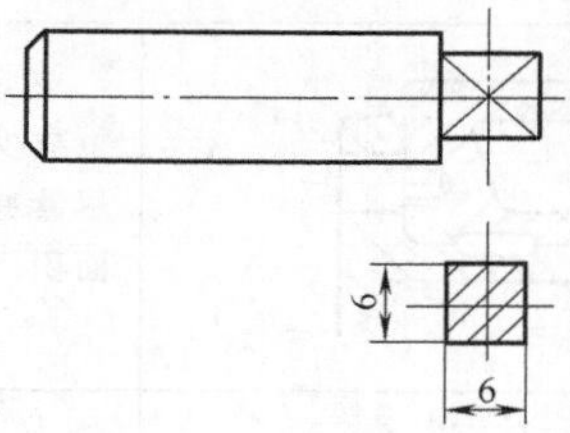	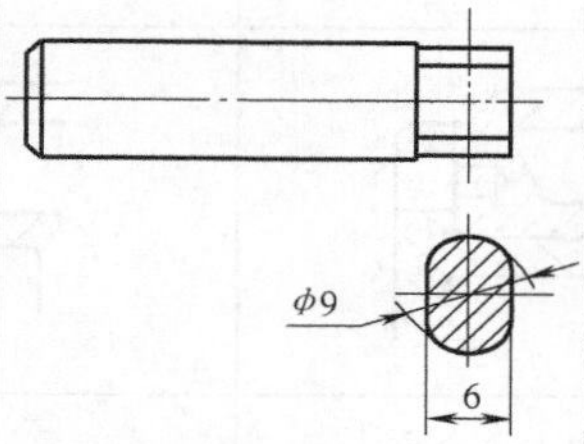	外表面的断面尽可能设计成圆形的,可以用最简单的、生产率最高的车削加工
	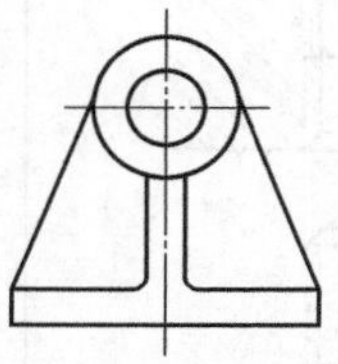	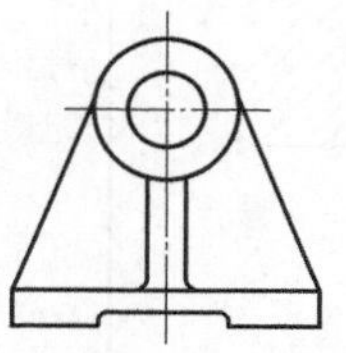	减小加工面,在满足设计要求的条件下,以不需切削加工的毛坯凹面代替整块切削加工面
	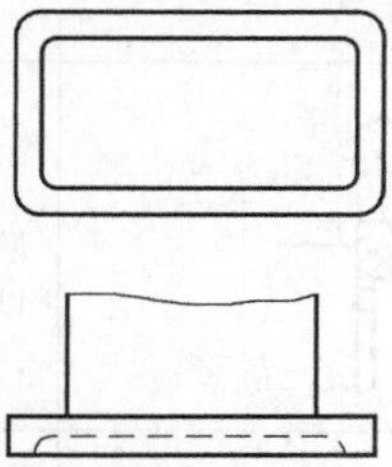	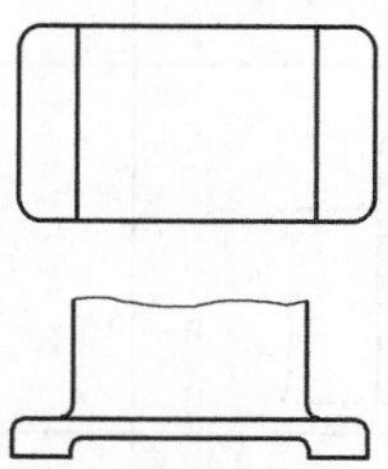	减小加工面,尽量减小被加工面的尺寸,以减少零件的切削加工量及刀具和材料的消耗
	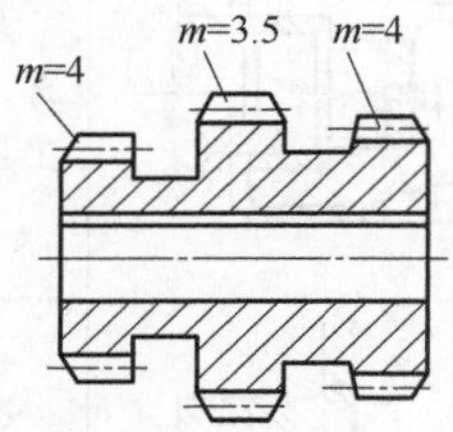	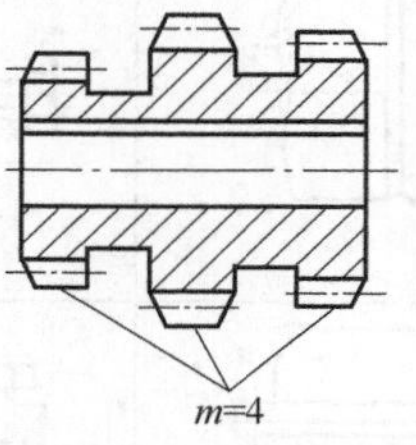	力求减少刀具的品种,如图设计多联齿轮时,每个齿轮的模数相同就能减少加工刀具的品种
	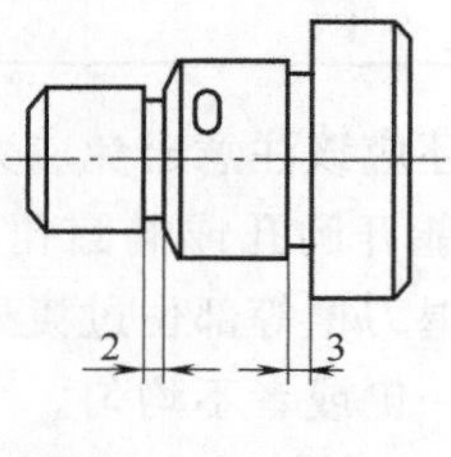	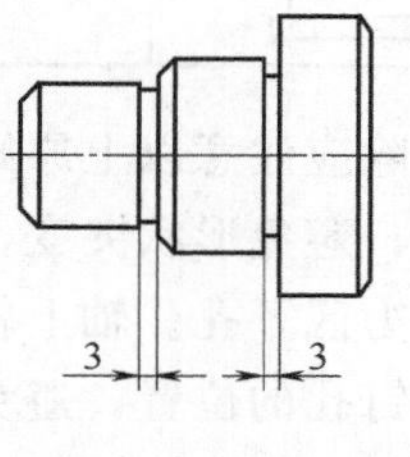	同一功能的退刀槽应保持一致;螺纹退刀槽的宽度和深度按螺距确定

（2）考虑切削件的装配工艺性

考虑切削件装配工艺性的结构设计实例见表 4-2。

表 4-2　考虑切削件装配工艺性的结构设计实例

设计原则	不合理结构	合理结构	结构设计细节解析
便于装配	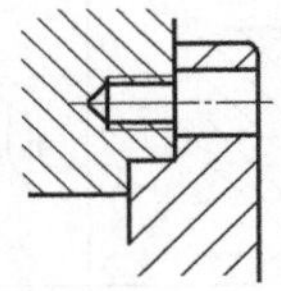	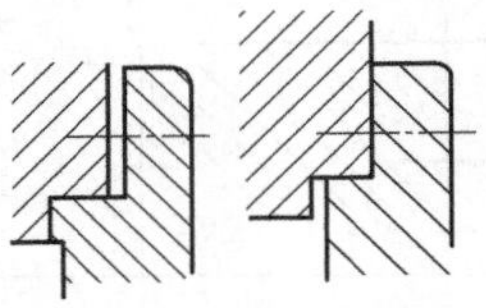	避免两个面同时接触,便于装配,提高装配精度
	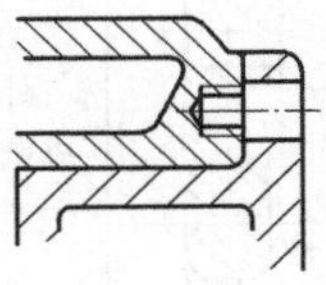	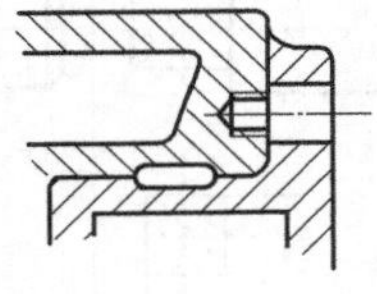	减少加工和装配的工作量,尽量减小接触部分的长度和面积
	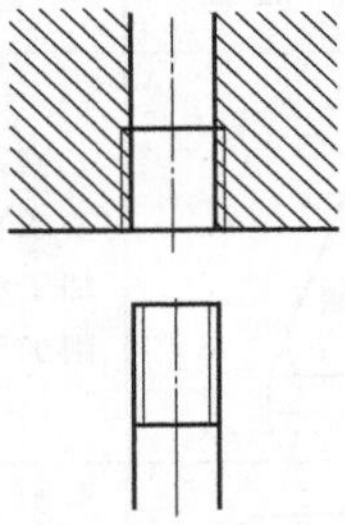	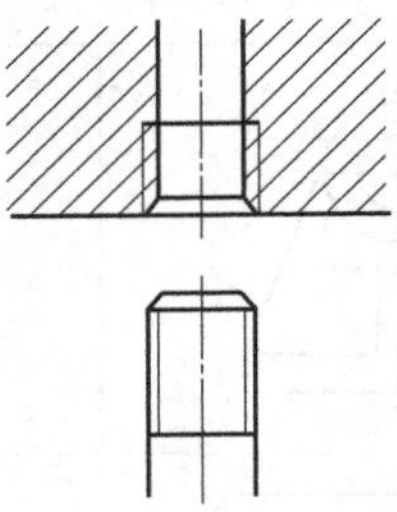	棱边、锐角应倒钝,避免搬运或装配时碰坏零件端部
便于拆卸	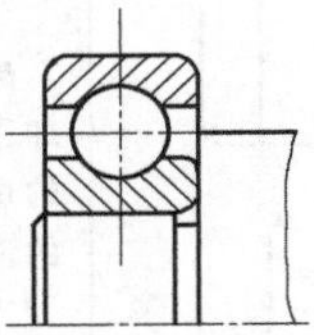	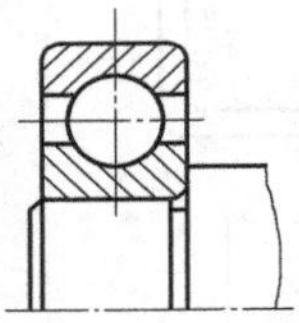	轴承靠轴肩定位时,轴肩高度应按标准或手册、样本规定,以便拆卸轴承
	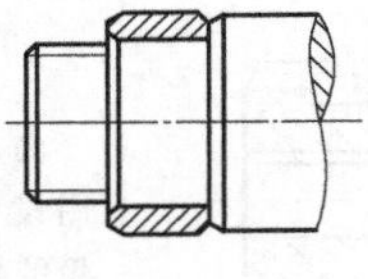	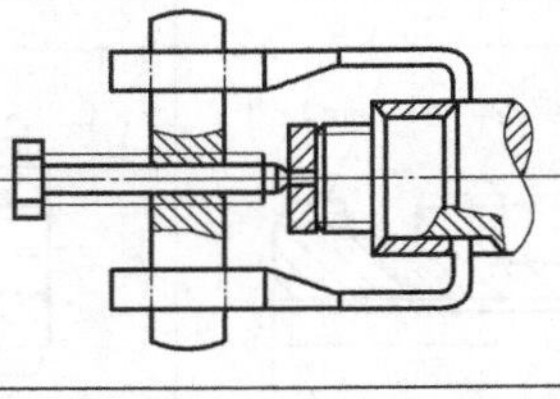	经热压套在轴颈上的金属环,要在一端留有槽,以便拆卸工具有着力点
	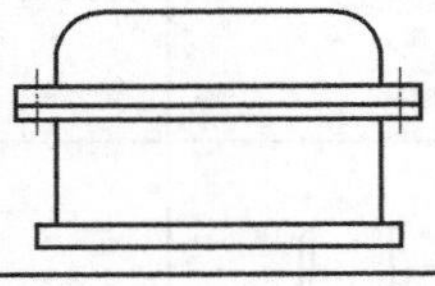	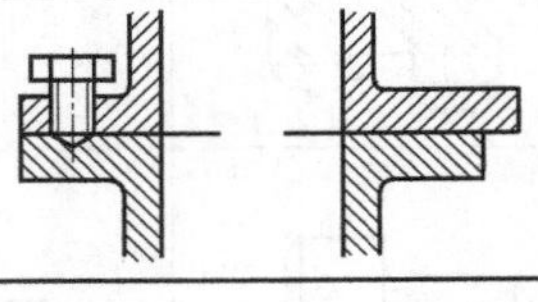	容器封头,打开封头时应有着力点

切削件在结构设计时,除应注意以上原则外,还应该注意避免应力集中,尤其对于轴类零件。首先应改善结构外形,避免形状突变,尽可能开圆孔或椭圆孔。结构内必须开孔时,尽量避开高应力区,在低应力区开孔。轴上轴肩及退刀槽等部位过渡处采用圆角处理。合理布置轴上键槽、螺纹孔、销钉孔的位置,避免开到一侧或者不均匀。

4.1.2　铸件结构设计

铸造是不稳定的制造工艺过程,容易产生缺陷,而且缺陷又是在铸造后才能发现的,因此铸件结构设计时应考虑如何使铸件减少铸造缺陷和便于工艺实施等问题。

（1）减少铸造缺陷

铸件主要缺陷的产生（如缩孔、缩松、气孔、裂纹、浇不足、冷隔、偏析及变形等）往往是由于铸件结构设计不够合理，未能充分考虑合金铸造性能的要求而造成的。设计铸件结构时应考虑的几个方面见表 4-3。

表 4-3　减少铸造缺陷的结构设计实例

设计原则	不合理结构	合理结构	结构设计细节解析
考虑合金的冷却与收缩，力求设计均匀适当的壁厚	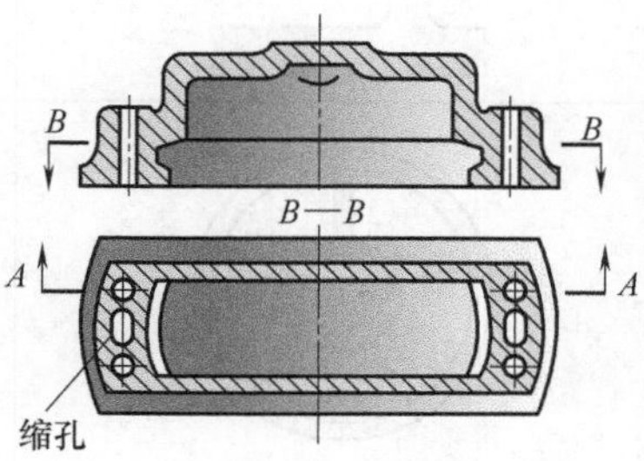	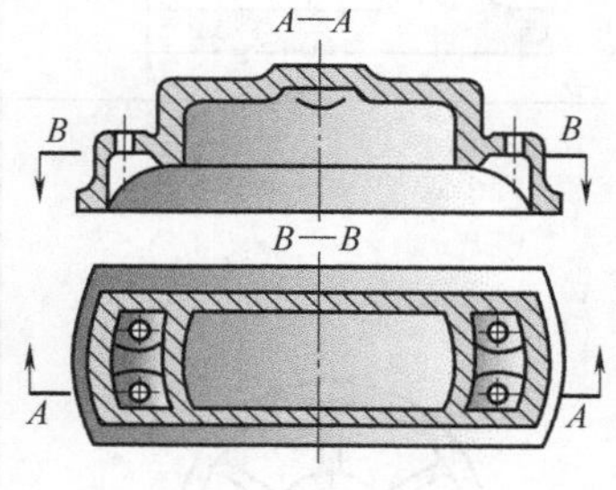	铸件壁厚应均匀，结构厚壁处易产生缩孔，在连接处产生裂纹
	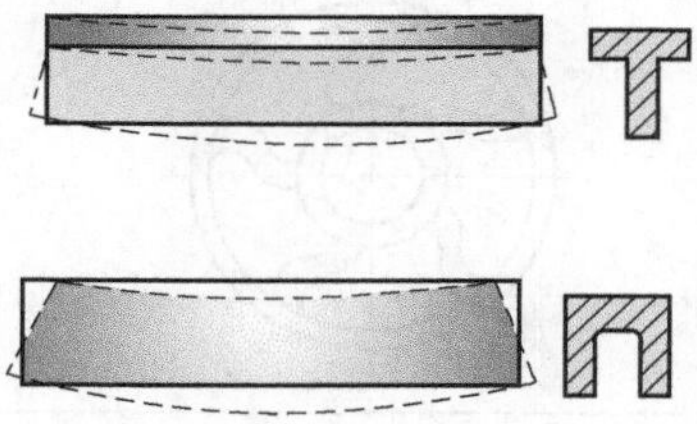	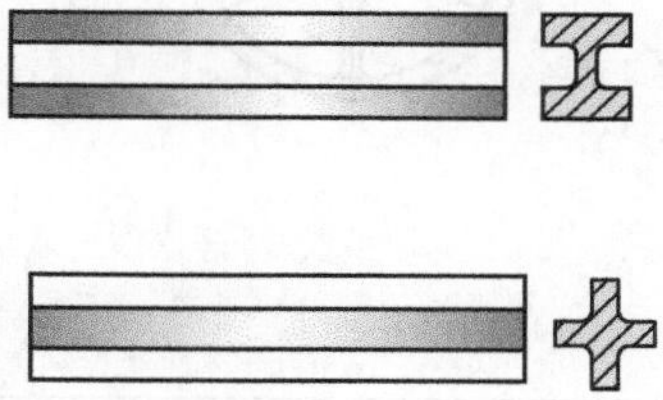	对于较长易挠曲的梁型铸件，应将其截面设计成对称截面，避免冷却收缩后产生挠曲
			在平板铸件上设计加强筋，以免其翘曲
	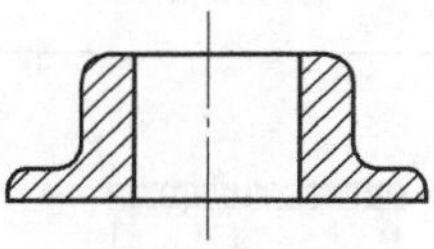	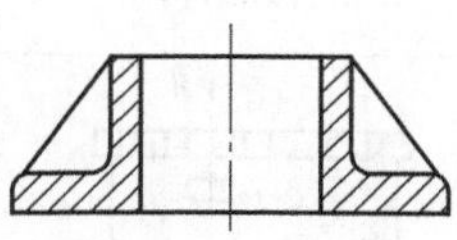	利用加强筋可以减小壁厚，减少金属的聚积
	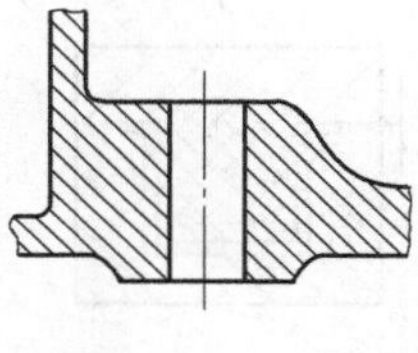	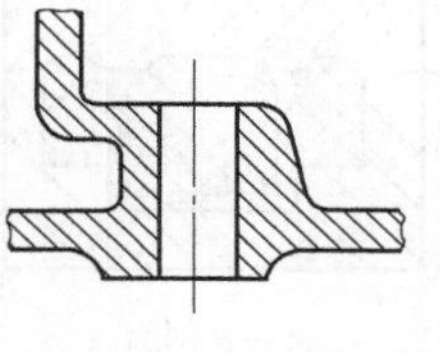	避免材料堆积

设计原则	不合理结构	合理结构	结构设计细节解析
不用尖角转弯	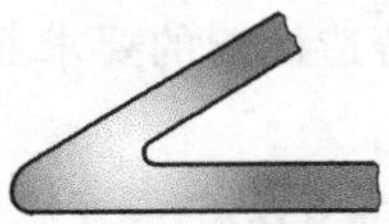 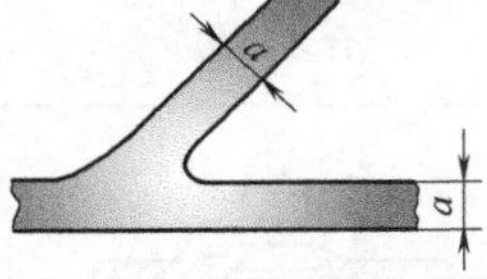	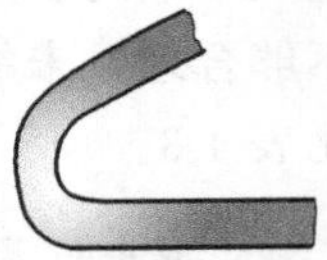 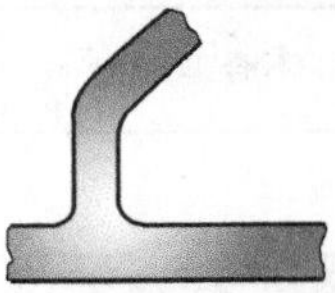	考虑金属冷却收缩，铸件一般不使用尖角连接，采用圆角或其他形式的过渡连接
应使铸件在冷却时能自由收缩，不受阻碍	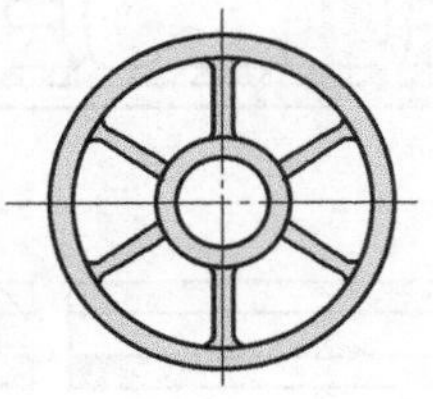	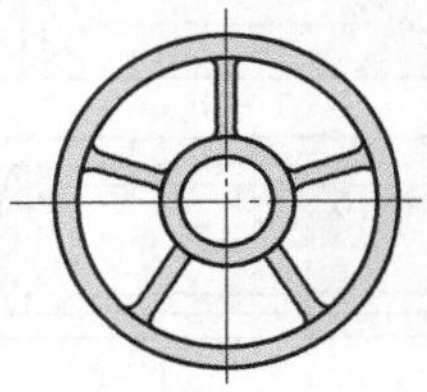 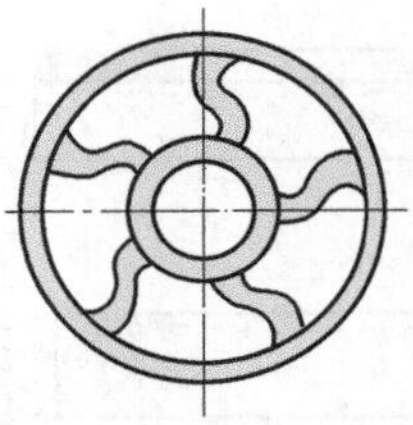	轮辐数为偶数时，相对位置两轮辐的收缩互相牵制、彼此受阻，轮辐内将产生大的铸造应力。通过改变轮辐数量或轮缘的形状来降低轮辐内的铸造应力，以减小产生裂纹的危险
铸件应尽量避免有过大的水平面	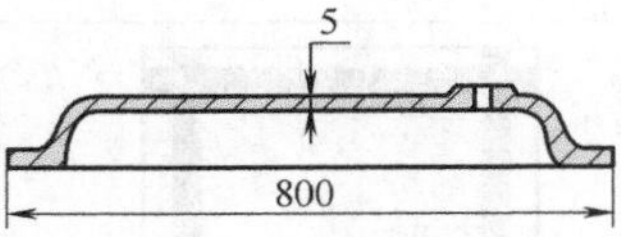	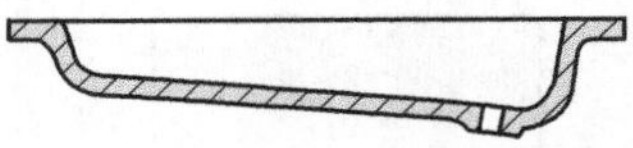	过大的水平面难以排除合金中非金属夹杂物，不利于液态金属的流动性

（2）便于铸造工艺的实施

便于铸造工艺的结构设计实例见表 4-4。

表 4-4　便于铸造工艺的结构设计实例

设计原则	不合理结构	合理结构	结构设计细节解析
铸件的外形应力求简单，造型时便于起模	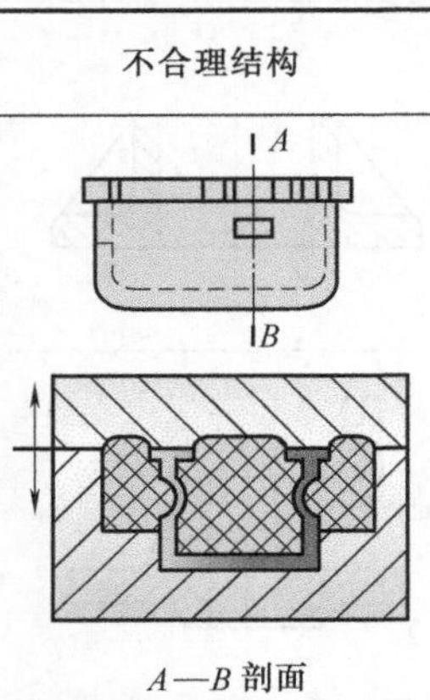	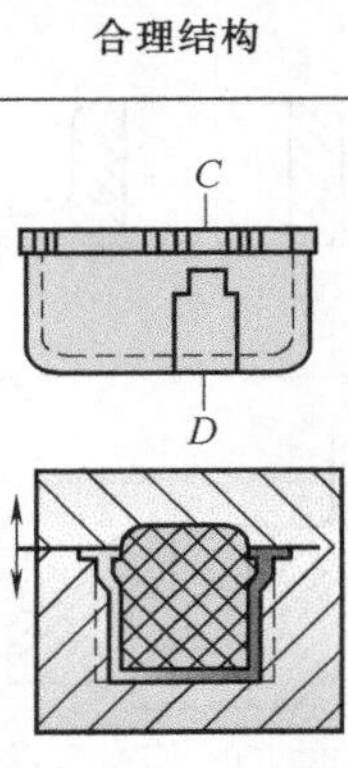	避免铸件的外形有侧凹，在满足使用要求的前提下，将凹坑一直扩展到底部省去了外型芯，降低了铸件成本

A—B 剖面

续表

设计原则	不合理结构	合理结构	结构设计 细节解析
采用最少的分型面,并尽量使分型面形状简单(单一平面)	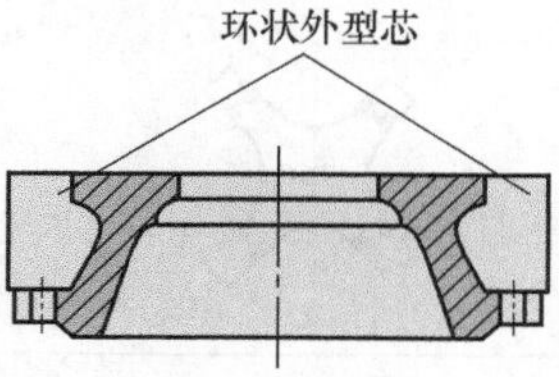 环状外型芯	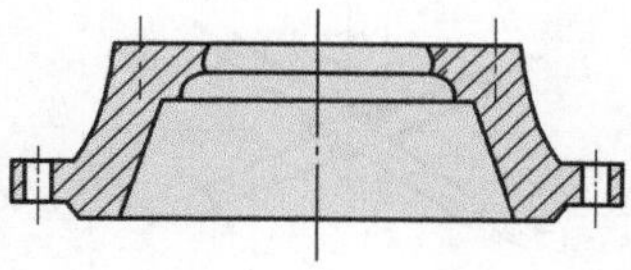	不合理结构有两个分型面,需采用三箱造型;合理结构只有一个分型面,使造型工序简化
设计铸件上的凸台、凸起、筋条及法兰时应便于起模,尽量避免和减少活块模或型芯	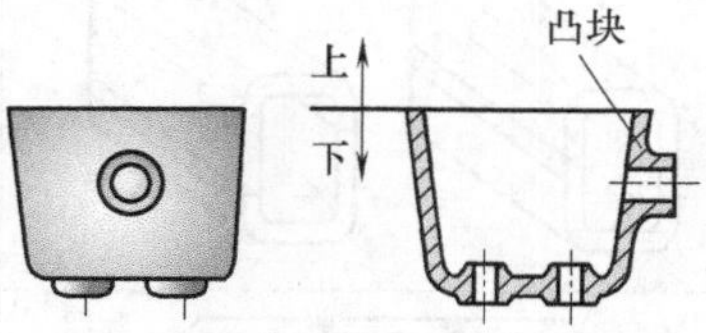 凸块 上 下	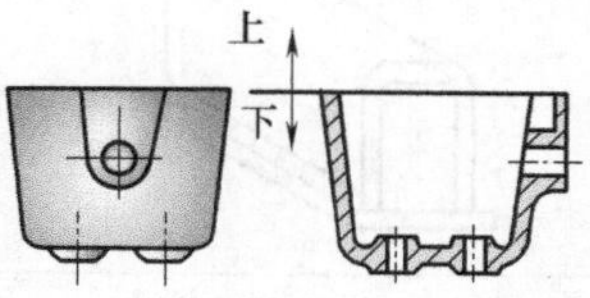 上 下	不合理结构有凸台,需要采用活块造型,工艺复杂,且凸台的位置尺寸难以保证
考虑铸型装配中安放型芯的可能性、方便性、稳固性、排气性和清理方便	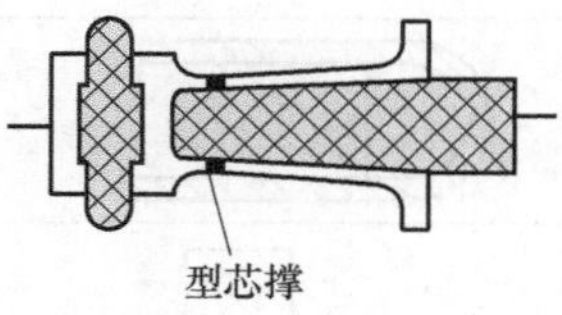 型芯撑	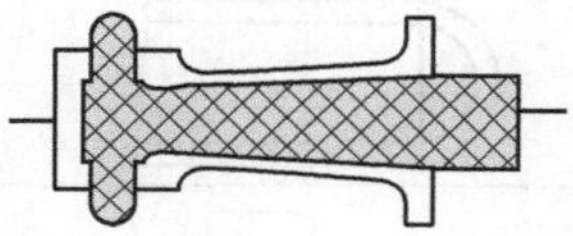	不合理结构需要两个型芯,其中较大的型芯呈悬臂状态;合理结构型芯的稳定性大大提高,而且型芯的排气顺畅,也易于清理

除此之外,还需考虑合金的流动性,限定铸件的最小壁厚,具体最小壁厚尺寸可查阅有关手册。

4.1.3 焊接件结构设计

焊接件结构设计时,除考虑使用性能之外,还需要考虑制造时焊接工艺的特点和要求,以保证在较高的生产率和较低的成本下,获得符合质量要求的产品。

(1)减少焊接缺陷

减少焊接缺陷的结构设计实例见表 4-5。

表 4-5 减少焊接缺陷的结构设计实例

设计原则	不合理结构	合理结构	结构设计 细节解析
减少焊接应力和变形	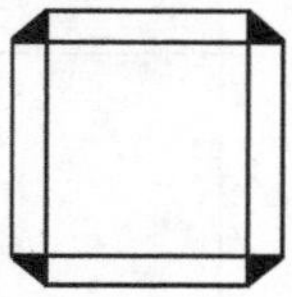	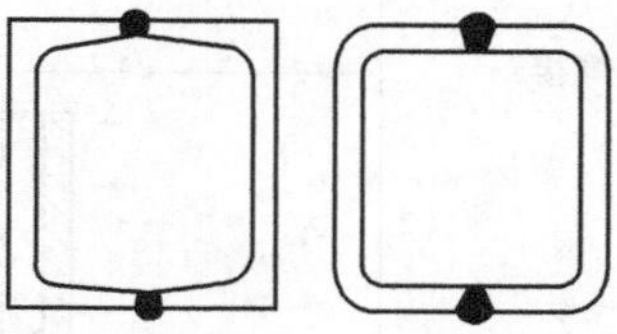	减少焊缝数量
	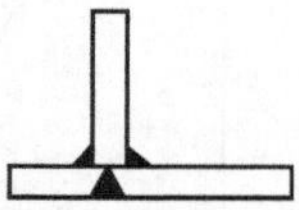	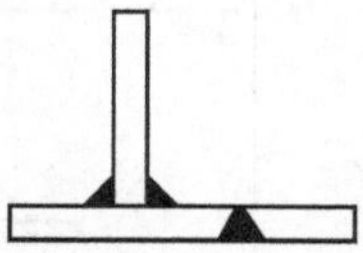	分散布置焊缝

设计原则	不合理结构	合理结构	结构设计细节解析
减少焊接应力和变形	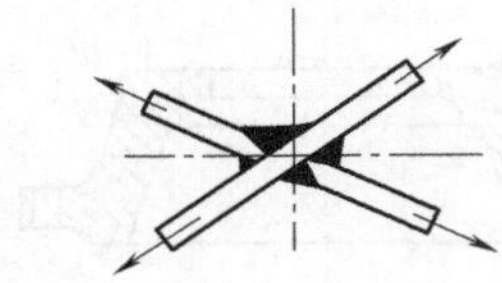	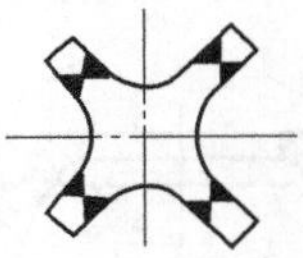	分散布置焊缝
	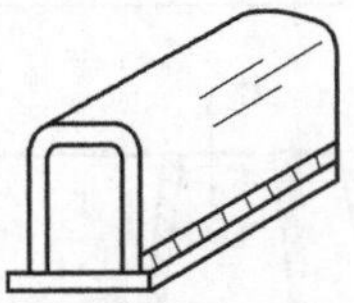	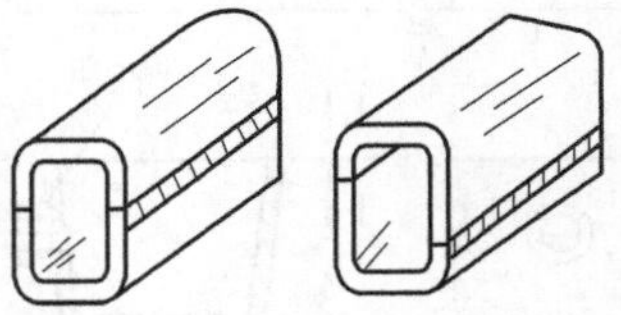	焊缝的对称布置可以使各条焊缝的焊接变形相抵消
焊缝应尽量避开最大应力和应力集中部位	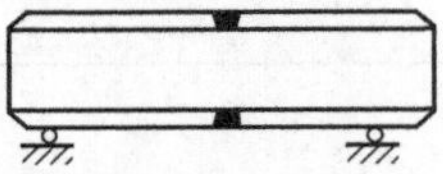	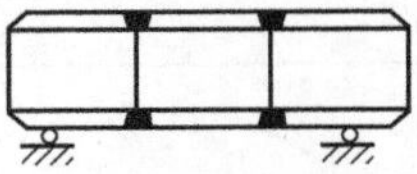	焊缝避开最大应力集中部位

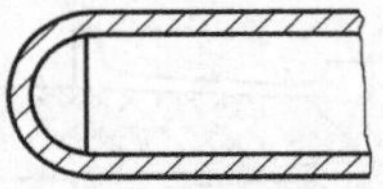

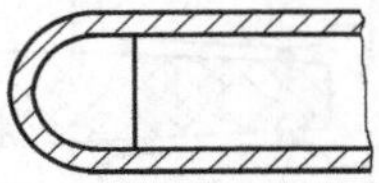

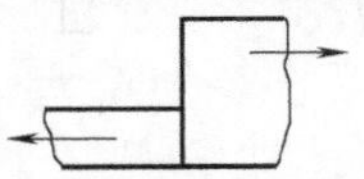

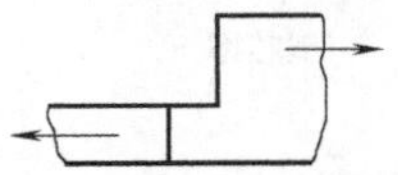

（2）便于焊接工艺的实施

便于焊接工艺的结构设计实例见表 4-6。

表 4-6　便于焊接工艺的结构设计实例

设计原则	不合理结构	合理结构
焊缝布置应便于焊接	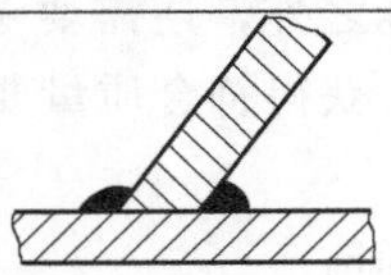	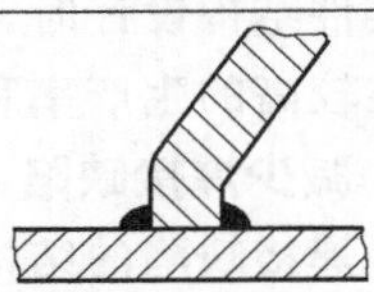

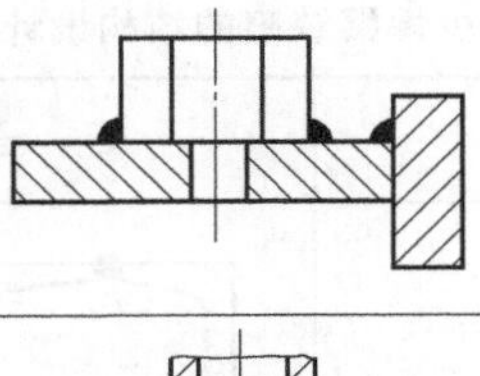

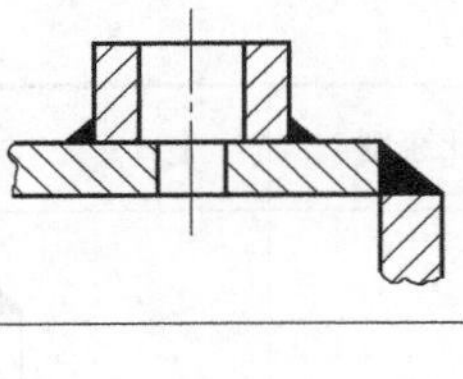

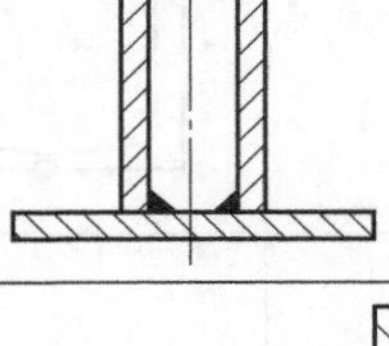

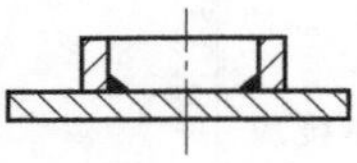

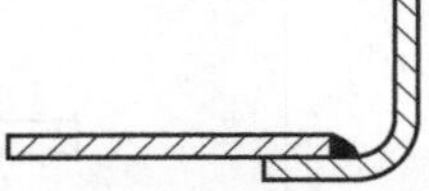

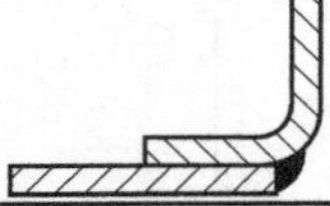

4.1.4 3D打印件结构设计

3D打印作为一种新兴的加工方式，突破了传统的去除材料成形或材料受迫成形原理，可制造出具有复杂几何形状的零件。其成形原理是利用软件将三维零件模型进行分层切片处理，将复杂的三维制造离散为层层叠加的二维制造，并用激光热源将材料逐层熔融堆积成形，快速加工出具有复杂形状和特定功能的三维实体零件。

3D打印技术根据采用的材料形式和工艺方法的不同，目前应用比较广泛且典型的工艺可分为五大类：丝材挤出热熔成形（例如，熔融沉积建模，Fused Deposition Modeling，FDM）、片/板/块材粘接成形（例如，分层实体制造，Laminated Object Manufacturing，LOM）、液态树脂光固化成形（例如，光固化成形，Stereo Lithography Appearance，SLA）、粉末/丝状材料高能束烧结或融化成形（例如，激光选区融化，Selective Laser Melting，SLM）、液体喷印成形（例如，立体喷绘，Three Dimensional Printing，3DP），具体的工艺见7.2.3节。以上各种加工工艺目前都处于技术发展阶段，还并未形成完善的零件设计准则，但是总体来说，受成形原理的限制，3D打印零件的设计过程中通常需要考虑以下设计原则，以减少3D打印件的缺陷，提高生产效率。

（1）零件设计时考虑材料的层铺方向

3D打印工艺加工出的每个零件的质量（包括力学性能、表面质量等）都与材料层铺方向直接相关，因此，在设计时应该考虑零件的层铺方向。图4-1所示为在聚合物粉末床熔融系统上以两个不同方向层铺材料时，零件质量的差异。

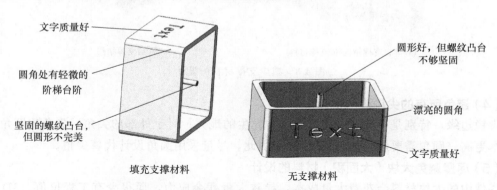

图 4-1 以两个不同方向层铺材料的零件效果

（2）尽量减少打印时间和减少材料的使用

通过尽量减少熔化或沉积每一层零件需要的粉末的总量，从而使零件加工所需要的时间最少。例如，零件设计时采用抽壳（即从零件内部去除大部分材料，仅保留指定的壁厚），则激光扫描距离将大大缩短，即零件加工更快。图4-2（a）所示为用于传统加工方式设计的液压歧管，是由一个金属块组成的实体，中间存有多个钻孔，形成互连的通道。为了减少打印时间，增材设计时可以采用壳体结构，将壳

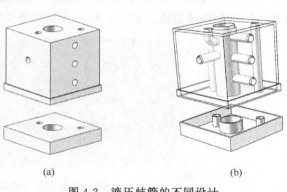

图 4-2 液压歧管的不同设计

体厚度设计为 2mm，形成图 4-2（b）所示的中空结构，此时与图 4-2（a）相比，使用材料大幅下降，材料扫描距离减少了 95%。

（3）减少打印零件时使用的支撑材料

金属 3D 打印的支撑材料是帮助支撑悬垂特征并将热量从组件传递出去。通常，任何与竖直方向的夹角大于某个值（该值取决于打印的材料）的特征都需要支撑材料。在考虑减少支撑的过程中，可以通过改变需要支撑特征的角度和设计自支撑结构来实现。例如，如果一个特征是水平的，则下方需要支撑材料，如果改变其角度，倒角或插入与底部水平面成 45° 的三角形结构，就可以避免使用支撑材料。支撑材料是在零件打印之后被去除的结构，如果设计时考虑零件结构自支撑，既有制造时的支撑作用，也兼具有零件的使用作用，形成永久性的结构代替需要去除的临时结构，成为零件特征的一部分，同时也节约了 3D 打印后支撑结构去除的工艺。图 4-3（a）为不考虑支撑材料的结构设计，制造过程中需要大量的支撑材料；图 4-3（b）在设计中加入悬垂特征约束，获得自支撑结构，制造过程中无需使用支撑材料。

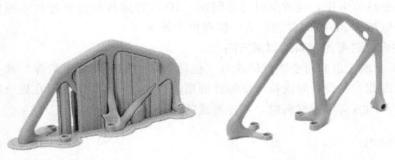

(a) 非自支撑结构(带支撑材料)   (b) 自支撑结构

图 4-3　减少支撑材料的设计

（4）避免所有的尖锐边缘设计

尖锐边缘，特别是内部尖角是应力集中发生的地方；对于外部的尖角，尖角比圆角的打印成本更高（圆角需要熔化的材料更少）。因此，尽量采用圆角设计代替尖角。

（5）尽量避免大块（大面积）材料的设计

零件中的大块材料会花费大量成本，导致大量残余应力，而很少有工程价值。3D 打印零件可以使用拓扑优化或晶格结构优化材料分布。

3D 打印的许多设计参数取决于其他设计参数和打印条件，因此很难找到在每种情况下都可以使用的精确数值。例如，粉末床熔融零件的最小孔和槽的尺寸取决于壁厚（图 4-4），

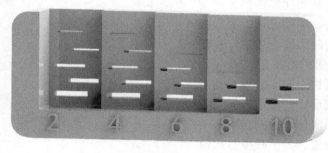

图 4-4　孔的尺寸取决于材料的厚度

随着零件壁厚的增加，狭窄孔中的粉末会部分熔合在孔中，无法去除。但是，不同的粉末床熔融机器也会生产出不同质量的零件，因为它们是在不同温度、层厚和激光扫描参数下运行的。因此，最小孔或槽的尺寸与零件的壁厚、打印层厚、打印方向以及制造它的机器都直接相关。由此可以说明，3D 打印零件结构设计指导原则具有可变性。

4.2 ➲ 典型功能零部件结构设计

工程实际中，一个构件往往采用多个零件连接而成。连接有两大类：一类是机械在工作时，被连接的零部件之间允许有相对运动的连接，称为动连接，如各种轴支承、运动副和导轨；另一类是被连接的零部件之间不允许产生相对运动的连接，称为静连接，如螺纹、键、花键和销连接。下面分别介绍各种类型连接件的结构设计。

4.2.1 动连接件结构设计

（1）轴支承结构

轴支承是机械中常见的结构，它的合理设计对产品的使用性能、质量和经济成本起着至关重要的作用。旋转运动的轴一般都由两个或两个以上相距一定距离的滚动（或滑动）轴承来支承，它的结构设计包括定位方式的确定以及轴和箱体上安装轴承部分的结构设计等内容。

轴支承结构设计的总体原则：保证轴相对于箱体在径向及轴向的定位准确及固定，同时还要考虑结构的装配、拆卸、密封和润滑。

轴支承定位方式的设计原则——轴向静定：在轴支承结构设计时，所支承的轴在轴线方向上必须处于静定状态，即满足轴向静定的原则。也就是说，要求轴在轴线方向既不能有刚体位移，产生欠定位现象，也不能有阻碍轴自由伸缩的多余约束，使轴处于过定位状态。轴向静定原则是轴支承定位方式设计中最基本、最重要的原则。

基于轴向静定原则，满足实际工程应用的轴支承方式主要有以下三种（以两支承为例）。

a. 一端固定一端自由方式。

b. 两端定位调隙支承方式。

c. 两端定位游隙支承方式。

轴支承结构设计包括轴径和箱体上安装轴承部分的结构设计。在设计中，通常需要遵循以下的设计原则。

① 固定端支承必须能承受双向轴向力。在一端固定支承一端自由方式中，由于松弛端轴承在轴向完全自由，即不能承受任何轴向力，因此，限制双向轴向移动的固定端轴承（或轴承组）必须能承受正反双向的轴向力。例如，成对使用的角接触球轴承、圆锥滚子轴承或推力球轴承均可作为固定端支承。图 4-5 为固定端选用成对使用的推力球轴承的结构例图。

② 固定端轴承的内外圈必须四面定位。在一端定位支承中，轴的双向轴向刚体位移是靠固定支承中的轴承同时限制的，因此固定端轴承的内外圈左右两侧 4 个面都必须设计适当的结构，以完成轴向定位任务。图 4-6 中轴右端起固定支承作用的深沟球轴承内、外圈左右4 个面的定位结构设计就遵守了这项原则。

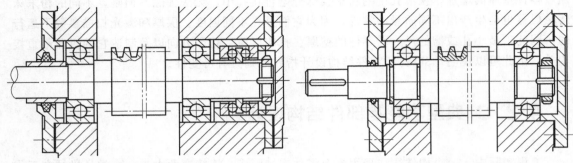

图 4-5 固定端轴承双向受力设计例   图 4-6 固定端轴承四面定位设计例

③ 松弛轴承保证轴的自由伸缩。在一端固定一端自由方式中，松弛端的轴支承结构设计应保证轴在轴向能完全自由伸缩，不承受任何轴向力，同时该轴承本身在轴向应保证定位可靠，不能游动，如图 4-7 所示。

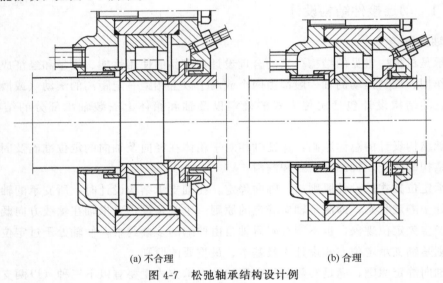

(a) 不合理   (b) 合理

图 4-7 松弛轴承结构设计例

④ 两端定位调隙支承方式中设计调隙结构。两端定位调隙支承结构中常采用圆锥滚子轴承或角接触球轴承，这类轴承的内外圈可以分离，安装时必须通过结构的调节确定适当的轴承内外圈之间的间隙，以保证设备的正常运转。图 4-8 为常用的套筒调隙结构。

⑤ 便于轴承的装卸。轴支承结构设计要保证轴承安装拆卸的便利性。常见的措施：轴承与箱体或轴颈的配合常采用小过盈的配合；在轴颈或箱体孔内不能设计妨碍轴承安装的结构；设计可用于装卸的结构，以利于装卸工具的使用。如图 4-9 所示，在轴的径向设计均布的短槽，便于拉拔工具拆卸轴承。

⑥ 避免双重配合。所谓双重配合，是指一个零件在一个方向上起到了两次定位作用。通常这种情况下，两个定位作用不能同时保证，只能满足一个定位要求。如图 4-10 (a) 所示，轴承盖在水平方向由箱体端面定位，同时又对轴承外圈进行了轴向定位，由于箱体孔、轴承、轴承盖的加工误差，使得这两个定位不能同时满足，而产生了双重配合现象。要解决这个问题，通常是在轴承盖和箱体之间增加密封圈或密封垫片，如图 4-10 (b) 中涂黑部分所示，以消除加工误差引起的定位重复问题。

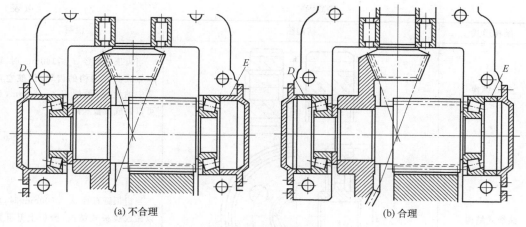

(a) 不合理   (b) 合理

图 4-8　套筒调隙结构

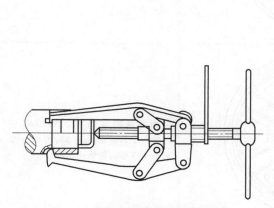

图 4-9　轴承内圈的装拆结构示例

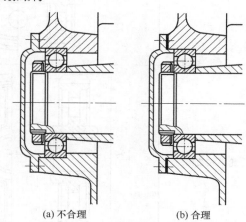

(a) 不合理   (b) 合理

图 4-10　双重配合结构示例

此外，细长轴的支承还应考虑由于变形产生的挠度影响，合理设计支承距离。

（2）齿轮结构设计

齿轮结构设计是在确定了齿轮的主要尺寸（如齿数、模数等）基础上，确定齿轮的结构形式、其余结构尺寸与轴的连接形式。

齿轮结构设计规则：①齿轮结构形式，按齿轮直径大小选定；②齿轮与轴的连接，考虑连接的承载能力、平衡及对中性等，选定连接形式，如单键、双键和花键；③尺寸设计，综合考虑毛坯加工方法、材料、使用要求及经济等因素进行结构设计。其中，齿轮结构形式有齿轮轴、实心式、腹板式、轮辐式、铸造齿轮和组装齿轮，表 4-7 为齿轮结构形式及相关说明。

表 4-7　齿轮结构形式及适用相关说明

结构形式	结构图	说明
齿轮轴		当 $d_a < 2d$ 或 $e \leqslant 2.5m_t$ 时，应将齿轮制成齿轮轴

结构形式	结构图	说明
实心结构	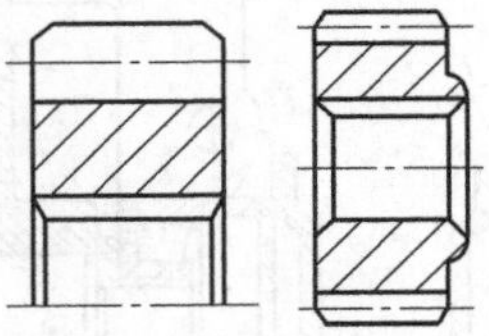	当齿顶圆直径 $d_a \leqslant 160mm$ 时,可以做成实心结构的齿轮;但航空产品中的齿轮,虽然 $d_a \leqslant 160mm$,也可以做成腹板式结构
腹板式结构	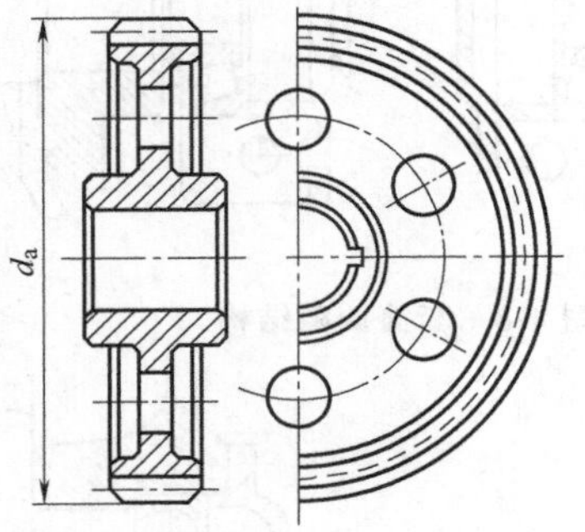	当齿顶圆直径 $d_a < 500mm$ 时,可以做成腹板式结构,腹板上开孔的数目按结构尺寸大小及需要而定
轮辐式结构	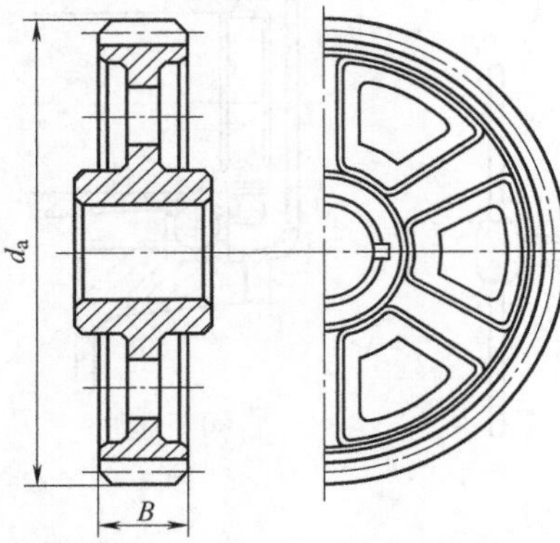	当齿顶圆直径 $400mm < d_a < 1000mm$,$B \leqslant 200mm$ 时,可做成截面为十字形的轮辐式结构
铸造齿轮	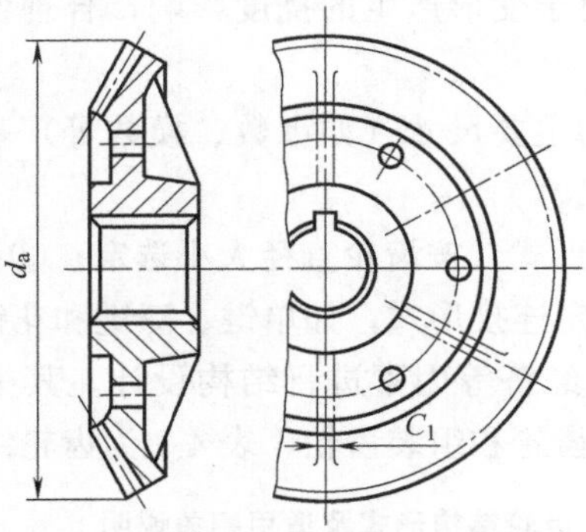	齿顶圆直径 $d_a > 300mm$ 的锥齿轮,可做成带加强肋的腹板式结构,加强肋的厚度 $C_1 \approx 0.8C$,其他结构尺寸与腹板式结构相同
组装齿轮	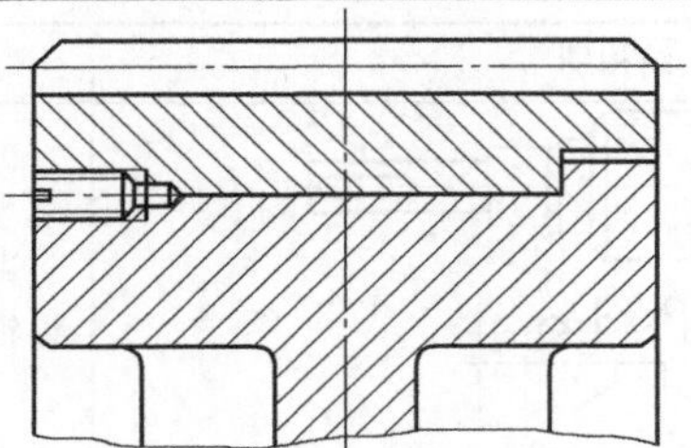	为了节约贵重金属,对于尺寸较大的圆柱齿轮,可设计成组装齿轮。齿圈用钢制,而轮芯则用铸铁或铸钢

（3）蜗轮和蜗杆结构设计

蜗杆结构设计与齿轮结构设计相似，根据性能设计所确定的主要尺寸确定结构形式、结构尺寸及轴的连接形式。

蜗杆的结构形式常为蜗杆轴，如图 4-11 所示。其中图 4-11（a）为铣削加工的蜗杆形式（无退刀槽）；图 4-11（b）所示的结构可以采用车削或者铣削加工，轴上有退刀槽结构，该种结构形式的蜗杆刚度较前一种差。

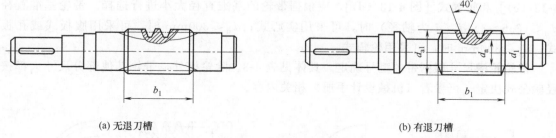

(a) 无退刀槽   (b) 有退刀槽

图 4-11　蜗杆结构

蜗轮结构设计规则：①结构形式。按蜗轮直径大小选定。②蜗轮与轴的连接设计。考虑连接的承载能力、平衡及对中性等，选定连接形式，如单键、双键和花键。③尺寸设计。综合考虑毛坯加工方法、材料、使用要求及经济等因素进行结构设计。

蜗轮常用的结构形式有齿圈式、螺栓连接式、整体浇注式和镶铸式，图 4-12 所示为蜗轮结构形式。

① 整体浇注式蜗轮。整体浇注式蜗轮主要有铸铁蜗轮、铝合金蜗轮或尺寸很小的青铜蜗轮，如图 4-12（a）所示。

② 齿圈式蜗轮。齿圈式蜗轮结构由青铜齿圈及铸铁轮芯组成，如图 4-12（b）所示。齿圈式蜗轮结构多用于尺寸不太大或工作温度变化较小的地方。齿圈与轮芯常用 H7/r6 配合，并用螺钉固定。螺钉直径取 $(1.2\sim1.5)m$（m 为蜗轮模数）；拧入深度取 $(0.3\sim0.4)B$（B 为蜗轮宽度）。为了便于钻孔，将螺钉中心线由齿圈与轮芯配合面偏向轮芯 $2\sim3mm$。

③ 螺栓连接式蜗轮。螺栓连接式蜗轮结构是齿圈与轮芯采用螺栓连接，如图 4-12（c）所示。螺栓尺寸和数目根据蜗轮尺寸、螺栓强度确定。此种结构拆装方便，用于尺寸较大或易磨损的蜗轮。

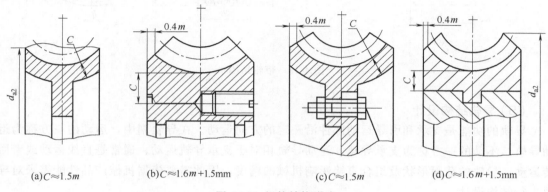

(a)$C\approx1.5m$ (b)$C\approx1.6m+1.5mm$ (c)$C\approx1.5m$ (d)$C\approx1.6m+1.5mm$

图 4-12　蜗轮结构形式

④ 镶铸式蜗轮。镶铸式蜗轮结构是在铸铁芯上加铸青铜齿圈，再切齿加工，如图 4-12（d）所示。此种结构形式一般只用于大批制造的蜗轮。

蜗轮轮芯的结构尺寸可以参考齿轮的结构尺寸来确定。

（4）带轮结构设计

带轮的结构设计是要根据已知的基准直径、转速等条件，确定带轮结构形式、轮槽参数和结构尺寸等。

常用的普通 V 带轮结构有实心式［图 4-13（a）］、腹板式［图 4-13（b）］、孔板式［图 4-13（c）］和轮辐式［图 4-13（d）］，应根据带轮的基准直径大小进行选择。带轮基准直径 $d_d \leqslant (2.5 \sim 3) d$（$d$ 为轴径）时，可采用实心式；$d_d \leqslant 300mm$ 时，可采用腹板式或孔板式；$d_d \geqslant 300mm$ 时，可采用轮辐式。

带轮轮槽尺寸根据带的型号确定，具体见表 4-8。除轮槽外，带轮其他部分尺寸大都按经验公式决定，可参看《机械设计手册》相关内容。

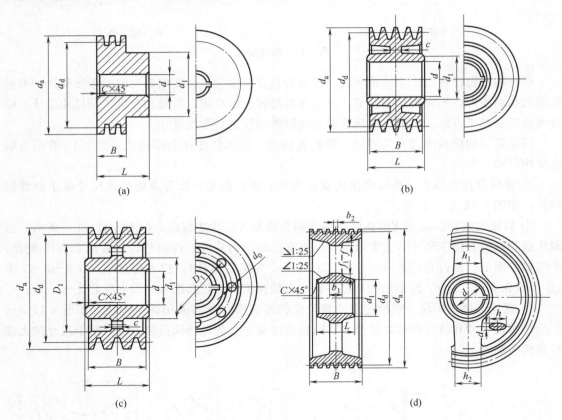

(a) (b) (c) (d)

图 4-13　带轮结构

（5）导轨结构设计

导轨的功能是支承和引导运动部件沿一定的方向运动。在导轨副中，运动的一方称为运动导轨，不动的一方称为支承导轨。运动导轨相对于支承导轨运动，通常是直线运动或者回转运动。导轨的截面形状及组合直接影响机械的精度，因此需要依据机械产品性能需求对导轨进行结构设计。

表 4-8 轮槽截面及尺寸   单位：mm

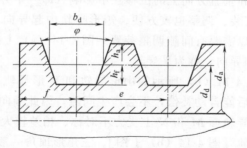

槽型	b_d	h_{amin}	h_{fmin}	e	f_{min}	d_d			
						$\varphi=32°$	$\varphi=34°$	$\varphi=36°$	$\varphi=38°$
Y	5.3	1.60	4.7	8±0.3	6	≤60	—	>60	—
Z	8.5	2.00	7.0	12±0.3	7	—	≤80	—	>80
A	11.0	2.75	8.7	15±0.3	9	—	≤118	—	>118
B	14.0	3.50	10.8	19±0.4	11.5	—	≤190	—	>190
C	19.0	4.80	14.3	25.5±0.5	16	—	≤315	—	>315
D	27.0	8.10	19.9	37±0.6	23	—	—	≤475	>475
E	32.0	9.60	23.4	44.5±0.7	28	—	—	≤600	>600

注：$d_a = d_d + 2h_{amin}$。

　　导轨按照摩擦性质分为滑动导轨和滚动导轨。滑动导轨两导轨工作面之间的摩擦性质是滑动摩擦，是其他类型导轨发展的基础，在各类结合面中应用最广泛。下面具体介绍滑动导轨结构设计。

　　① 滑动导轨的截面形状。滑动导轨截面的基本形状主要有矩形、三角形、燕尾形和圆形四种，每种还有凹凸之分，如图 4-14 所示。

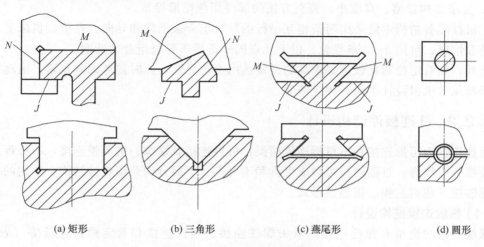

(a) 矩形　　　　　(b) 三角形　　　　　(c) 燕尾形　　　　　(d) 圆形

图 4-14 滑动导轨的截面形状

a. 矩形导轨。如图 4-14（a）所示的矩形导轨，制造、检验和维修都较方便，刚度和承载能力大。由于水平方向和垂直方向上的位移互不影响（即一个方向上的调整不会影响另一个方向上的位移），因此安装、调整也较方便。矩形导轨中起导向作用的导轨面（N）磨损后不能自动补偿间隙，所以需要有间隙调整装置。图 4-14（a）上排所示凸导轨，如果只有一个水平面 M 用于承载和导向，称为平导轨。

b. 三角形导轨。如图 4-14（b）所示的山形导轨和 V 形导轨，当其水平布置时，在垂直载荷作用下，导轨磨损后能自动补偿，不会产生间隙，因此导向性好。但闭式导轨压板面仍需调整间隙。此外，当导轨面 M 和 N 上受力不对称、相差较大时，为使导轨面上压力分布均匀，可采用不对称导轨［图 4-14（b）上图］。三角形顶角一般取 90°；在重型设备上承受载荷较大，为增加承载面积，可取 110°～120°，但导向精度变差；在精密设备上采用小于90°的顶角以提高导向精度。

c. 燕尾形导轨。燕尾形导轨的高度较小［图 4-14（c）］，磨损后不能自动补偿间隙，需用镶条调整。两燕尾面起压板面作用，用一根镶条就可以调整水平、垂直方向的间隙。导轨制造、检验和维修都不太方便。当承受垂直作用力时，它以支承面为主要工作面，刚度与矩形导轨相近；当承受倾覆力矩时，它以斜面为主要工作面，则刚度较低。M、J 两个导轨面之间的夹角为 55°。

d. 圆形导轨。如图 4-14（d）所示，圆形导轨制造方便，内孔可珩磨，外圆经过磨削可达到精密配合，但磨损后调整间隙困难，为防止转动，可在圆柱面上开键槽或加工出平面，但不能承受大的转矩，主要用于受轴向载荷的场合，适用于同时做直线运动和转动的场合，如拉床、珩磨机及机械手等。

② 滑动导轨的选择。各种导轨的特点各不相同，选择时应注意以下几点。

a. 要求导轨有较大的刚度和承载能力时用矩形导轨。例如，中小型卧式车床床身导轨是山形和矩形导轨的组合，而重型车床上则用双矩形导轨以增加承载能力。

b. 要求导向精度高时用三角形导轨。三角形导轨工作表面同时起承载和导向作用，能自动补偿间隙，导向性好。

c. 矩形导轨和圆形导轨工艺性好，制造、检验都较方便。三角形导轨、燕尾形导轨工艺性差。

d. 要求结构紧凑、高度小、调整方便的部件用燕尾形导轨。

在机械装备结构中常采用两条相互平行的导轨组合来承载和导向。在重型机床上，根据机床受载情况，可用 3～4 条导轨。以上几点同样适用于导轨组合的选取。

此外，如对定位和灵敏度要求高的设备选用滚动导轨，此时需考虑其预紧。滚动导轨的设计请参见《机械设计手册》相应部分。

4.2.2 静连接件结构设计

静连接分为可拆连接和不可拆连接两类，可拆连接有螺纹、键及销连接，不可拆连接有铆钉连接、焊接等。过盈连接可做成可拆和不可拆。下面分别介绍机械结构中常用的螺纹连接、键连接、花键连接、销连接形式。

（1）螺纹连接结构设计

螺纹连接的类型有螺栓连接、双头螺柱连接、螺钉连接和紧定螺钉连接等（表 4-9），其选择与被连接件的厚度、材料、装拆要求、受力大小及方向等因素有关。

表 4-9 螺纹连接类型

连接类型	结构图	特点
螺栓连接	普通螺栓	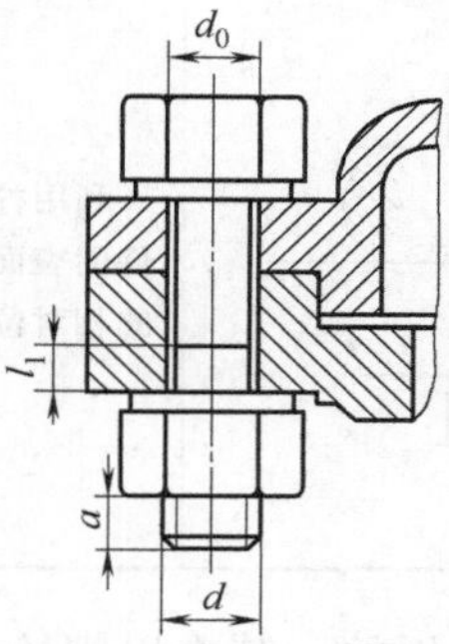 被连接件上的通孔和螺栓杆之间留有间隙,通孔的加工精度要求低,结构简单,拆装方便,使用时不受被连接件材料的限制,因此应用广泛
	铰制孔螺栓	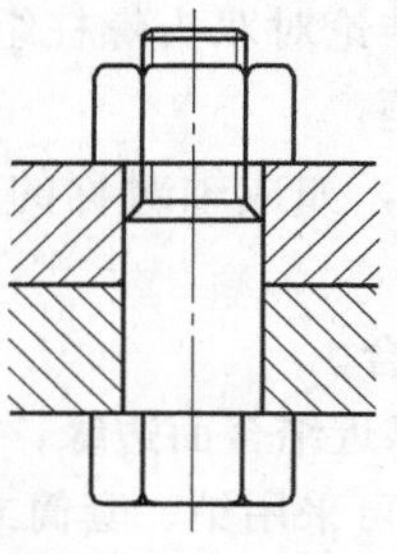 孔和螺栓杆多采用基孔制过渡配合,能精确固定被连接件的相对位置,并能承受横向载荷,但孔的加工精度要求高
双头螺柱连接	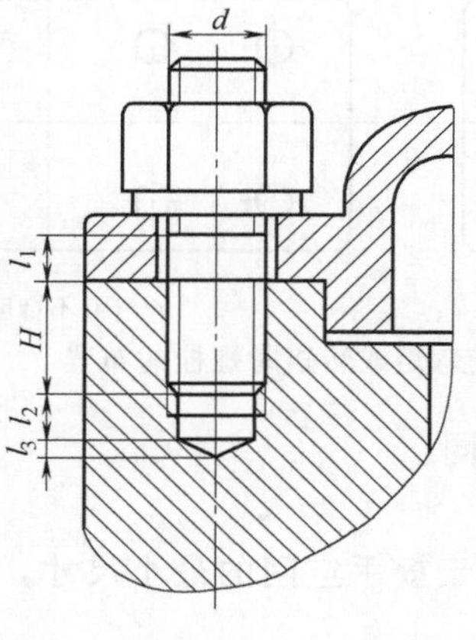	适用于结构上不能采用螺栓连接的场合,如被连接件之一太厚不宜加工成通孔,材料比较软(如铝镁合金制造的壳体),且需要经常拆装时,通常采用双头螺柱连接。由于拆卸这种连接时不用拆下螺柱,能避免被连接件螺纹孔的磨损
螺钉连接	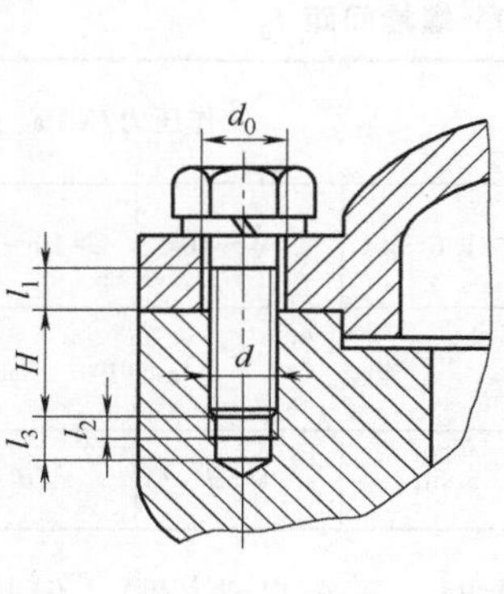	螺钉直接拧入被连接件的螺纹孔中,不用螺母,在结构上比双头螺柱连接简单、紧凑。其用途和双头螺柱连接相似,但经常拆装时,容易使螺纹孔磨损,可能导致被连接件报废,故多用于受力不大,或不需要经常拆装的场合

连接类型	结构图	特点
紧定螺钉连接	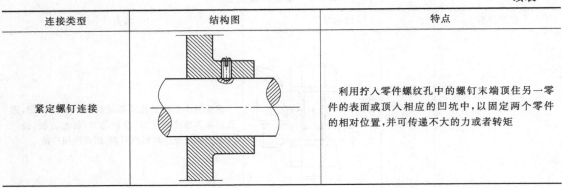	利用拧入零件螺纹孔中的螺钉末端顶住另一零件的表面或顶入相应的凹坑中，以固定两个零件的相对位置，并可传递不大的力或者转矩

大多数机械的螺纹连接件都是成组使用的，其中以螺栓组连接最具有典型性。因此，下面以螺栓组连接为例，进行设计介绍。其结论对双头螺柱组、螺钉组也同样适用。

螺栓组设计时应综合考虑以下几个问题。

① 连接结合面的几何形状要简单合理，如成轴对称的形状，结合面接触均匀，便于加工制造。

② 螺栓组的形心与结合面形心尽量重合。

③ 螺栓的位置应该使受力合理，尽量靠近结合面边缘，以减少螺栓受力，如图 4-15 所示。如螺栓同时承受较大的轴向和径向载荷时，可采用销、套筒或键等零件来承受径向载荷。

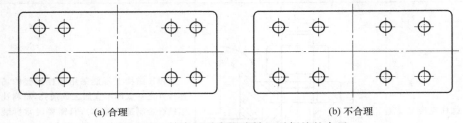

(a) 合理　　　　(b) 不合理

图 4-15　结合面受弯矩或转矩时螺栓的布置

④ 同一组螺栓的直径和长度应尽量相同。

⑤ 应避免螺栓承受附加弯曲载荷。

⑥ 各螺栓中心之间的最小距离应不小于扳手空间的最小尺寸，最大距离应按连接用途及结构尺寸大小而定，见表 4-10。

表 4-10　螺栓间距 t_0

	工作压力/MPa					
	≤1.6	>1.6~4	>4~10	>10~16	>16~20	>20~30
	t_0/mm					
	7d	5.5d	4.5d	4d	3.5d	3d

螺纹连接在静载荷和工作温度变化不大时，不会自动松脱，但是在冲击、振动工况或变载荷作用下，容易导致连接松脱，因此，螺纹连接必须采用防松措施。

　　螺纹副连接的松脱本质是组成螺纹副的内外螺纹之间产生相对转动。防松的根本就是采取措施防止螺纹副之间产生相对转动。防松的方法按其工作原理可分为摩擦防松、机械防松、冲点铆接防松、粘接防松等。

　　一般来说，摩擦防松简单、方便，但没有机械放松可靠。对于重要的连接，特别是在机器内部的不易检查的连接，应采用机械防松。螺纹连接常用的防松方法见表 4-11。

表 4-11　螺纹连接常用的防松方法

防松方法		结构图	应用
摩擦防松	对顶螺母	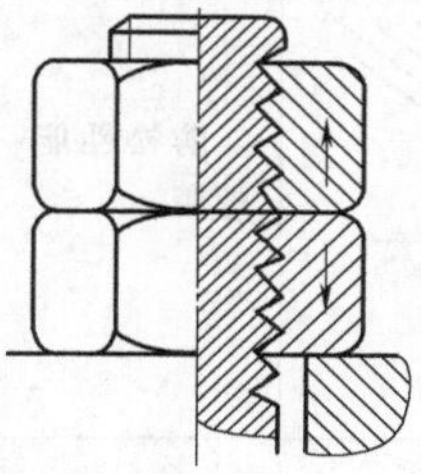	结构简单,适用于平稳、低速和重载的固定装置上的连接
	弹簧垫圈	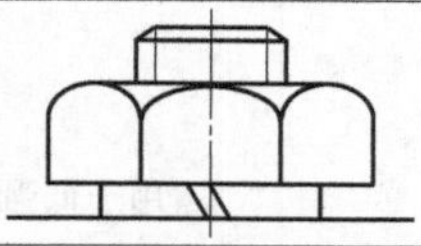	结构简单、使用方便。但由于垫圈的弹力不均,在冲击、振动的工作条件下,其防松的效果较差,一般不用于重要的连接
	自锁螺母	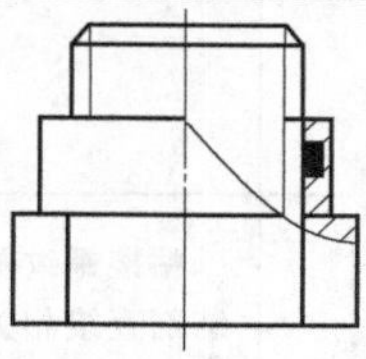	结构简单,防松可靠,可多次拆装而不降低防松性能
机械防松	开口销与六角开槽螺母	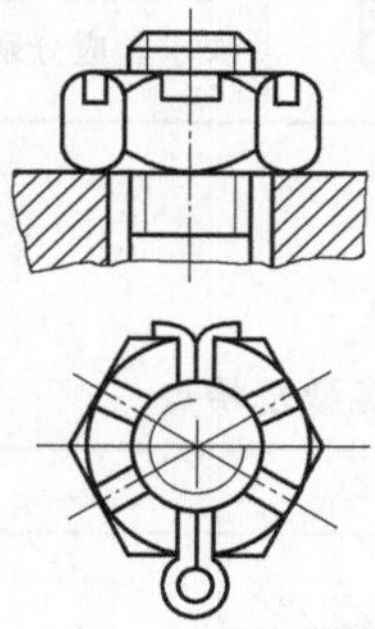	适用于较大冲击、振动的高速机械中运动部件的连接
	止动垫圈	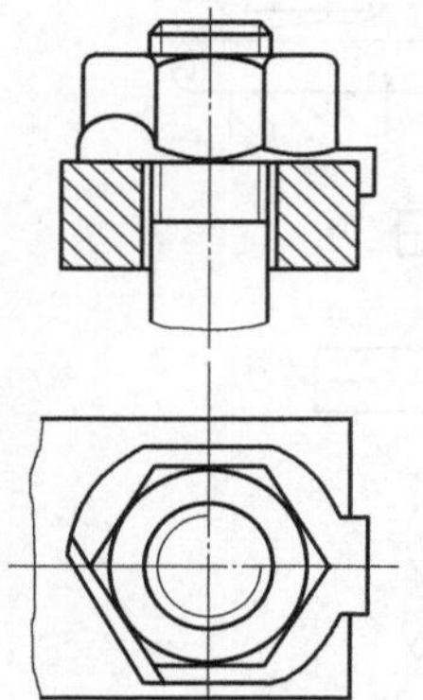	结构简单,使用方便,防松可靠

防松方法		结构图	应用
机械防松	串联钢丝	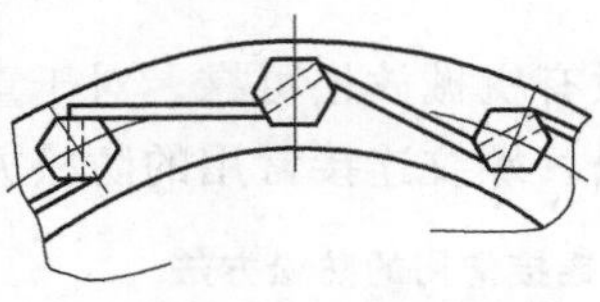	适用于螺钉组连接,防松可靠,但拆装不方便
冲点铆接防松	冲点	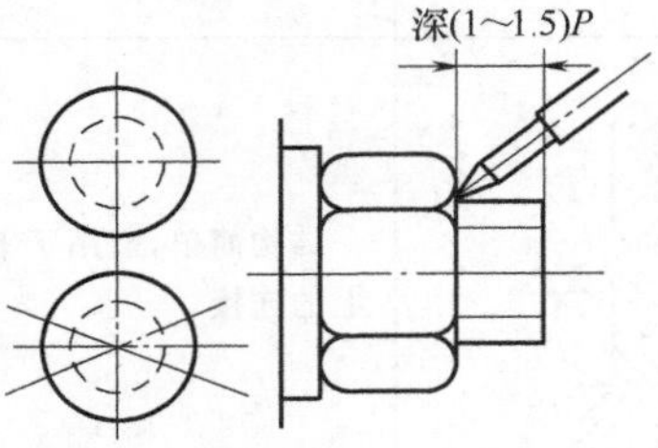	防松性能一般,只适用于低强度紧固件,P 为螺距
	铆接	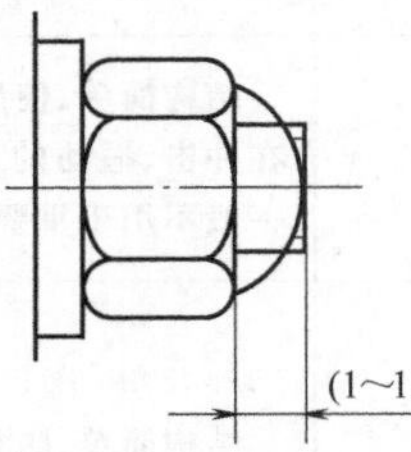	适用于低强度螺栓、不拆卸的场合,P 为螺距
粘接防松	粘接	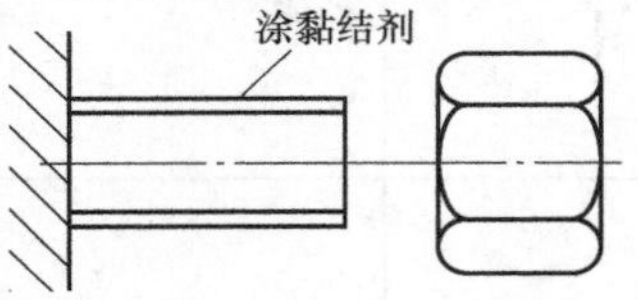	粘接螺纹的方法简单、经济。其防松性能与黏结剂直接相关,大体分为低强度、中等强度和高温(承受 100℃ 以上)条件,以及可拆卸或不可拆卸等要求。应分别选用适当的黏结剂

（2）键连接结构设计

键的类型及特点见表 4-12。

表 4-12　键的类型及特点

类型		结构图	特点及应用
平键	普通平键	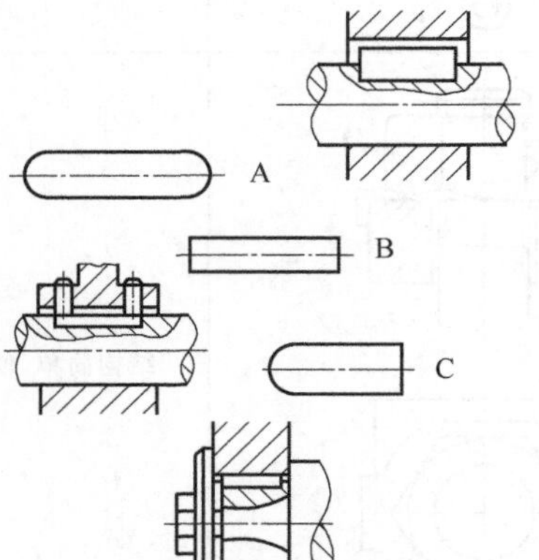	普通平键对中性好、易拆装、精度较高,应用最广;适用于高速轴或冲击、正反转场合。如齿轮、带轮、链轮在轴上的周向定位与固定 A 型平键采用面铣刀键槽,键在键槽中固定好,但键槽处的应力集中大;B 型平键用盘铣刀加工键槽,键槽处应力集中较小;C 型平键用于轴端

续表

类型		结构图	特点及应用
平键	导向平键	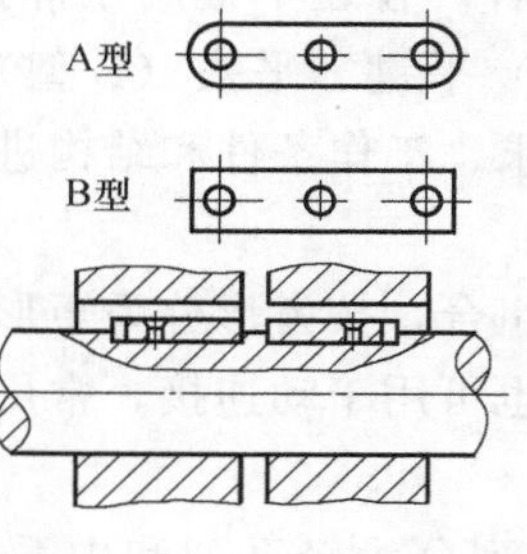	导向平键对中性好、易拆装,常用于轴上零件轴向位移量不大的场合,如变速箱中的滑移齿轮
	滑键	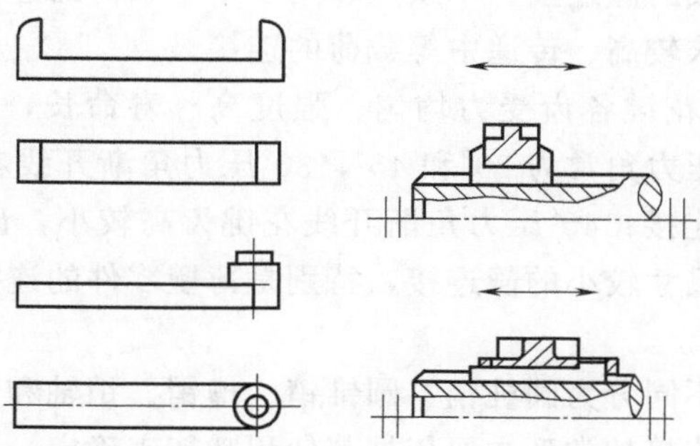	滑键对中性好、易拆装,用于轴上零件轴向位移量较大的场合
半圆键		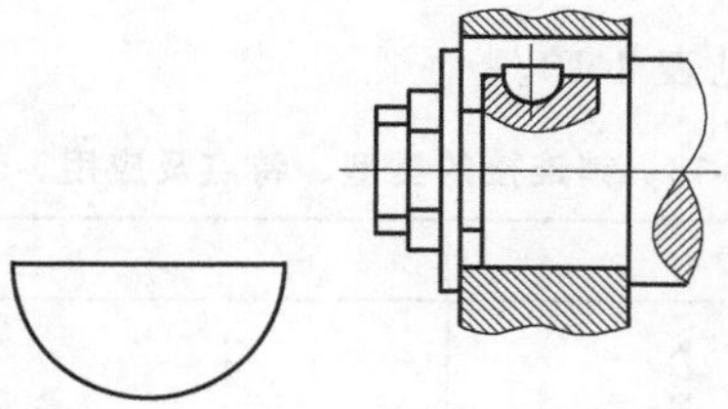	装拆方便,键槽较深,削弱了轴的强度。半圆键连接一般用于轻载,适用于轴的锥形端部
楔键	普通楔键	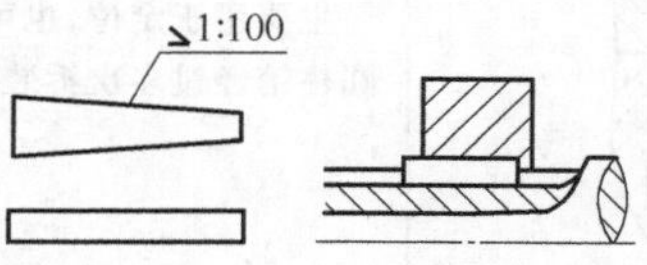	楔键楔紧使零件偏心,对中精度不高。楔键连接用于精度要求不高、转速较低时传递较大、双向或有振动的转矩
	钩头楔键	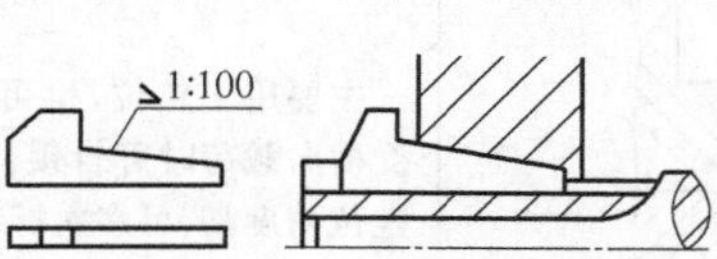	钩头楔键用于单方向拆装场合。钩头供拆卸用,应注意加保护罩
切向键		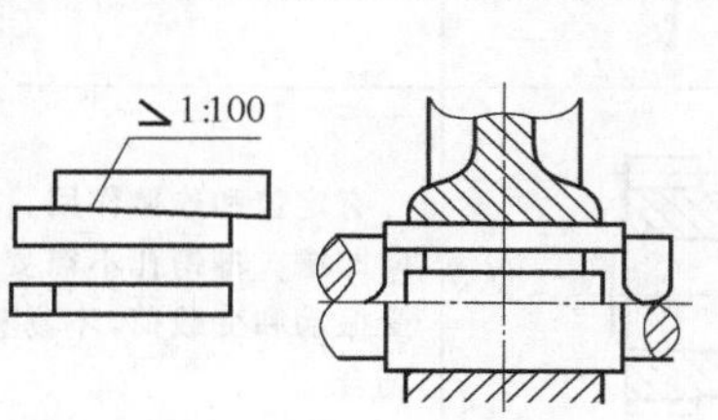	由两个楔键组成。切向键连接用于载荷很大、对中要求不高的场合。由于键槽对轴的削弱较大,常用于直径大于 100mm 的轴上。如大型带轮及飞轮,矿用大型绞车的卷筒及齿轮等与轴的连接

　　键是标准件，主要用于轴和轮毂零件之间的连接，实现圆周方向的固定并传递转矩。键连接的类型主要有平键、半圆键、楔键和切向键连接。其中平键应用最为广泛，平键根据用途分为普通平键、导向平键和滑键三种。普通平键用于静连接，导向平键和滑键用于动连接。普通平键按结构分为圆头（A型）平键、平头（B型）平键和单圆头（C型）平键三种。键连接类型可根据连接的使用要求、工作条件和结构进行选择，具体介绍见表4-12。

（3）花键连接结构设计

　　花键连接相当于多个平键连接的组合，按齿形分为矩形花键和渐开线花键两类，且均已标准化。花键连接既可用于静连接，也可用于动连接，常用于定心精度要求高、载荷大或需要经常滑移的连接。

　　① 矩形花键　矩形花键的标准系列分为轻系列和中系列。轻系列花键的齿高较小，承载能力相对较小，常用于轻载的静连接；中系列多用于中等载荷的连接。矩形花键连接应用广泛，主要用于定心精度要求较高、传递中等载荷的连接。

　　② 渐开线花键　渐开线花键各齿受力均匀、强度高、寿命长，加工工艺与齿轮相同，制造精度高。渐开线花键的压力角常为30°和45°，30°压力角渐开线花键齿高较大，承载能力较强，多用于载荷较大的连接；45°压力角渐开线花键齿高较小，齿根较宽，对连接的削弱较小，多用于载荷不大、尺寸较小的静连接，特别是薄壁零件的连接。

（4）销连接结构设计

　　销是标准件，按其形状不同分为圆柱销、圆锥销、槽销、销轴和开口销等类型。销连接的选用包括类型和尺寸。销连接的类型主要依据其使用功能来确定。销连接的尺寸主要依据其使用工况或传递的载荷来选用。

　　销连接的类型、特点及应用见表4-13。

表 4-13　销连接的类型、特点及应用

类型	结构图	特点及应用
圆柱销	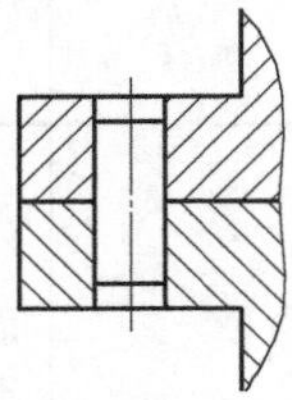	主要用于定位，也可以用于连接。只能传递不大的载荷。圆柱销经过多次拆装会降低其定位精度和连接的紧固性
圆锥销	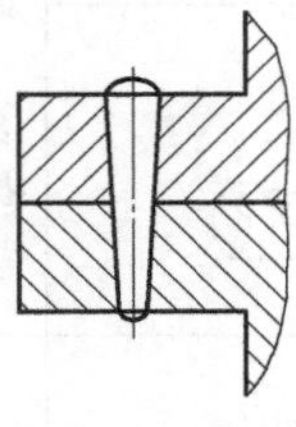	主要用于定位，也可以用于固定零件、连接、传递动力。受横向载荷时可自锁，但受力不及圆柱销均匀；安装方便、定位精度高，可多次拆装而不影响定位精度；孔需铰制。用于经常拆卸的场合
槽销	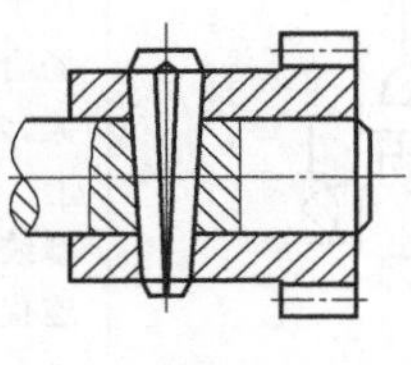	有定位和连接作用。槽销用弹簧钢滚压或模锻出3条纵向凹槽。槽销孔不需要铰制，加工方便，可多次拆装，能承受振动和变载荷，不易松脱。用于严重振动或冲击载荷的场合

续表

类型	结构图	特点及应用
销轴		用于两零件铰接处,构成铰链连接。工作可靠,拆卸方便
开口销		开口销是一种较可靠的锁紧方法。与销轴配合使用,也用于螺纹连接的防松装置。常用于有冲击振动的场合

4.2.3 其他典型零件结构设计

(1)轴结构设计

对轴进行结构设计时,通常需要根据工作条件确定出其结构形状和结构尺寸。

轴的结构主要影响因素有:轴在机械中的安装位置和形式;轴上零件的类型、尺寸、数量以及和轴连接的方法;载荷的性质、大小、方向和分布情况;轴的加工工艺。

轴的结构设计一般原则概括如下:轴上零件合理的装配方案;方案应利于提高轴的性能,利于零件的装配、拆卸和调整;轴上的零件能够准确定位、固定;提高轴的性能,包括合理布置轴上零件使轴受力合理,采用减少应力集中的结构;减轻重量,应尽量采用等强度外形尺寸或大截面系数的截面形状;良好的结构工艺性,确保加工精度,降低制造成本。

下面讨论轴的结构设计中需要解决的几个主要问题。

① 轴的装配方案。拟定轴上零件的装配方案是进行轴的结构设计的前提,它决定轴的基本形式。所谓装配方案,就是确定轴上主要零件的装配方向、顺序和相互关系。图 4-16 所示为圆锥圆柱齿轮减速器结构

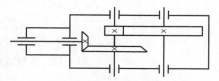

图 4-16 圆锥圆柱齿轮减速器结构简图

简图。图 4-17 给出了该减速器低速轴的两个装配方案。两个方案的区别是齿轮的装配方向不同:图 4-17 (a) 所示方案齿轮从右侧装配;图 4-17 (b) 所示方案齿轮从左侧装配。两种方案中轴的结构优劣:图 4-17 (a) 所示方案中右侧轴套太长,刚度低且不利于加工,同时,齿轮右侧的轴颈较小,降低了轴的强度;图 4-17 (b) 所示方案则无上述问题,方案更为合理。

② 轴上零件的定位。轴上零件的定位按其方向分为轴向和周向定位与固定。

a. 零件的轴向定位与固定。轴上零件的轴向定位与固定方法主要有轴肩、套筒、圆螺

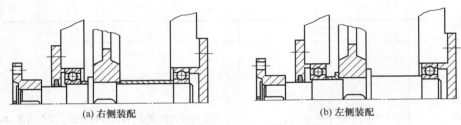

(a) 右侧装配　　　　　　　　(b) 左侧装配

图 4-17　齿轮减速器低速轴装配方案

母、轴端挡圈、弹性挡圈、锁紧挡圈、紧定螺钉和圆锥面等形式。

　　轴肩分为定位轴肩（图 4-18 中的轴肩①、②、⑤）和非定位轴肩（图 4-18 中的轴肩③、④）两类。利用轴肩定位是最方便可靠的方法，但采用轴肩就必然会使轴的直径加大，而且轴肩处将因截面突变而引起应力集中。另外，轴肩过多时也不利于加工。因此，轴肩定位多用于轴向力较大的载荷。定位轴肩处的过渡圆角半径 r 必须小于与之相配合的零件毂孔端部的圆角半径 R 或倒角尺寸 C ［图 4-18（a）、（b）］。轴和零件上的倒角和圆角尺寸常规范围见表 4-14。非定位轴肩是为了加工和装配方便而设置的，其高度没有严格的规定，一般为 1～2mm。

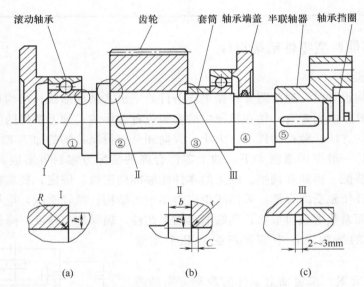

滚动轴承　　齿轮　　套筒 轴承端盖　半联轴器　轴承挡圈

(a)　　　　　　(b)　　　　　　(c)

图 4-18　齿轮减速器低速轴零部件轴向定位和固定方案

表 4-14　零件倒角 C 与圆角半径 R 的推荐值　　　　单位：mm

直径 d	>6～10		>10～18	>18～30	>30～50		>50～80	>80～120	>120～180
C 或 R	0.5	0.6	0.8	1.0	1.2	1.6	2.0	2.5	3.0

　　轴肩和轴环定位只能限制零件在一个方向的轴向移动，要限制其在反向移动，就必须联合使用其他固定方法。轴肩定位联合使用的固定方法有套筒、圆螺母、弹性挡圈、锁紧挡圈等，其相关结构和特点见表 4-15。

　　b. 零件的周向定位及固定。轴上零件的周向定位及固定多采用键、花键、销、紧定螺钉或者过盈配合等形式。

表 4-15　轴上零件轴向定位和固定的方法和特点

定位方法	结构图	特点
轴肩轴环	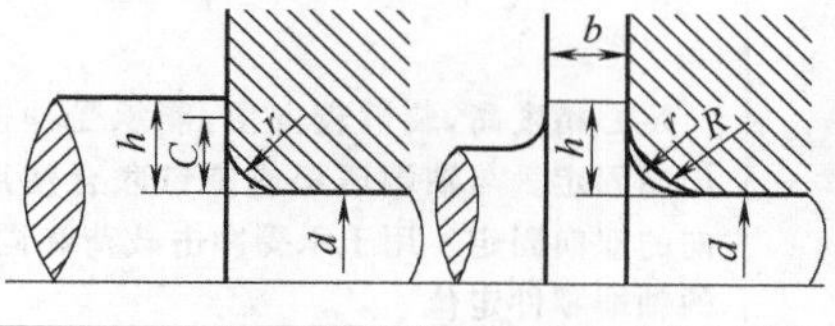	定位方便可靠,结构简单,可承受较大的轴向力。轴肩直径变化产生应力集中,削弱轴的强度。定位轴肩的高度 h 一般取为 $h=(0.07\sim0.1)d$;轴环宽度 $b>1.4h$;轴肩圆角 $r<C,r<R$
套筒	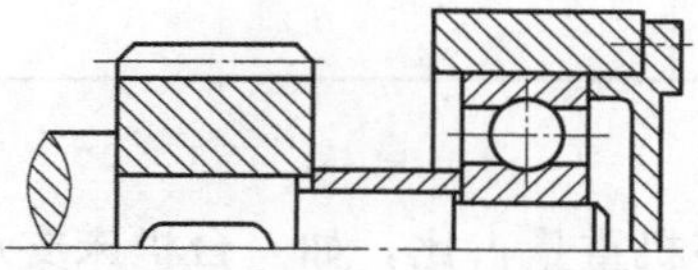	结构简单,定位方便可靠,不削弱轴的疲劳强度。一般用于两定位零件间距较小的场合,不适用于轴转速很高场合
弹性挡圈	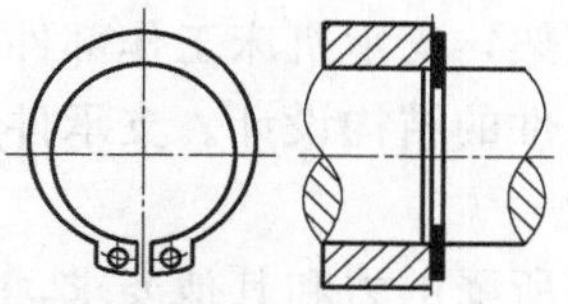	结构简单紧凑,只能承受很小的轴向力。轴上开槽会引起应力集中,削弱轴的疲劳强度 　　弹性挡圈是标准件,结构尺寸见相关标准
圆螺母	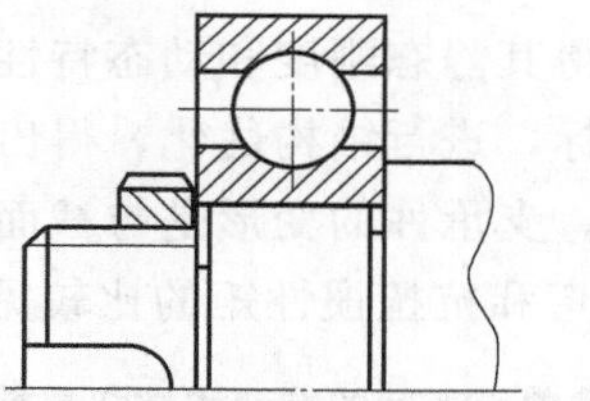	固定可靠,拆装方便,可承受大的轴向力。轴上螺纹处有较大的应力集中,降低轴的疲劳强度。圆螺母需防松,可采用双圆螺母、圆螺母与止动垫片两种形式。一般用于固定轴端的零件;当两零件间距较大时,也可以代替套筒 　　圆螺母与止动垫片是标准件,结构尺寸见相关标准
轴端挡圈	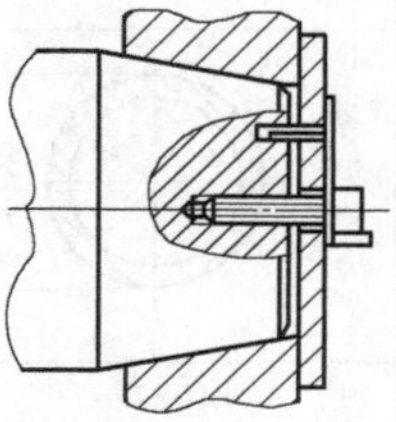	适用于固定轴端零件,工作可靠,装卸方便,可以承受较大的轴向力;也可承受剧烈振动和冲击 　　轴端挡圈是标准件,结构尺寸见相关标准
锁紧挡圈	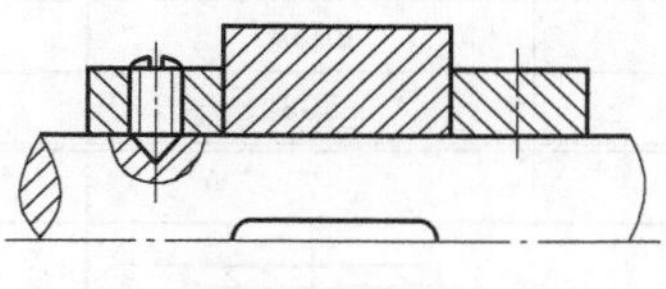	结构简单,不能承受大的轴向力,不宜用于高速。常用于光轴上零件的固定 　　紧定挡圈是标准件,结构尺寸见相关标准
紧定螺钉	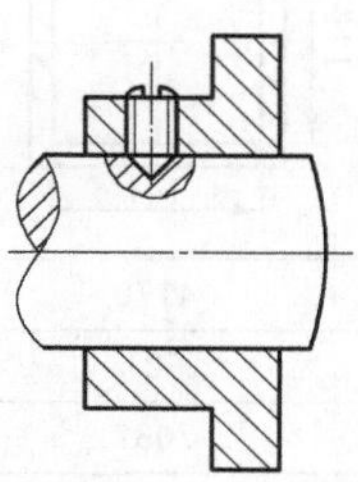	适用于轴向力很小、转速很低或仅为防止零件偶尔滑动的场合。为防止螺钉松动,可加锁圈,同时可起到周向固定的作用。紧定螺钉是标准件,结构尺寸见相关标准

续表

定位方法	结构图	特点
圆锥面	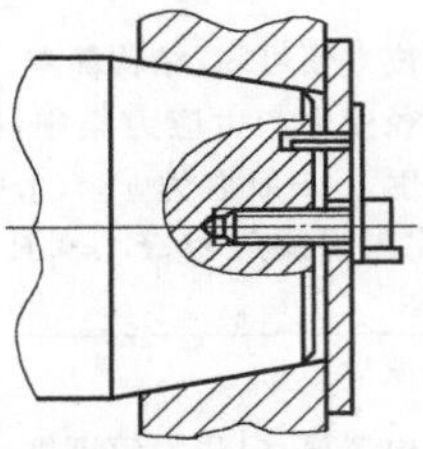	定心精度高,装拆较方便,能承受冲击载荷,可兼作周向固定。与轴端压板或螺钉联合使用,零件获得轴向的双向固定。用于承受冲击载荷和同心度要求较高的轴端零件定位

（2）支承件结构设计

机械装备中支承件和导轨一般具有很大的整机重量占比,如一台机床支承件的重量可占其总重量的 80%～85%。机床的支承件包括床身、立柱、横梁、摇臂、箱体、底座、工作台、升降台等,它们相互连接,构成机床基础和框架,支承机床工作部件,因此,支承件的性能直接影响整机性能。由此,应正确地进行支承件的结构设计。支承件结构设计通常按以下步骤进行。

首先,根据其使用要求进行受力分析,再根据所受的力和其他要求,并参考现有的相似结构,初步确定其形状和尺寸。

然后,可以利用计算机进行有限元分析,求得其静态刚度和动态特性。

最后,可在以上基础上,针对特定的性能目标,进行结构优化,得出最佳结构方案。

通常,支承件承受的主要是弯曲和扭转载荷,支承件的变形是与截面惯性矩有关的。截面积近似为 $10000mm^2$ 的 8 种不同截面形状的抗弯和抗扭惯性矩的比较见表 4-16。

表 4-16　截面积近似为 $10000mm^2$ 的 8 种不同截面形状的抗弯和抗扭惯性矩的比较

序号		1	2	3	4
截面形状/mm		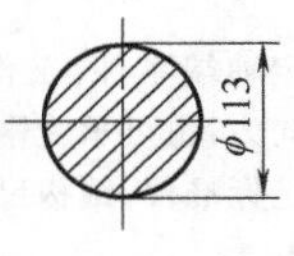	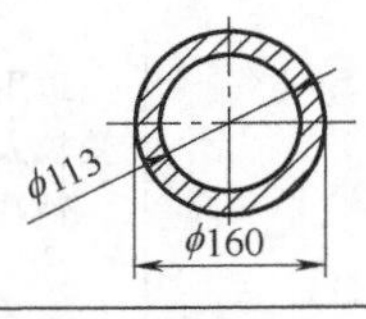	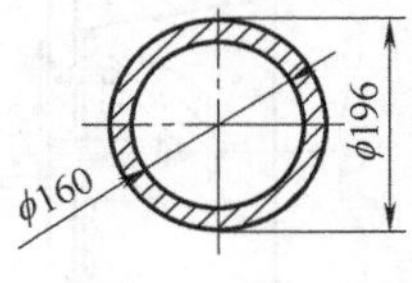	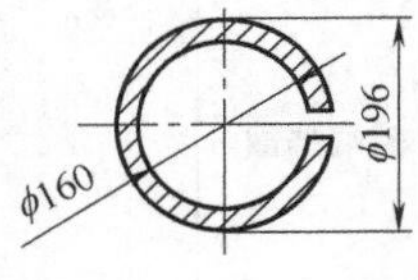
抗弯惯性矩	cm⁴	800	2416	4027	—
	%	100	302	503	—
抗扭惯性矩	cm⁴	1600	4832	8054	108
	%	100	302	503	7
序号		5	6	7	8
截面形状/mm		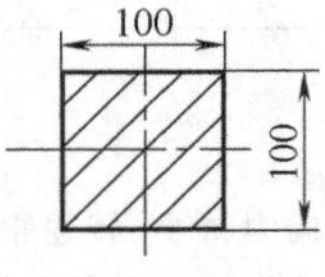	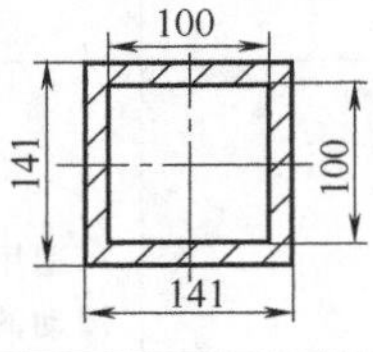	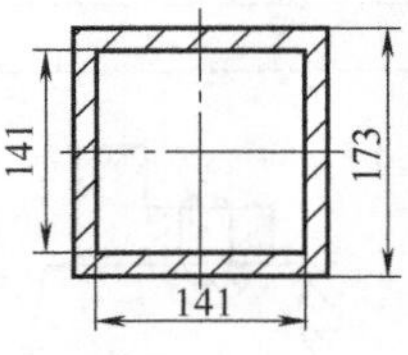	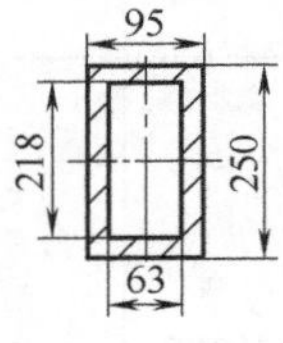
抗弯惯性矩	cm⁴	833	2460	4170	6930
	%	104	308	521	866
抗扭惯性矩	cm⁴	1406	4151	7037	5590
	%	88	259	440	350

比较后得出结果如下。

① 空心截面的惯性矩比实心的大。加大轮廓尺寸，减小壁厚，可大大提高刚度（表中1、2、3和5、6、7）。因此，设计支承件时，总是使壁厚在工艺可能的前提下尽量薄一些。一般不用增加壁厚的办法来提高刚度。

② 方形截面的抗弯刚度比圆形的大，而抗扭刚度则较低（表中5与1对比）。因此，如果支承件所承受的主要是弯矩，则截面形状以方形和矩形为佳。矩形截面在其高度方面的抗弯刚度比方形截面的高，但抗扭刚度则较低（表中7、8）。因此，以承受一个方向的弯矩为主的支承件，其截面形状常取矩形，以其高度方向为受弯方向，如龙门刨床的立柱。如果弯矩和扭矩相当大，则截面形状常取正方形，如镗床和滚齿机的立柱。

③ 不封闭的截面比封闭的截面刚度显著下降。特别是抗扭刚度下降更多（表中4与3对比）。因此，在可能条件下，应尽可能把支承件的截面做成封闭的框形。实际上，由于排屑、清砂，安装电气件、液压件和传动件等，往往很难做到四面封闭，有时甚至连三面封闭都难以做到，例如中小型车床床身。

4.3 ⊙ 零件精度设计

任何一台机械的设计，结构设计零件出详图的最后阶段，还需要对其进行精度设计，为零件规定合理的公差，以同时满足机械的使用要求和后续的制造要求。

4.3.1 孔、轴公差与配合

孔、轴公差与配合的选择是机械产品设计中的重要组成部分，直接影响机械产品的使用精度、性能和加工成本。孔、轴公差与配合的选择包括下列三个方面：配合制、标准公差等级和配合种类。选择的原则是在满足使用要求的前提下，获得最佳技术经济效益。

（1）配合制的选择

配合制包括基孔制和基轴制两种，这两种配合制都可以实现同样的配合要求。

① 设计时，优先选用基孔制。

② 下列特殊情况采用基轴制：a. 使用冷拉钢材直接作轴。b. 结构上需要，例如，轴的同一公称尺寸部分的不同部位上装配几个不同配合要求的孔的零件时，轴的这一部分与几个孔的配合应采用基轴制。如图4-19所示，在内燃机的活塞、连杆机构中，活塞销与活塞上的两个销孔的配合要求紧些（过渡配合），而活塞销与连杆小头孔的配合要求松些（最小间隙为0的间隙配合性质）。若采用基孔制［图4-20（a）］，则活塞上的两个销孔和连杆小头孔的公差带相同，而满足两种不同配合要求的活塞销要按两种公差带（h5、m5）加工成阶梯轴，这既不利于加工，又不利于装配（装配时会将连杆小头孔刮伤）。采用基轴制［图4-20（b）］，活塞销按一种公差带加工，制成光轴，则活塞销的加工和装配都方便。

③ 以标准零部件为基准选择配合制。例如，滚动轴

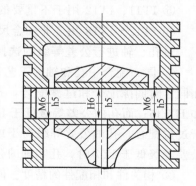

图 4-19　活塞、连杆机构
中的三处配合

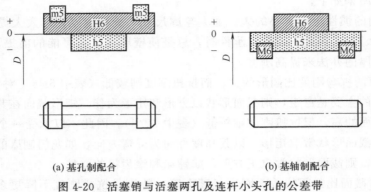

(a) 基孔制配合　　　　　　　　(b) 基轴制配合

图 4-20　活塞销与活塞两孔及连杆小头孔的公差带

承外圈与箱体上轴承孔的配合必须采用基轴制，滚动轴承内圈与轴颈的配合必须采用基孔制。

④ 必要时，可以采用任何适当的孔、轴公差带组成的配合。

（2）标准公差等级的选择

选择标准公差等级时，要正确处理使用要求与制造工艺、加工成本之间的关系。因此，选择标准公差等级的基本原则是，在满足使用要求的前提下，尽量选取较低的标准公差等级。

各个标准公差等级的应用范围如下。

① IT01～IT1 用于量块的尺寸公差。

② IT1～IT7 用于量规的尺寸公差。

③ IT2～IT5 用于精密配合，如滚动轴承各零件的配合。

④ IT5～IT10 用于有精度要求的重要和较重要配合。IT5 轴和 IT6 孔用于高精度的重要配合，例如精密机床主轴的轴颈与轴承、内燃机的活塞销与活塞上的两个销孔的配合。IT6 轴和 IT7 孔在机械制造业中的应用很广泛，用于较高精度的重要配合，例如普通机床的重要配合，内燃机曲轴的主轴颈与滑动轴承的配合。与普通级滚动轴承内、外圈配合的轴颈和箱体上轴承孔（外壳孔）的标准公差等级分别采用 IT6 和 IT7。而 IT7、IT8 的轴和孔通常用于中等精度要求的配合，例如通用机械中轴的轴颈与滑动轴承的配合以及重型机械和农业机械中重要的配合。IT8 与 IT9 分别用于普通平键宽度与键槽宽度的配合。IT9、IT10 的轴和孔用于一般精度要求的配合。

⑤ IT11、IT12 用于不重要的配合。

⑥ IT12～IT18 用于非配合尺寸。

对孔、轴进行公差等级的选择时，还需要考虑以下几个问题。

① 同一配合中孔和轴的工艺等价性。孔和轴的工艺等价性即孔和轴的加工难易程度应相同。对间隙配合和过渡配合，孔的公差等级高于或等于 IT8 时，轴应该比孔高一级，例如 H7/f6；而孔的公差等级低于 IT8 时，孔和轴的公差等级应该取同一级，例如 H9/d9。对于过盈配合，孔的公差等级高于或等于 IT7 时，轴应该比孔高一级，例如 H7/p6；而孔的公差等级低于 IT7 时，孔和轴的公差等级应该取同一级，例如 H8/s8。

② 相关件和相配件的精度。例如齿轮孔与轴的配合，它们的公差等级取决于相关齿轮的精度等级；与滚动轴承相配合的外壳孔和轴颈的公差等级取决于相配件滚动轴承的公差等级。

③ 加工成本。在满足使用要求的情况下，尽量使用低的公差等级，以降低加工成本。

（3）配合种类的选择

确定了配合制和孔、轴的标准公差等级之后，就是选择配合种类。选择配合种类实际上就是确定基孔制中的非基准轴或基轴制中非基准孔的基本偏差代号。

为了满足各种不同的需要，国标对孔和轴各规定了 28 种基本偏差，如图 4-21 所示。

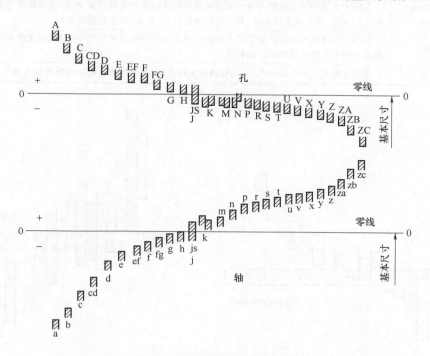

图 4-21 孔和轴的基本偏差系列

① 间隙配合的选择。工作时有相对运动或虽无相对运动而要求拆装方便的孔与轴的配合，应选择间隙配合。

② 过渡配合的选择。对于既要求对中性，又要求拆装方便的孔与轴的配合，应该选择过渡配合，这时，传递载荷必须加键或销等连接件。

③ 过盈配合的选择。对于利用过盈来保证固定或传递载荷的孔与轴的配合，应该选择过盈配合。

④ 孔、轴工作时的温度对配合选择的影响。如果相互配合的孔、轴工作时与装配时的温度差别大，则选择配合要考虑热变形的影响。

4.3.2 滚动轴承的公差与配合

滚动轴承的公差和配合方面的精度设计是指确定滚动轴承内圈与轴颈的配合、外圈与外壳孔的配合以及轴颈和外壳孔的尺寸公差带、几何公差和表面粗糙度。

（1）滚动轴承的公差等级

公差等级的滚动轴承应用范围见表 4-17。

（2）与滚动轴承配合的轴颈和外壳孔的常用公差带

滚动轴承内圈与轴颈的配合采用基孔制，外圈与外壳孔的配合采用基轴制。国标规定了轴颈的 17 种公差带（图 4-22），外壳孔的 16 种公差带（图 4-23）。

表 4-17　各个公差等级的滚动轴承应用范围

轴承公差等级	应用范围
0级（普通级）	广泛用于旋转精度和运转平稳性要求不高的一般旋转机构中，如普通机床的变速机构、进给机构，汽车、拖拉机的变速机构，普通减速器、水泵及农业机械等通用机械的旋转机构
6级、6X级（中级）5级（较高级）	多用于旋转精度和运转平稳性要求较高或转速较高的旋转机构中，如普通机床主轴系（前支承采用5级，后支承采用6级）和比较精密的仪器、仪表、机械的旋转机构
4级（高级）	多用于转速很高或旋转精度要求很高的机床和机器的旋转机构中，如高精度磨床和车床、精密螺纹车床和齿轮磨床等的主轴轴系
2级（精密级）	多用于精密机械的旋转机构中，如精密坐标镗床、高精度齿轮磨床和数控机床等的主轴轴系

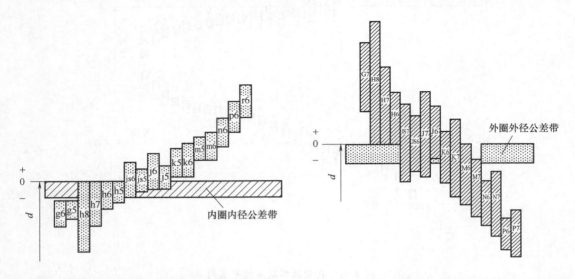

图 4-22　与滚动轴承内圈配合的轴颈常用公差带　　图 4-23　与滚动轴承外圈配合的外壳孔常用公差带

（3）轴颈与外壳孔的尺寸公差带的确定

所选择轴颈和外壳孔的标准公差等级应与轴承公差等级协调。与0级、6级轴承配合的轴颈一般为IT6，外壳孔一般为IT7。对旋转精度和运转平稳性有较高要求的工作条件，轴颈应为IT5，外壳孔一般为IT6。

（4）轴颈和外壳孔的几何公差与表面粗糙度的确定

轴颈和外壳孔的尺寸公差带确定以后，为了保证轴承的工作性能，还应对它们分别确定几何公差和表面粗糙度，可参照表4-18和表4-19。

表 4-18　各个公差等级的滚动轴承应用范围

公称尺寸/mm	圆柱度公差值				轴向圆跳动公差值			
	轴颈		外壳孔		轴肩		外壳孔肩	
	滚动轴承公差等级							
	0级	6(6X)级	0级	6(6X)级	0级	6(6X)级	0级	6(6X)级
	公差值/μm							
>18～30	4.0	2.5	6	4.0	10	6	15	10
>30～50	4.0	2.5	7	4.0	12	8	20	12
>50～80	5.0	3.0	8	5.0	15	10	25	15
>80～120	6.0	4.0	10	6.0	15	10	25	15
>120～180	8.0	5.0	12	8.0	20	12	30	20
>180～250	10.0	7.0	14	10.0	20	12	30	20

表 4-19 各个公差等级的滚动轴承表面粗糙度

轴颈或外壳的 直径/mm	轴颈或外壳孔的标准公差等级					
	IT7		IT6		IT5	
	表面粗糙度轮廓幅度参数 Ra 值/μm					
	磨	车(镗)	磨	车(镗)	磨	车(镗)
≤80	≤1.6	≤3.2	≤0.8	≤1.6	≤0.4	≤0.8
>80~500	≤1.6	≤3.2	≤1.6	≤3.2	≤0.8	≤1.6
端面	≤3.2	≤6.3	≤3.2	≤6.3	≤1.6	≤3.2

4.3.3 键和花键的公差

（1）平键连接的公差和配合

普通的平键连接中，键和轴键槽、轮毂键槽的宽度是配合尺寸，应该规定较严格的公差；而键的高度和长度以及轴键槽的深度和长度、轮毂键槽的深度均为非配合尺寸，应给予较松的公差。

普通平键连接中，键是标准件，因此，键和键槽宽度的配合采用基轴制。按照国标（图 4-24），对键的宽度规定一种公差带 h8，对轴和轮毂键槽的宽度各规定了 3 种公差带，以满足不同用途的需要。键和键槽宽度公差带形成了三类配合，即松连接、正常连接和紧密连接，见表 4-20。

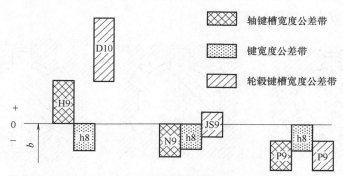

图 4-24 普通平键宽度和键槽宽度的公差带

表 4-20 普通平键连接的三类配合及应用

配合种类	宽度 b 的公差带			应用
	键	轴键槽	轮毂键槽	
松连接	h8	H9	D10	用于导向平键,轮毂在轴上移动
正常连接		N9	JS9	键在轴键槽中和轮毂键槽中均固定,用于载荷不大的场合
紧密连接		P9	P9	键在轴键槽中和轮毂键槽中均牢固地固定,用于载荷较大、有冲击和双向转矩的场合

另外，普通平键高度的公差带一般采用 h11；平键长度的公差带采用 h14；轴键槽长度的公差带采用 H14。

键与键槽配合的松紧程度不仅取决于它们的配合尺寸的公差带，而且还与它们的配合表面的几何误差有关，因此还需要规定轴键槽两侧面的中心平面对轴的基准轴线和轮毂键槽两侧面的中心平面对孔的基准轴线的对称度公差。根据不同的功能要求，该对称公差与键槽宽度公差的关系以及孔、轴尺寸公差的关系可以采用独立原则［图 4-25（a）］，或者采用最大实体要求［图 4-25（b）］。对称公差等级按照国标要求取 7～9 级。

键槽两侧面的表面粗糙度参数 Ra 的上限值取为 $1.6～3.2\mu m$，键槽底面的 Ra 的上限值取为 $6.3～12.5\mu m$，其标注示例见图 4-25。

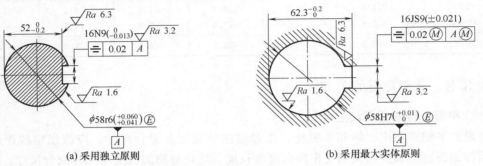

(a) 采用独立原则　　　　　　　　　(b) 采用最大实体原则

图 4-25　轴键槽尺寸和公差标注示例

（2）花键连接的公差和配合

矩形花键连接由内花键和外花键构成，它靠内花键的大径、外花键的小径和键槽宽、键宽同时参与配合，来保证内、外花键的同轴度（定心精度）、连接强度和传递转矩的可靠性；对要求轴向滑动的连接，还应保证导向精度。因此，矩形花键可以有大径定心、小径定心、键侧定心三种定心方式，如图 4-26 所示。

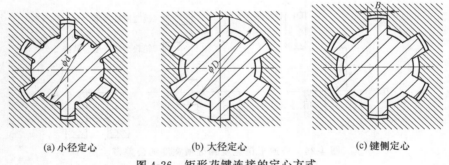

(a) 小径定心　　　　　　(b) 大径定心　　　　　　(c) 键侧定心

图 4-26　矩形花键连接的定心方式

矩形花键连接中，要保证三个配合面同时达到高精度配合是很困难的，也没有必要。按照国标规定，矩形花键连接采用小径定心，而内、外花键非定心的大径表面之间要有较大的间隙，以保证它们不接触，键和键槽两侧面的宽度应具有足够的精度，因为它们要传递转矩和导向。

矩形花键装配形式分为滑动、紧滑动、固定三种。按精度高低，这三种装配形式各分为一般用途和精密传动两种。按国标规定，内、外花键的定心小径、非定心大径和键宽的尺寸公差带与装配形式见表 4-21。

矩形花键的几何误差对花键连接的质量有很大的影响。为了保证内、外花键小径定心表面的配合性，国标规定该表面的形状公差和尺寸公差的关系采用包容要求Ⓔ。

除小径定心表面的形状误差以外，还有内外花键的方向、位置误差影响装配和精度，包括键（键槽）两侧面的中心平面对小径定心表面轴线的对称度误差、键（键槽）的等分度误

表 4-21　矩形花键的尺寸公差与装配形式

内花键				外花键			装配形式
小径 d	大径 D	键槽宽 B		小径 d	大径 D	键宽 B	
		拉削后不热处理	拉削后热处理				
一般用途							
H7 Ⓔ	H10	H9	H11	f7 Ⓔ	a11	d10	滑动
				g7 Ⓔ		f9	紧滑动
				h7 Ⓔ		h10	固定
精密传动使用							
H5 Ⓔ	H10	H7、H9		f5 Ⓔ	a11	d8	滑动
				g5 Ⓔ		f7	紧滑动
				h5 Ⓔ		h8	固定
H6 Ⓔ				f6 Ⓔ		d8	滑动
				g6 Ⓔ		f7	紧滑动
				h6 Ⓔ		h8	固定

差及键（键槽）侧面对小径定心表面轴线的平行度误差和大径表面轴线对小径定心表面轴线的同轴度误差。其中，以花键的对称度误差和分度误差的影响最大。因此，花键的对称度误差和分度误差通常用位置度公差予以综合控制，位置度公差值见表 4-22。该位置度公差与键（键槽）宽度公差及小径定心表面尺寸公差的关系皆采用最大实体要求，如图 4-27 所示。

表 4-22　矩形花键的位置度公差

键槽宽或键宽 B/mm		3	3.5～6	7～10	12～18
		t_1/μm			
键槽宽		0.010	0.015	0.020	0.025
键宽	滑动、固定	0.010	0.015	0.020	0.025
	紧滑动	0.006	0.010	0.013	0.016

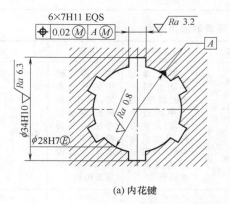

(a) 内花键

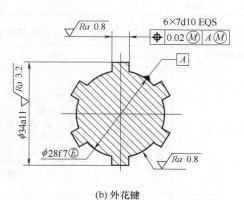

(b) 外花键

图 4-27　矩形花键位置度公差标注示例

矩形花键的表面粗糙度 Ra 的上限值推荐如下。

内花键：小径表面不大于 $0.8\mu m$，键槽侧面不大于 $3.2\mu m$，大径表面不大于 $6.3\mu m$。

外花键：小径表面不大于 $0.8\mu m$，键侧面不大于 $0.8\mu m$，大径表面不大于 $3.2\mu m$。

以下为矩形花键副在装配图上的标注方法：例如，花键键数为6，小径的配合为 28H7/f7，大径的配合为 34H10/a11，键槽宽与键宽的配合为 7H11/d10，其在装配图上标注配合代号为

$$6 \times 28 \frac{H7}{f7} \times 34 \frac{H10}{a11} \times 7 \frac{H11}{d10}$$

4.3.4　圆柱齿轮的公差

圆柱齿轮精度设计一般包括下列内容：

① 确定齿轮的精度等级；

② 确定齿轮的强制性检测精度指标的公差；

③ 确定齿轮的侧隙指标及其极限偏差；

④ 确定齿轮的表面粗糙度；

⑤ 确定齿轮坯公差。

此外，还应该包括确定齿轮副中心距的极限偏差和两轴线的平行度公差。

（1）齿轮精度等级的选择

国标规定的 13 个精度等级中，0～2 级精度齿轮的精度要求非常高，是有待进一步发展的精度等级；3～5 级为高精度等级，6～9 级为中等精度等级，10～12 级为低精度等级。

同一齿轮的三项精度要求，可以取成相同的精度等级，也可以采用不同的精度等级进行组合。按齿轮的用途和工作条件等进行对比选择，表 4-23 列出了某些机械中的齿轮所采用的精度等级，表 4-24 列出齿轮某些精度等级的应用范围，以供参考。

表 4-23　某些机械中的齿轮所采用的精度等级

应用例	精度等级	应用例	精度等级
单啮仪、双啮仪（测量齿轮）	2～5	载货汽车	6～9
涡轮减速器	3～5	通用减速器	6～8
金属切削机床	3～8	轧钢机	5～10
航空发动机	4～7	矿用绞车	6～10
内燃机车、电气机车	5～8	起重机	6～9
轿车	5～8	拖拉机	6～10

表 4-24　齿轮某些精度等级的应用范围

精度等级		4级	5级	6级	7级	8级	9级
应用范围		极精密分度机构的齿轮，超高速并且要求平稳、无噪声的齿轮，高速涡轮机齿轮	精密分度机构的齿轮，高速并要求平稳、无噪声的齿轮，高速涡轮机齿轮	高速、平稳、无噪声、高效率齿轮，航空、汽车、机床中的重要齿轮，分度机构齿轮，读数机构齿轮	高速、动力小而且需逆转的齿轮，机床中的进给齿轮，航空齿轮，读数机构齿轮，具有一定速度的减速器齿轮	一般机械中的普通齿轮，汽车、拖拉机、减速器中的一般齿轮，航空器中的不重要齿轮，农机中的重要齿轮	精度要求低的齿轮
齿轮圆周速度/(m/s)	直齿	＜35	＜20	＜15	＜10	＜6	＜2
	斜齿	＜70	＜40	＜30	＜15	＜10	＜4

结合表 4-23 和表 4-24，按照齿轮圆周速度，确定齿轮传递运动准确性、传动平稳性、齿轮载荷分布均匀性的三项精度等级。

（2）确定齿轮的强制性检测精度指标的公差

表 4-25 是圆柱齿轮强制性检测精度指标（齿距累积总偏差、单个齿距偏差、齿廓总偏差、螺旋线总偏差）的公差和极限偏差。

表 4-25　圆柱齿轮强制性检测精度指标的公差和极限偏差

分度圆直径 d/mm	法向模数 m 或齿宽 b/mm	精度等级											
		0	1	2	3	4	5	6	7	8	9	10	11	12
齿轮传递运动准确性		齿轮齿距累积总偏差允许值 F_p/μm												
$50<d\leq125$	$2<m_n\leq3.5$	3.3	4.7	6.5	9.5	13.0	19.0	27.0	38.0	53.0	76.0	107.0	151.0	241.0
	$3.5<m_n\leq6$	3.4	4.9	7.0	9.5	14.0	19.0	28.0	39.0	55.0	78.0	110.0	156.0	220.0
$125<d\leq280$	$2<m_n\leq3.5$	4.4	6.0	9.0	12.0	18.0	25.0	35.0	50.0	70.0	100.0	141.0	199.0	282.0
	$3.5<m_n\leq6$	4.5	6.5	9.0	13.0	18.0	25.0	36.0	51.0	72.0	102.0	144.0	204.0	288.0
齿轮传动平稳性		齿轮单个齿距偏差允许值±f_{pt}/μm												
$50<d\leq125$	$2<m_n\leq3.5$	1.0	1.5	2.1	2.9	4.1	6.0	8.5	12.0	17.0	23.0	33.0	47.0	66.0
	$3.5<m_n\leq6$	1.1	1.6	2.3	3.2	4.6	6.5	9.0	13.0	18.0	26.0	36.0	52.0	73.0
$125<d\leq280$	$2<m_n\leq3.5$	1.1	1.6	2.3	3.2	4.6	6.5	9.0	13.0	18.0	25.0	36.0	51.0	73.0
	$3.5<m_n\leq6$	1.2	1.8	2.5	3.5	5.0	7.0	10.0	14.0	20.0	28.0	40.0	56.0	79.0
齿轮传动平稳性		齿轮齿廓总偏差允许值 F_a/μm												
$50<d\leq125$	$2<m_n\leq3.5$	1.4	2.0	2.8	3.9	5.5	8.0	11.0	16.0	22.0	31.0	44.0	63.0	89.0
	$3.5<m_n\leq6$	1.7	2.4	3.4	4.8	6.5	9.5	13.0	19.0	27.0	38.0	54.0	76.0	108.0
$125<d\leq280$	$2<m_n\leq3.5$	1.6	2.2	3.2	4.5	6.5	9.0	13.0	18.0	25.0	36.0	50.0	71.0	101.0
	$3.5<m_n\leq6$	1.9	2.6	3.7	5.5	7.0	11.0	15.0	21.0	30.0	42.0	60.0	84.0	119.0
齿轮载荷分布均匀性		齿轮螺旋线总偏差允许值 F_β/μm												
$50<d\leq125$	$20<b\leq40$	1.5	2.1	3.0	4.2	6.0	8.5	12.0	17.0	24.0	34.0	48.0	68.0	95.0
	$40<b\leq80$	1.7	2.5	3.5	4.9	7.0	10.0	14.0	20.0	29.0	39.0	56.0	79.0	111.0
$125<d\leq280$	$20<b\leq40$	1.6	2.2	3.2	4.5	6.5	9.0	13.0	18.0	25.0	36.0	50.0	71.0	101.0
	$40<b\leq80$	1.8	2.6	3.6	5.0	7.5	10.0	15.0	21.0	29.0	41.0	58.0	82.0	117.0

（3）确定齿厚极限偏差

确定齿厚极限偏差时，首先确定齿轮副所需要的最小法向侧隙 j_{bnmin}。其中，式（4-1）确定补偿热变形所需要的侧隙

$$j_{bn1}=a(a_1\Delta t_1-a_2\Delta t_2)\times\sin\alpha_n \tag{4-1}$$

式中　　a——齿轮副的公称中心距；

a_1，a_2——齿轮和箱体材料的线膨胀系数；

Δt_1，Δt_2——齿轮温度 t_1 和箱体温度 t_2 分别对 20℃的偏差，即 $\Delta t_1=t_1-20℃$，

$\Delta t_2=t_2-20℃$；

α_n——齿轮压力角。

然后，根据减速器的润滑方式，由表 4-26 查得保证正常润滑条件所需要的法向侧隙 j_{bn2}。

从而 $j_{bnmin}=j_{bn1}+j_{bn2}$，然后再确定补偿齿轮和箱体的制造误差和安装误差所引起的侧隙减小量 j_{bn}

$$j_{bn}=\sqrt{1.76f_{pt}^2+[2+0.34(L/b)^2]F_{\beta}^2} \tag{4-2}$$

式中　f_{pt}——单个齿距偏差允许值；

　　　F_{β}——齿轮螺旋线总偏差允许值，见表 4-25；

　　　b——齿宽；

　　　L——箱体上轴承跨距。

表 4-26　保证正常润滑条件所需要的法向侧隙 j_{bn2}

润滑方式	齿轮圆周速度 $v/(m/s)$			
	≤10	>10~25	>25~60	>60
喷油润滑	$0.01m_n$	$0.02m_n$	$0.03m_n$	$(0.03\sim0.05)\,m_n$
油池润滑	$(0.005\sim0.01)\,m_n$			

由表 4-27 查得齿轮副中心距极限偏差 f_a，计算齿轮齿厚上极限偏差 E_{sns}

$$|E_{sns}|=\frac{j_{bnmin}+j_{bn}}{2\cos\alpha_n}+f_a\tan\alpha_n \tag{4-3}$$

齿轮齿厚下极限偏差 E_{sni} 由上极限偏差 E_{sns} 和齿厚公差 T_{sn} 求得

$$E_{sni}=E_{sns}-T_{sn} \tag{4-4}$$

$$T_{sn}=2\tan\alpha_n\sqrt{b_r^2+F_r^2} \tag{4-5}$$

式中　b_r——切齿时的径向进刀公差，见表 4-28；

　　　F_r——齿轮径向跳动允许值，见表 4-29。

表 4-27　齿轮副中心距极限偏差　　　　　　　　　　　单位：μm

齿轮精度等级		1~2	3~4	5~6	7~8	9~10	11~12
f_a		$\frac{1}{2}$IT4	$\frac{1}{2}$IT6	$\frac{1}{2}$IT7	$\frac{1}{2}$IT8	$\frac{1}{2}$IT9	$\frac{1}{2}$IT11
齿轮副的中心距	>80~120mm	5	11	17.5	27	43.5	110
	>120~180mm	6	12.5	20	31.5	50	125
	>180~250mm	7	14.5	23	36	57.5	145
	>250~315mm	8	16	26	40.5	65	160
	>315~400mm	9	18	28.5	44.5	70	180

表 4-28　切齿时的径向进刀公差 b_r

齿轮传递运动准确性的精度等级	4 级	5 级	6 级	7 级	8 级	9 级
b_r	1.26IT7	IT8	1.26IT8	IT9	1.26IT9	IT10

表 4-29　齿轮副中心距极限偏差圆柱齿轮径向跳动允许值 F_r　　　　　　单位：μm

分度圆直径 d/mm	法向模数 m_n/mm	精度等级												
		0	1	2	3	4	5	6	7	8	9	10	11	12
50<d≤125	2.0<m_n≤3.5	2.5	4.0	5.5	7.5	11	15	21	30	43	61	86	121	171
	3.5<m_n≤6.0	3.0	4.0	5.5	8.0	11	16	22	31	44	62	88	125	176
125<d≤280	2.0<m_n≤3.5	3.5	5.0	7.0	10	14	20	28	40	56	80	113	159	225
	3.5<m_n≤6.0	3.5	5.0	7.0	10	14	20	29	41	58	82	115	163	231

（4）确定公称法向公法线长度及极限偏差

　　由于测量公法线长度较为方便，且测量精度较高，因此常采用公法线长度偏差作为侧隙指标。公法线长度 W 和测量时跨齿数 k 的计算式如下。

$$W = m\cos\alpha[\pi(k-0.5)+z\,\text{inv}\alpha]+2xm\sin\alpha \tag{4-6}$$

式中 m，z，α，x——齿轮的模数、齿数、标准压力角、变位系数；

$\text{inv}\alpha$——渐开线函数；

k——测量时的跨齿数（整数），跨齿数 k 按照量具量仪的测量面与被测齿面大体上在齿高中部接触来选择。

公法线长度上、下偏差 E_{ws}、E_{wi} 分别由齿厚极限偏差换算而来，见式（4-7）。

$$E_{ws} = E_{sns}\cos\alpha - 0.72F_r\sin\alpha$$
$$E_{wi} = E_{sni}\cos\alpha + 0.72F_r\sin\alpha \tag{4-7}$$

（5）确定齿面的表面粗糙度

按齿轮的精度等级，由表 4-30 查得齿面的表面粗糙度参数 Ra 的上限值。

表 4-30 齿轮齿面和齿轮坯基准面的表面粗糙度 Ra 上限值 单位：μm

齿轮精度等级	3	4	5	6	7	8	9	10
齿面	≤0.63	≤0.63	≤0.63	≤0.63	≤1.25	≤5	≤10	≤10
盘形齿轮的基准孔	≤0.2	≤0.2	0.4~0.2	≤0.8	1.6~0.8	≤1.6	≤3.2	≤3.2
齿轮轴的轴颈	≤0.1	0.2~0.1	≤0.2	≤0.4	≤0.8	≤1.6	≤1.6	≤1.6
端面、齿顶圆柱面	0.2~0.1	0.4~0.2	0.8~0.4	0.8~0.4	1.6~0.8	3.2~1.6	≤3.2	≤3.2

注：齿轮的三项精度等级不同时，按最高的精度等级确定。齿轮轴轴颈的 Ra 值可按滚动轴承的公差等级确定。

（6）确定齿轮坯公差

按照表 4-31 确定齿轮坯公差。

表 4-31 齿轮坯公差

齿轮精度等级	1	2	3	4	5	6	7	8	9	10	11	12
盘形齿轮基准孔直径尺寸公差		IT4			IT5	IT6		IT7		IT8		IT9
齿轮轴轴颈直径尺寸公差和形状公差					通常按滚动轴承的公差等级确定							
齿顶圆直径尺寸公差		IT6			IT7			IT8		IT9		IT11
基准端面对齿轮基准轴线的轴向圆跳动公差 t_t					$t_t = 0.2(D_d/b)F_\beta$							
基准圆柱面对齿轮基准轴线的径向圆跳动公差 t_r					$t_r = 0.3F_p$							

注：1. 齿轮的三项精度等级不同时，齿轮基准孔的直径尺寸公差按最高的精度等级确定。

2. 标准公差 IT 值见《机械设计手册》。

3. 齿顶圆柱面不作为测量齿厚的基准面时，齿顶圆直径尺寸公差按 IT11 给定，但不得大于 0.1mn。

4. t_t 和 t_r 的计算公式引自《圆柱齿轮 检验实施规范 第 3 部分：齿轮坯、轴中心距和轴线平行度的检验》（GB/Z 18620.3—2008）。式中，D_d——基准端面的直径；b——齿宽；F_β——齿轮螺旋线总偏差允许值；F_p——齿轮齿距累积总偏差允许值。

5. 齿顶圆柱面不作为基准面时，图样上不必给出 t_r。

（7）确定齿轮副中心距的极限偏差和两轴线的平行度公差

由表 4-27 可确定齿轮副中心距极限偏差。

由此，完成圆柱齿轮精度设计。

思 考 题

1. 采用等材和减材方式与 3D 打印方式加工制造的零件，在设计原则上有何本质的区别？

2. 查阅资料，选取一种产品结构，仔细分析其结构的优缺点，尝试提出改进意见。

机械结构的力学性能是机械实现其功能、具有必要的工作精度和工作效率、达到设计寿命的必要条件，因此在机械零件设计中必须对其力学性能进行评估分析。有限元分析已经成为多个工程领域中广泛应用的有效工具，它是一种介于理论和试验之间、具有半试验性质的重要手段，具有准确和适用性强等特点。同时，有限元分析和对分析结果的评价又是理论性和实践性很强的一项工作，分析人员不仅需要扎实的力学理论知识（如材料力学、弹塑性力学等）、有限元理论知识和所从事行业的专业知识，还需要具备一定的计算机应用能力。本章从有限元基本概念出发，介绍有限元建模、求解及常用软件，并针对机械结构的静态和动态性能分析进行说明。

5.1 ▶ 有限元基本概念

有限元分析（Finite Element Analysis，FEA）将求解域看成是由许多称为有限元的小的互联子域（即单元）组成，对每一单元假定一个合适的（较简单的）近似解，然后推导求解域总体需满足的条件（如结构的平衡条件），从而得到问题的解。这个解不是准确解，而是近似解。由于大多数实际问题难以甚至不可能得到准确解，而有限元不仅计算精度高，而且能适应各种复杂求解域形状，因而成为行之有效的工程分析方法。

对于不同类型的问题，如结构应力场、温度场等，有限元求解法的基本步骤是相同的，只是具体公式推导和运算求解有所不同。有限元求解问题的基本步骤可归纳如下。

第一步：问题及求解域定义。根据实际问题近似确定求解域的物理性质和几何区域，建立分析模型。

第二步：求解域离散化。将求解域近似为具有不同大小和形状，但彼此相连的有限个单元组成的离散域，习惯上称为有限元网络划分。单元越小（网络越细），则离散域的近似程度越好，计算结果也越精确，但计算量将增大。

第三步：确定状态变量及控制方法。一个具体的物理问题通常可以用一组包含问题状态变量（如位移、温度等）和边界条件的微分方程表示，为适合有限元求解，通常将微分方程化为等价的泛函形式。

第四步：单元推导。对单元构造一个适合的近似解，即推导有限单元的列式，其中包括选择合理的单元坐标系，建立单元形函数，以某种方法给出单元各状态变量的离散关系，从而形成单元矩阵（结构力学中称为刚度阵或柔度阵）。

为保证问题求解的收敛性，单元推导有许多原则要遵循。对工程应用而言，重要的是应注意每一种单元的解题性能与使用条件。例如，单元形状应尽量规则，单元畸形时不仅精度低，而且有缺秩的危险，可能导致无法求解。

第五步：总装求解。将单元总装形成离散域的总矩阵方程（联合方程组），反映对近似求解域的离散域的要求。总装在相邻单元的公共节点进行，状态变量及其导数（若需要）的连续性建立在节点处。

第六步：方程组求解。有限元法最终形成联立线性方程组。联立线性方程组的求解可用直接法或迭代法。求解结果是单元节点处状态变量的近似值。

第七步：结果解释。对于计算结果的解释，将通过与设计准则提供的允许值（如许用应力等）比较来评价并确定是否符合要求。

简而言之，有限元分析可分成三个阶段：前处理、求解和后处理。前处理包括建立有限元模型，完成单元网格划分；后处理则是从分析结果数据中采集出有用的数据，用于最终评价。

5.2 ⊙ 有限元分析模型与求解基本流程

有限元分析的核心任务之一是建立合理、有效的分析模型。建立分析模型包含分析结构的几何尺寸、研究结构对称性和约束条件、选定分析工况或载荷、获取材料数据、选择合适的单元和进行网格划分等一系列内容。

应当认识到，有限元分析得到的结果实际上是模型的分析结果，而不能直接认为是实际结构在实际使用条件下的真实情况。分析结果能够从多大程度上反映真实结构的承载情况，取决于模型的合理程度和细致程度。无论所采用的软件有多么先进、划分的网格有多么精细，模型中一个小的疏忽就可能使计算结果与实际情况相差很大，甚至得到错误的结果。因此，在进行有限元分析之前，认真研究结构在设计条件、工作条件和异常条件下的具体情况并建立有效的分析模型是至关重要的。

分析模型中的结构尺寸应尽可能与实际结构接近，但过分强调细节结构的模拟可能造成计算量过大，甚至超过所采用计算软件或硬件条件的限制，造成无法计算。实际上结构的某些细节尺寸可以忽略，这取决于我们的分析目的和评价目标。一个合格的分析人员应当懂得如何对实际结构进行简化而不至于影响计算结果的准确性。分析时应当在实际工作中认真思考，不断学习和锻炼，对复杂问题还需查找文献，从中吸取有用的思想或方法，及时进行总结，提高分析水平。

5.2.1 有限元分析建模准备

对机械结构进行有限元分析之前，应首先仔细研究机械结构特征和载荷特点、预测应力水平较高的部位，确定解题的规模。此外，还应当考虑如何将机械结构从其工作环境中分离出来，并研究对称性等结构特征，确定重点考察部位和非重点考察部位，考察细节结构，分析结构的载荷特点和工况，选择合适的单元类型等。

（1）边界条件

任何机械结构都不可能孤立存在，总以某种方式和周围其他的零部件或基础连接，在工作过程中传递载荷并相互影响。

如数控机床，通过床脚连接到地基上，其本身又由床身、立柱、主轴箱、工作台、数控系统、水油供给装置等多个部件组成。在对这些结构进行有限元分析时，需要将它们从其工作环境中分离出来，这就是确定边界条件的过程。

由于被分析结构与周围环境存在推拉力、剪切力、弯矩和转矩等载荷传递或刚性的、弹性的位移约束，因此，在分析模型中，必须表征这些关系，但这种表征有时非常复杂。解决方法有：避开难以表征的分离面，而选取较容易表征的位置进行分离；或通过特殊的界面约束条件或专用单元来表征；如果能够确定某个分离界面上的载荷或约束对所考察的主要部位影响不大，也可以忽略它的影响。

边界条件的表征方法不能一概而论，大多数情况下需要具体问题具体分析。

（2）载荷分析

载荷包括设计载荷（设计条件）、正常运行条件下的操作载荷、温度载荷、启停条件下的不稳定载荷、事故条件下的特殊载荷等。在开始正式建立分析模型之前，应当仔细分析机械的各种工况，确定分析模型中需要考虑的载荷，同时也应当分析各种载荷对机械的安全性能会造成多大的影响。

（3）单元选择

分析计算中选择什么样的单元，采用几种单元，在建立模型阶段必须认真考虑。通过阅读所采用软件的用户手册或帮助文件了解软件中各种单元的性能和精度，而后进行单元的选择。机械结构分析中的常用单元有以下几种。

杆、梁单元：杆、梁单元是最简单的一维单元，单元内任意点的变形和应力由沿轴线的坐标确定。可用于弹簧螺杆、预应力螺杆、薄膜、桁架、螺栓（杆）薄壁管件、各种型钢或者狭长薄膜构件（只有膜应力和弯应力的情况）等模型。

板单元：板单元内任意点的变形和应力由 X、Y 两个坐标确定，这是应用最广泛的基本单元，有三角形单元和矩形板单元。

多面体单元：多面体单元可分为四面体单元和六面体单元，用于实体三维问题分析。

薄壳单元：薄壳单元是由曲面组成的壳单元，对于任意形状的壳体，通常有三种有限元离散形式：一是借助于坐标变换以折板代替曲面的平板型壳元；二是基于经典壳体理论的曲面型壳元；三是基于空间弹性理论的三维实体退化型壳元。

管单元：对于每一个管单元中任意一个截面上内力值，可用单元内力的变换矩阵与单元末端截面上的内力值乘积确定；管单元中任一截面的位移值可用节点截面内力值与变换矩阵乘积确定。

选择什么单元通常取决于模型的"维数"。例如，对于平面应力问题，需要采用平面应力单元；对于实体的三维问题，需要采用实体单元；对于桁架结构或型材，则需要采用杆单元或梁单元；对于热分析，需要采用热分析单元等。

如果模型需要，可添加分析软件能够支持的特殊单元。例如，只能受拉而不能受压的"绳单元"、只能受压不能受拉的"间隙单元"以及专门的接触单元、弹性约束单元等。

（4）对称的处理

结构的对称性是指被分析的结构是否存在对称轴、对称面，或具有周期对称性。

如果结构具有整体对称轴，就有可能将三维问题简化为轴对称问题；如果结构存在一个对称面，则可以取结构的 1/2 进行计算；若存在两个对称面，则可以取结构的 1/4 建立模型；若存在更多的对称面，则可以取结构更少的一部分进行分析；若结构具有周期对称性，则可以取用其一个"周期"建立模型。利用结构的对称性可以有效降低解题规模，减小工作量，节省时间和费用。

这里需要注意的是，所谓对称性，不仅指结构具有对称性，载荷及材料特征也应当具有相同的对称性，有时也要求结构的支撑条件（约束条件）对称。

若结构正对称，载荷正对称，则变形正对称。对称面上只存在对称的内力和应力，没有反对称的内力和应力，建立模型时，可以约束对称面上的反对称位移自由度。

若结构正对称，载荷反对称，则变形反对称。对称面上只存在反对称的内力和应力，没有正对称的内力和应力，建立模型时，可以约束对称面上的正对称位移自由度。

例如，图 5-1 所示槽形结构件，在如图 5-1（a）所示正对称载荷作用下，对称面上的水平方向位移为零，因此可以取用图 5-1（c）的分析模型；而在如图 5-1（b）所示反对称载荷作用下，对称面上的垂直方向位移为零，因此可以采用图 5-1（d）所示的分析模型。由此可见，即使结构相同，由于载荷条件不同，分析模型的约束条件也不同。

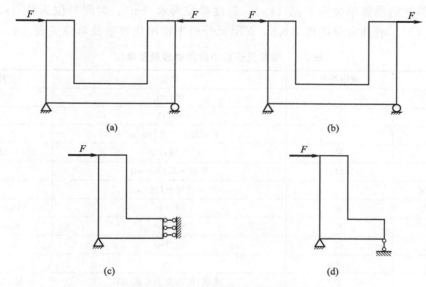

图 5-1　槽形结构件在不同载荷条件下的分析模型

（5）细节结构的考虑与舍弃

所谓细节结构，指的是除壁厚、直径等结构主体尺寸以外的其他细节尺寸，如小的过渡圆角、焊脚高度等。细节结构远离重点考察部位或对重点考察部位的影响不大时可以忽略。

当进行静载分析、屈曲分析、温度场分析时，局部小尖角等细节尺寸大多可以忽略。而进行疲劳分析时，由于需要考虑峰值应力，应尽量详细考虑实际的细节尺寸。

如果在总体模型中过分考虑尖角位置的局部细节结构会极大地增加运算量。一种较为经济的方法是首先忽略不影响整体运算结果的局部细节结构，对整体结构进行分析，然后利用整体分析的结果（通常是位移结果）建立子模型，在子模型中充分考虑局部细节结构，并进行分析，这样往往可以得到事半功倍的效果。很多软件都提供了子模型分析功能，详细使用方法可参见这些软件（如 ANSYS 等）的用户手册。

（6）解题规模预测

对于比较复杂的结构，需要预测解题的规模，即模型可能的节点数量、单元数量、总自由度数量等。在进行网格划分前应当充分了解计算机软件、硬件等各种限制，做到网格粗细适度，避免出现重复工作，浪费时间。

5.2.2 有限元模型建立与求解

建模包括建立几何模型和施加载荷条件、边界条件以及进行网格划分等工作，是有限元分析中最耗精力、最容易出错的一个过程。建模中需要解决诸如单位制、建模方法、网格划分、模型求解、试算结果检查和分析等问题，本节中将对这些问题进行介绍。

（1）单位制

建立有限元分析模型，首先需要解决几何尺寸、材料参数、载荷参数等的单位问题。有限元分析过程中单位系统的一致性对分析结果的正确性至关重要。常用的有限元分析软件，并不要求使用者必须采用哪种单位制，用户可以自行定义，但必须保持并保证各种单位的一致性。千克-米-秒单位制为国际标准单位制，也是我国的法定单位制，建议在有限元分析中采用。该单位制的质量单位为千克（kg），长度单位为米（m），时间单位为秒（s），温度单位为摄氏度（℃）或热力学温度（K）。有限元分析中常用物理量及单位见表 5-1。

表 5-1　有限元分析中常用物理量及单位

物理量	常用符号	单位	换算关系
几何尺寸		米（m）	
时间	t	秒（s）	
密度	ρ	千克每立方米（kg/m³）	
集中力	F	牛顿（N）	$1N = 1kg \cdot m/s^2$
力矩	M	牛顿·米（N·m）	
线分布载荷		牛顿每米（N/m）	
面分布载荷	p	帕（Pa）	$1Pa = 1N/m^2$
弹性模量	E	帕（Pa）	$1Pa = 1N/m^2$
剪切模量	G	帕（Pa）	$1Pa = 1N/m^2$
泊松比	ν 或 μ	—	—
温度	T	度或开［尔文］（℃ 或 K）	$K = ℃ + 273$
线膨胀系数	d	℃$^{-1}$	
加速度	a	米每二次方秒（m/s²）	
角速度	ω	弧度每秒（rad/s）	$rad/s = r/min \cdot 2\pi/60$
应力	σ, t	帕（Pa）	$1Pa = 1N/m^2$
线位移	u, v, w	米（m）	
角位移	θ	弧度（rad）	
热量	Q	焦耳（J）	$1J = 1N \cdot m$
焓	H	焦耳（J）	$1J = 1N \cdot m$
功	W	焦耳（J）	$1J = 1N \cdot m$
功率	P	瓦（W）	$1W = 1J/s$
热流密度	q	瓦每二次方米（W/m²）	
热导率	κ 或 λ	瓦［特］每米开［尔文］［W/(m·K)]	
动力黏度	η 或 ρ	帕［斯卡］秒（Pa·s）	
运动黏度	υ	二次方米每秒（m²/s）	
对流系数	α 或 h	瓦［特］每二次方米度［W/(m²·℃)]	
比热容	c	焦（耳）每千克开［尔文］［J/(kg·K)]	

（2）建模方法

不同的有限元分析软件具有不同的几何模型建模方法，既可以通过建立节点、线，然后通过命令或专用模块组合成单元来直接建立模型，不需要再进行网格划分，也可以通过直接建立点、线、面、体建立模型，然后进行网格划分。

（3）网格划分

无论是直接通过点、线生成网格（直接建立网格），还是先建立点、线、面、体再进行网格划分，建立网格是有限元分析的主要内容之一。合理的网格密度、单元形状和疏密过渡形式都是得到准确结果的保证。

网格密度是一个描述单元网格数量的相对概念，指单位面积或体积中单元的数量。增加网格密度将导致单元数量的增加，单元尺寸减小，计算结果会比较准确；减少网格密度时，单元数量减少但单元尺寸增加，可能会使计算结果的精度下降。

在进行网格划分之前，应当考虑采用规则网格划分还是采用自由网格划分。所谓规则网格，是指对网格划分区域内的单元形状及划分形式进行规定，而自由网格则没有这些规定。图 5-2 所示为平面区域二维网格对比，图 5-2（a）是某一待划分的平面区域，图 5-2（b）和（c）分别为采用规则网格和自由网格划分的结果。图 5-3 所示为三维问题网格对比，图 5-3（a）是某一待划分的三维区域，图 5-3（b）和（c）分别为采用规则网格和自由网格划分的结果。不同的分析类型，构造网格的规则会有所不同。例如，进行屈曲分析时，一般应使用规则和均匀的网格进行分析，且最好使用对称布置的网格。具体需要采用何种网格划分，取决于结构形式、载荷条件和考察的区域或目标，因此不能一概而论，但分析人员必须进行选择。

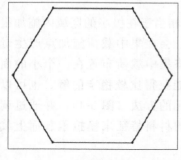
(a) 待划分平面区域

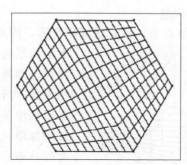
(b) 规则网格划分

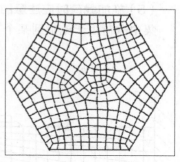
(c) 自由网格划分

图 5-2　平面区域二维网格对比

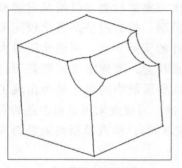
(a) 待划分平面区域

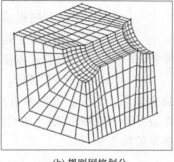
(b) 规则网格划分

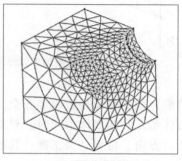
(c) 自由网格划分

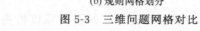
图 5-3　三维问题网格对比

网格划分应当比较准确地反映结构的真实形状，对形状复杂的结构，粗大的网格可能会造成分析结果失真。在保证模拟精度的前提下，应尽可能采用最少数目的单元，这样可以节约运算时间和系统开销，对大型分析模型尤其重要。网格粗细过渡应当按照单元尺寸渐变的原则来处理。

为了得到较好的位移分析结果，单元的纵横比尽量不超过 7；为了得到较好的应力分析结果，纵横比不要大于 3。若应力梯度很小，单元纵横比可以适当放大。只有确信计算出的位移是准确的，计算的应力才能正式接受，但是一个可以给出好位移结果的网格，应力结果可能不会如想象的那样准确。在进行有限元应力分析时，为了减少运算量，通常在不同的区域采用不同的网格密度。对于应力梯度比较高的位置，为了得到足够精确的结果，需要进行网格细化。然而，有时并不能事先知道哪些位置存在较大的应力梯度，因此，在有限元分析中，经常需要进行试算，并根据试算结果改进模型。

（4）结构分析中载荷的分类

在结构分析中通常遇到以下五种载荷：位移、集中载荷、线分布载荷、面分布载荷、体载荷。

在位移法有限元分析中，节点位移大多认为是边界条件，但也可以认为是一种载荷，特别是给定非零值节点位移时。作用在模型节点上的集中载荷是在结构分析中的集中力和集中力矩。线分布载荷是按照某种规律作用在某条线上的载荷，包括力和力矩，通常按照单位长度上的载荷施加到模型上。面分布载荷是分布作用在面上的载荷，如介质压力、液柱压力等。体载荷是分布在实体上的体积载荷或场载荷，如重力、惯性力、用于计算热应力的温度场载荷等。

（5）施加载荷时应注意的问题

集中载荷由于施加到某个节点上，而点的面积为零，因此相当于在极小的区域内施加很大的面载荷，会在集中载荷施加点产生奇异性。如果将集中载荷布置在一个小的面积上也有可能获得比较稳定的解。也可以采用附加单元的方法（图 5-4），并通过调整附加单元的材料特征来模拟承载面上载荷的分布。

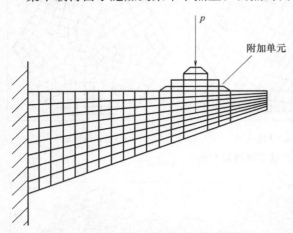

图 5-4　采用附加单元分散集中载荷

（6）模型检查

在建立模型后，不要急于进行运算，应当进行一次完整的检查，以便发现模型中的错误或疏漏：检查网格是否比较完美地反映了构件的实际形状，网格比较粗大的位置应重点检查；考察重点区域是否进行了细化，这些区域中的单元是否出现了畸形；检查载荷是否施加齐全，载荷位置、大小、方向是否正确；当检查采用带边中点的六面体单元和四面体单元时，要检查边界是否正确过渡（四棱锥单元）；检查模型约束是否齐全，方向、位置是否正确；其他必要的检查项目。

（7）模型求解

在建立了完整的分析模型之后，就可以进行求解了（或以检查为目的的试算）。有限元分析中最耗时的是总体平衡方程的求解。商用软件通常给出若干方程求解器（求解方法）供使用者选择。不同的求解器有不同的特点，阅读帮助手册了解这些特点，才能对整个求解过程做到心中有数，而且有助于后续结果的检查。

（8）试算结果检查

由于有限元分析的复杂性，对于复杂模型，往往不会一次计算成功，而是经过几次"计算—检查—改进"过程才能得到正确的结果。对试算结果通常进行结构变形检查和应力检查。

结构变形检查：通过软件提供的后处理器检查模型是否存在异常变形（位移）。异常变形往往由载荷或约束不当引起。例如应当施加载荷的面没有施加载荷、集中载荷施加方向错误均会带来不正常的变形。

应力检查：通过应力等值线检查模型中应力分析结果是否正常，在一些位置是否存在特别大的应力。如图 5-5 所示，如果网格足够细致，应力等值线应当是连续光滑的曲线，如果等值线不光滑或存在尖角，有可能是因为网格过于粗大引起。这一点对重点考察区域特别重要。如果某些位置的应力可以通过公式计算出来，那么应和有限元分析结果进行对比，观察是否一致或基本一致。若相差很大，则应当查找原因。

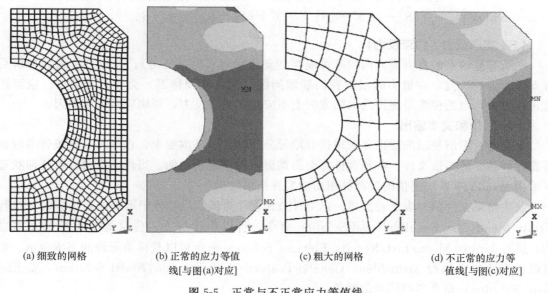

(a) 细致的网格　　(b) 正常的应力等值线[与图(a)对应]　　(c) 粗大的网格　　(d) 不正常的应力等值线[与图(c)对应]

图 5-5　正常与不正常应力等值线

5.2.3　有限元模型结果分析

建立有限元模型并求解后，我们就可以得到一些关键问题的答案，如结构的最大应力是多少？出现在什么位置？结构在承载变形之后形状如何？沿着某条直线（或曲线）应力如何分布？如何将这些结果取出并引入分析报告中？这些均包括在有限元结果分析当中。对结果进行显示、观察并得到关键的有用信息通常称为有限元分析的后处理。各种有限元分析软件均提供了单独的或集成的后处理器。

（1）变形观察和应变观察

提供结构在承载之后的变形和应变情况是有限元分析软件后处理器的基本功能之一。在以防止结构发生过量变形为主要目的的设计中掌握和控制变形尤其重要。一般可以显示变形形状，观察位移等值线。在进行非线性分析时，需要观察分析模型各个位置的应变分布。

（2）应力等值显示

观察结构在承载之后的应力分布，也是进行有限元分析的主要目的。在这里首先介绍各种应力的名称。

结构中一点的应力状态可用六项应力描述：S_x、S_y、S_z、S_{xy}、S_{yz}、S_{zx}。前三项代表沿坐标轴方向的正应力（法向应力），为正值时代表拉应力，负值时代表压应力；后三项代表剪应力（切向应力），第一个下标代表剪应力作用平面的法线方向，第二个下标代表剪应力的方向，第二个下标决定剪应力的正负值。应力分量的有效个数随问题的维数而变，如平面应力问题仅有 S_x、S_y、S_{xy} 三项。

主应力：描述一点应力状态的微六面体上剪应力为零的表面上的法向应力，共有三个，分别称作最大主应力（maximun principal stress）或第一主应力（1st principal stress）、第二主应力（2nd principal stress）、最小主应力（minimum principal stress）或第三主应力（3rd principal stress）。

Von Mises 相当应力（Stress Equivalent，SEQV）

$$SEQV=\sqrt{\frac{1}{2}\left[(S_x-S_y)^2+(S_y-S_z)^2+(S_z-S_x)^2\right]+3(S_{xy}^2+S_{yz}^2+S_{zx}^2)}$$

（3）支承反力（约束反力)

在所有被约束的自由度方向均有可能存在支承反力（约束反力）。在进行有限元分析后对支承反力的研究，在很多时候对我们理解问题（或者查找错误）会非常有帮助。应当注意，在虚拟约束的位置沿虚拟约束的方向上不应存在约束反力，否则应当分析原因。

（4）图像和文本输出

支持各种图形显示的输出是对现代有限元分析软件的基本要求。在编写分析报告书时也需要各种各样的图形文件。各种软件都会提供屏幕图形复制功能。当然，也可以在任何状态下采用 Windows 系统提供的屏幕抓图功能实现图形输出。

获取结果文件的列表比较简单。以 ANSYS 软件为例，当前处于通用后处理器时，执行 Utility Menu/List/Results/Nodal Solution 命令，可以获得应力、位移等节点解的文本显示；执行 Utility Menu/List/Results/Element Solution 命令可以获得单元解的文本显示。也可以在主菜单中执行 Main Menu/General Postproc/List Results /Nodal Solution（或 Element Solution）命令得到同样的结果。

在实际应用中，可以在文本文件中选定感兴趣区域的节点或单元后列表显示。

5.2.4　常用软件

现有的大型通用有限元分析软件不仅能提供各类分析所需的单元结构，而且具备静态特性、动态特性、热特性、流体问题等多方面的求解能力。

目前流行的有限元分析软件主要有 ANSYS、ADINA、MSC.Nastran、Abaqus、COM-SOL 等。表 5-2 列出了部分适合机械领域的有限元分析软件及推荐应用方向。

ANSYS 软件是集结构、热、流体、电磁和声等学科于一体的大型通用有限元分析软件。ANSYS 程序的静力分析功能不仅可以进行线性分析，还可以进行非线性分析，如塑性、蠕变、膨胀、大变形、大应变及接触分析。ANSYS 程序可进行的结构动力学分析的类型包

表 5-2 部分适合机械领域的有限元分析软件及推荐应用方向

软件名称	线性静力分析	非线性静力分析	非线性接触分析	固有振动分析	非线性振动分析	非线性瞬态响应分析	流体与结构耦合分析	热与机械耦合分析
ANSYS	√	√	√	√	√	√	√	√
ADINA	√	√√	√√	√	√√	√	√√	√√
NASTRAN	√	√	√	√	√	√√√		
Abaqus	√	√√	√√	√	√√	√√		
COMSOL Multiphysics	√	√	√	√	√	√	√√	√√
PAFEC	√	√	√	√	√	√		
EAL	√	√	√	√	√	√		
FENRIS	√	√	√	√	√	√		
LMS Samtech	√	√	√	√	√	√√		

括瞬态动力学分析、模态分析、谐波响应分析及随机振动响应分析，还有结构非线性分析，即对结构非线性导致结构的响应随外载荷发生不成比例的变化的分析。热分析方面，AN-SYS 程序可以处理热传递的三种基本类型，即传导、对流和辐射，对热传递的三种类型均可进行稳态和瞬态、线性和非线性分析。ANSYS 程序还具有将部分单元等效为一个独立单元的子结构功能，以及将模型中的某一部分与其余部分分开重新细化网格的子模型功能。ANSYS 程序具有优化设计模块（OPT），可以进行结构优化设计，同时 ANSYS 程序还具有参数化程序设计语言 APDL，APDL 大大地扩展了 ANSYS 程序的优化功能和二次开发的可能。

ADINA 是由著名的有限元专家、麻省理工学院的 K. J. Bathe 教授领导开发的，其单一系统即可进行结构、流体和热的耦合计算，并同时具有隐式和显式两种时间积分算法。由于其在非线性求解、流固耦合分析等方面的强大功能，ADINA 已经成为近年来发展最快的有限元软件以及全球最重要的非线性求解软件，被广泛应用于各个行业的工程仿真开发。

因为 MSC. Nastran 软件和 NASA 的特殊关系，它在航空航天领域具有很高的地位，它以最早期的主要用于航空航天方面的线性有限元分析系统为基础，兼并了 PDA 公司的 Pat-ran，又在以冲击、接触为特长的 DYNA3D 的基础上组织开发了 DYTRAN。其后，它又兼并了非线性分析软件 MARC，成为目前世界上规模最大的有限元分析系统。

有限元分析软件更新比较快，实际使用中建议查看对应版本的功能介绍和帮助文件。

5.3 ⊙ 机械结构静特性分析

机械结构静特性分析用来求解外载荷引起的位移、应力和力。

5.3.1 结构分析和简化

（1）结构分析

进行有限元划分时，首先必须做结构分析，确定单元类型。机械结构基础大件大多为板、梁组合结构。以机床为例，图 5-6（a）中，机床床身导轨及安装地脚螺钉的凸缘部分可视为梁单元，其他部分则可作为板单元处理。图 5-6（b）所示的立柱，其附着筋视为梁单元；横向加强筋板亦作为梁单元，但这些梁单元的中性轴与板单元的中性面之间的距离较大，偏心距的影响不能忽视，所以采用偏心梁单元；立柱的其他部分视为板单元。图 5-6（c）所示为机床主轴箱，其凸缘部分视为梁单元，其他部分则为板单元。虽然机床基础大件类型繁多，但只要研制一个板、梁组合结构分析程序，就能进行这类基础大件动、静、热特性的计算。其他机械结构也可以同理进行结构划分。

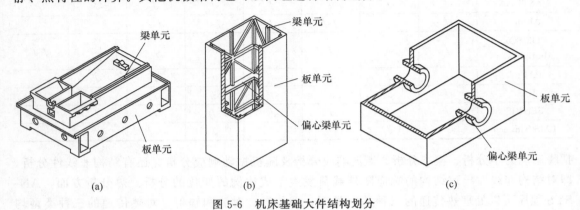

图 5-6　机床基础大件结构划分

（2）结构的简化

结构进行网格划分时，适当的形状简化是必需的，但决不能由于简化而失去计算精度。将如图 5-7（a）所示的板件简化成如图 5-7（b）所示的板件，不是简单地去掉这些加强筋板及凸缘部分，而是采用等刚度原则进行等效处理，即要求如图 5-7（a）所示的带筋板（称原始构件）与图 5-7（b）所示的平板（称等效板件），在相同受力状态及边界条件下，各节点产生相同的位移，也就是说，两者具有相同的刚度。经过这样的等效处理，等效板件能反映原始构件的特性。

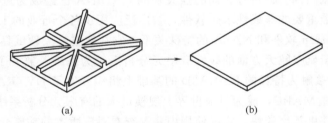

图 5-7　板件简化

设 $\boldsymbol{K}_{\mathrm{a}}$ 为原始构件的总刚度矩阵，$\boldsymbol{K}_{\mathrm{b}}$ 为等效板件的总刚度矩阵，$\boldsymbol{U}_{\mathrm{a}}$ 为原始构件的全部节点位移向量，$\boldsymbol{U}_{\mathrm{b}}$ 为等效板件的全部节点位移向量，$\boldsymbol{F}$ 为全部节点力向量。

若原始构件和等效板件具有相同的板单元划分，则节点数及各节点坐标均相同。因等效前后其等价节点力向量相同，在相同的边界条件下，应产生相同的节点位移，故

$$\boldsymbol{U}_{\mathrm{a}}=\boldsymbol{U}_{\mathrm{b}}$$

因而

$$\boldsymbol{K}_{\mathrm{a}}=\boldsymbol{K}_{\mathrm{b}} \tag{5-1}$$

即

$$k_{ij}^{\mathrm{a}}=k_{ij}^{\mathrm{b}}, \ i,j=1,2,\cdots,n \tag{5-2}$$

式中　k_{ij}^{a}，k_{ij}^{b}——$\boldsymbol{K}_{\mathrm{a}}$ 及 $\boldsymbol{K}_{\mathrm{b}}$ 中的元素。

等效处理的方法有两种。

第一种：保持原始构件的尺寸不变，改变材料的弹性模量 E。

因

$$k_{ij}^{a}=k_{ij}^{b}$$

记

$$k_{ij}^{a}=E_{ij}\bar{k}_{ij}^{b}$$

则

$$E_{ij}=k_{ij}^{a}/\bar{k}_{ij}^{b}$$

使

$$E'=\frac{1}{n^2}\sum E_{ij} \tag{5-3}$$

式中 E'——等效板件的弹性模量。

或者

$$E_i=\frac{\sum(k_{ij}^{a}u_j)}{\sum(\bar{k}_{ij}^{b}u_j)},\ j=1,2,\cdots,n$$

则

$$E_1=\frac{1}{n}\sum E_i,\ i=1,2,\cdots,n$$

第二种：改变原始构件的板厚 t，其他尺寸及弹性模量不变。

因

$$k_{ij}^{a}=k_{ij}^{b}$$

使

$$k_{ij}^{a}=t_{ij}^{x}\bar{k}_{ij}^{b}$$

则

$$t_{ij}^{x}=k_{ij}^{a}/\bar{k}_{ij}^{b} \tag{5-4}$$

式中 x——在平面问题时为 1，板弯曲时为 3。

故

$$t^*=\frac{1}{n^2}\sum t_{ij}^{x}$$

或者

$$t_i^{x}=\frac{\sum(k_{ij}^{a}u_j)}{\sum(\bar{k}_{ij}^{b}u_j)}$$

则

$$t_1^{*}=\frac{1}{n}\sum t_i^{x},\ i=1,2,\cdots,n$$

经过上述处理后，对图 5-7（b）所示结构进行有限元分析得到结构总体静态力学响应要简便得多。但需要指出的是，若需要分析原始结构加筋处的应力和变形，则不能进行上述简化，需要建立板-梁单元结合的有限元模型。

5.3.2　受力分析

机械结构通常为形状复杂的空间构件，其有时是闭口的，有时是开口的，而且在多数情况下，还是不对称的；当受空间力作用时，往往出现弯扭变形。例如，车床床身受切削力作用时，必然产生弯扭，所以选择单元类型时，必须考虑上述情况。表 5-3 为机械结构各种受力所对应的单元类型。

表 5-3　机械结构各种受力所对应的单元类型

图号	简图	说明
1		自由度为 1，承受拉、压的梁单元
2		自由度为 1，承受扭转的梁单元
3		自由度为 2，承受平面弯曲的梁单元
4		自由度为 6 的空间梁单元
5		板、梁组合时具有偏心的偏心梁单元
6		自由度为 2 的三角形平面应力单元
7		自由度为 3 的三角形板弯曲单元
8		自由度为 5 的三角形板单元
9		自由度为 2 的矩形平面应力单元
10		自由度为 3 的矩形板弯曲单元

续表

图号	简图	说明
11		自由度为 5 的矩形板单元
12		自由度为 2 的 6 节点三角形等参单元
13		自由度为 2 的 8 节点四边形等参单元

5.3.3 机床主轴箱的静特性分析

本节以机床主轴部件结构为例进行分析。

(1) 建立模型

图 5-8 为原型机床主轴箱结构三维模型。在有限元分析的过程中，首先要对模型进行适当的简化，在保证计算精度的同时减少有限元分析的计算时间，提高计算效率。在不影响结构的强度和刚度的情况下，简化工作包括删除倒角、圆角或去除掉某些对分析结构影响较小的模型特征，如图 5-8（b）所示。

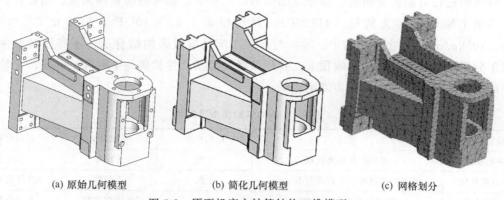

(a) 原始几何模型   (b) 简化几何模型   (c) 网格划分

图 5-8   原型机床主轴箱结构三维模型

(2) 网格划分

在有限元分析中，网格单元的划分质量是决定结构的计算精度和计算效率的关键因素之一。网格的划分包括几个部分。

① 对结构采取切分、分块的操作，将其分割为多个实体。

这是为了将网格划分得更为规整，提高整体网格质量。分块操作所得到的网格质量的高低，往往取决于设计者对结构的理解和其实践经验的积累以及划分操作的熟练度。

② 网格的划分方式包括自动划分方式、扫掠方式、六面体主导方式、多区域划分方

式等。

本例采用三维实体模型自动划分方式，单元类型包括四面体单元和六面体单元，如图 5-8（c）所示。

③ 确定网格单元的尺寸。根据零部件的尺寸大小和对分析结果的影响程度来确定网格尺寸。根据结构尺寸设置网格基础尺寸，根据对结果影响较大处和整体结构网格质量，对网格进行细致的调整工作，提高分析结果的准确性。整体结构网络质量范围为 0~1，质量越高，数值越大。图 5-9 为本例结构网格质量分布示意图，平均网格质量为 0.69。从分布图上可以看出，各重要接触区域的网格质量较高。

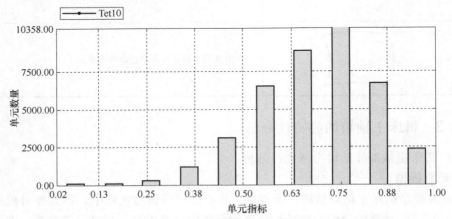

图 5-9　机床主轴箱结构网格质量分布示意图

（3）材料参数和接触条件设置

对结构进行有限元分析时，需指定结构的材料参数，如材料的弹性模量、泊松比、密度等。本例主轴箱材料为铸铁（HT250），弹性模量 $1.38 \times 10^{11} \, \text{Pa}$，泊松比 0.27，密度 $7.28 \times 10^3 \, \text{kg/m}^3$。在主轴结构中，零件与部件之间具有较多的结合面，不同接触条件的设置对于分析结果的准确性的影响很大。各种接触类型及属性如表 5-4 所示。例如，主轴和主轴箱之间的接触条件可以设置为绑定接触。

表 5-4　各种接触类型及属性

接触类型	描述	迭代次数	法向分离	切向滑移
绑定接触	零部件接触面固定	1 次	无间隙	不能滑移
不分离接触	零部件接触面可以移动但不分开	1 次	无间隙	允许滑移
无摩擦接触	零部件接触面无摩擦	多次	允许有间隙	允许滑移
摩擦接触	零部件接触面有摩擦	多次	允许有间隙	允许滑移
粗糙接触	零部件接触面粗糙	多次	允许有间隙	不能滑移

（4）边界条件和载荷设置

建立好分析模型，进行有限元分析时，需设置边界条件。在静态特性分析中，需要设置结构的约束条件，主要约束条件如表 5-5 所示。

本例中主轴箱是通过滑块导轨方式连接在机床的立柱上，对主轴箱进行单独分析时，主轴箱与滑块接触的位置处约束条件设置为固定约束，如图 5-10 所示。

表 5-5　主要约束条件

约束类型	约束定义
固定约束	受约束的点、线、面不允许移动和变形
位移约束	指定点、线、面沿特定方向运动
无摩擦约束	指定面上法向约束
圆柱面约束	指定圆柱面上轴向、径向、切向约束
固定转动	指定点、线、面只限制其转动自由度
弹性约束	指定点、线、面根据弹性行为进行移动或变形,点、线、面发生移动所需的力由所定义的刚度决定

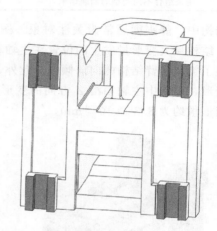

图 5-10　原型机床主轴箱约束条件设置示意图

在静态特性分析中,还需要设置结构的载荷,主要载荷条件如表 5-6 所示。

表 5-6　主要载荷条件

载荷类型	载荷定义
加速度	用来建立结构的线性加速度
标准重力加速度	用来模拟结构的重力效应
旋转速度	用来施加结构的旋转速度
压力	用来施加作用在面上的压力载荷
力	用来施加作用在点、线、面上的力
远端力	用来在空间中直接定义力的坐标点
轴承载荷	用来在圆柱内部径向上施加载荷
螺栓预紧力	用来在圆柱形界面上施加预紧力来模拟螺栓连接
力矩	用来施加作用在点、线、面上的力矩

本例中主要载荷为整体结构添加重力加速度,对主轴前端添加加工时的切削力,目的在于对主轴箱进行切削力作用下的静力分析。

（5）后处理静力分析

通过软件求解模块将添加好边界条件的模型进行求解,在静力学分析中可以通过设置后处理来进行应力、变形、接触分析等,主要后处理结果类型如表 5-7 所示。

表 5-7　主要后处理结果类型

后处理类型	后处理说明
变形	包括总变形、速度、加速度,以及方向变形、速度、加速度等
应力应变	包括等效应力应变、主应力应变、最大剪应力应变、应力应变强度、主应力应变矢量、热应变、等效塑性应变、等效蠕变应变、等效总应变、薄膜应力、弯曲应力等
能量	包括稳定能和应变能
应力工具	包括安全因子、裕度、安全比等
疲劳工具	用来计算各种情况下的零件疲劳寿命
接触工具	用来检查装配体的接触情况
梁工具	用来查看梁模型上的线性化应力
断裂工具	用来组合不同类型的断裂结果

在机械结构中,静刚度通常为关注对象。图 5-11 为后处理器中主轴箱的总变形云图,可以观察到,结构最大变形量发生的位置在主轴箱前端,这是因为在切削力和主物箱的自身重力下,产生了类似悬臂结构的向前倾斜。此外,软件输出的结果还可以单独查看结构沿某一个方向的变形,本例中主轴箱沿 Z 方向的变形为变形敏感方向,如图 5-12 所示,其沿 Z 方向的最大变形量约为 8.35×10^{-4} mm。

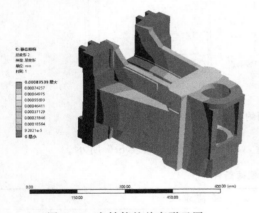

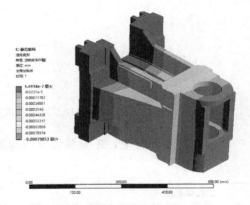

图 5-11　主轴箱的总变形云图　　　　　图 5-12　主轴箱的 Z 向变形云图

5.4 ⊙ 机械结构动力学分析

5.4.1　基本概念

随着运动速度的提高,对机械或结构动态特性的要求越来越高。所谓动态特性(dynanic property),主要指机械结构的固有频率(natural frequencies)及其相应的振型(mode shape),以及在随着时间而变化的外加激振力(dynamic lodes)的激励下,机械结构被激起的位移、应力,或称被激起的动力响应(dynanic response)。与动态特性的提法相对应,机械结构在不随时间变化的外载荷作用下所产生的变形(位移)和应力被称为静态特性(static property)。研究结构静态特性和动态特性计算分析的学科被称为静力学和动力学。结构动力学是研究在动载荷作用下载荷、结构和响应之间的关系的学科。其主要研究内容包括以下几方面。

① 反应分析（结构动力计算）。已知系统的动态特性和动载荷作用部位及大小，求出系统的响应，即随时间变化的位移、速度、加速度和应力等。

② 参数（或称系统）识别。已知系统的输入、输出特性，进行系统固有的动态特性分析和结构模态分析。

③ 载荷识别。在已知系统动态特性的条件下，通过测量系统的响应或由响应准则预先给出响应要求来识别产生响应的外载荷。

动力学所研究的载荷随时间 t 的变化而变化，相应产生的位移、应变和应力也都与时间 t 有关。在单元分析中，要建立单元刚度矩阵、质量矩阵和阻尼矩阵，然后按照机械振动的理论建立动力学方程，从而分析其固有特性，找到固有频率和振型，并进行响应分析，以获得位移响应、速度响应、加速度响应、动应变和动应力。

在多数情况下，结构的动力学分析是与静力学分析同时提出和进行的。因此，离散化过程以及离散时所采用的单元类型，甚至结构总刚度矩阵的组集过程都不再单独考虑。本节重点讲述动力学方程式和导出单元质量阵、阻尼阵的公式以及动力学问题的求解方法。

目前，对于复杂结构的动力学计算问题，有限元法是最有效的工具。与静力学有限元法一样，动力学问题的有限元法也要把分析的对象离散为有限个单元的组合体，即离散为以有限个节点位移为广义坐标的多自由度系统。先进行每个单元的特性分析，包括进行单元刚度矩阵（简称单元刚阵）、单元质量矩阵（element mass matrix，简称单元质阵）、单元阻尼矩阵（element damping matrix，简称单元阻尼阵）的计算，再把各个单元的特性矩阵组集起来，组成结构的总刚度矩阵、总质量矩阵、总阻尼矩阵，从而形成结构的动力学方程式（dynamic equilibrium equations），之后再进行求解。

5.4.2 结构在载荷作用下的动特性计算

结构在进行有限元网格划分后，运动状态中各节点的动力平衡方程为

$$\boldsymbol{F}_i + \boldsymbol{F}_d + \boldsymbol{F}_s = \boldsymbol{P}(t) \tag{5-5}$$

式中 $\boldsymbol{F}_i$ ——惯性力向量；

$\boldsymbol{F}_d$ ——阻尼力向量；

$\boldsymbol{F}_s$ ——弹性力向量；

$\boldsymbol{P}(t)$ ——动力载荷向量。

弹性力向量可用节点位移 δ 和刚度矩阵 $\boldsymbol{K}$ 表示，即

$$\boldsymbol{F}_s = \boldsymbol{K}\delta$$

惯性力向量可用节点位移和质量矩阵 $\boldsymbol{M}$ 表示，即

$$\boldsymbol{F}_i = \boldsymbol{M}\frac{\partial^2 \delta}{\partial t^2} \tag{5-6}$$

式中 $\dfrac{\partial^2 \delta}{\partial t^2}$ ——节点加速度。

如果结构是黏滞阻尼，阻尼力向量可用阻尼矩阵 $\boldsymbol{C}$ 和节点速度 $\dfrac{\partial \delta}{\partial t}$ 表示，即

$$\boldsymbol{F}_d = \boldsymbol{C}\frac{\partial \delta}{\partial t}$$

故有

$$M \frac{\partial^2 \delta}{\partial t^2} + C \frac{\partial \delta}{\partial t} + K\delta = P(t)$$

即

$$M\ddot{\delta} + C\dot{\delta} + K\delta = P(t)$$

这就是运动方程。

若无外力作用，即 $P(t)=0$，则得到结构的自由振动方程。当求结构自由振动的频率及振型时，即求结构的固有频率及固有振型时，阻尼对它们的影响不大，因此，此项可以略去，这时无阻尼自由振动的运动方程为

$$M\ddot{\delta} + K\delta = 0$$

设结构做简谐运动

$$\delta = \delta_0 \cos\omega t$$

可得

$$K\delta_0 - \omega^2 M\delta_0 = 0 \qquad (5\text{-}7)$$

由于在自由振动中，各节点的振幅 δ_0 不全为零，所以上式系数行列式必须等于零，由此得到结构的自振频率方程

$$|K - \omega^2 M| = 0$$

这是一个典型的特征值问题，如果 K 和 M 矩阵为 n 阶，则在一般情况下，将有 n 个不同的角频率 ω。对于每一个自振频率，对应有一组节点的振幅值 δ_0，δ_0 的幅值大小是可以任意设定的，但各节点的振幅值必须互相保持一定的比值关系，它们所构成的向量称为特征向量，在工程上通常称为结构的振型。

结构的质量矩阵 M 是由单元质量矩阵组合而成的，其方法与形成总刚度矩阵 K 一样，关键是先形成单元质量矩阵。单元质量矩阵分为两种：一种是按分布质量计算的一致质量矩阵；另一种是集中质量矩阵。集中质量矩阵的求法较为简单，假定单元体的质量平均集中在它的节点上，这样得到的矩阵是对角阵。一致质量矩阵的形成较为复杂，可参见机械动力学相关书籍。

整体阻尼矩阵 C 可采用整体质量矩阵和整体刚度矩阵的线性组合来表示，即

$$C = \alpha M + \beta K \qquad (5\text{-}8)$$

式中的 α 及 β 可用下式确定

$$\alpha = \frac{2(\lambda_i \omega_j - \lambda_j \omega_i)}{(\omega_j + \omega_i)(\omega_j - \omega_i)} \omega_i \omega_j \qquad (5\text{-}9)$$

$$\beta = \frac{2(\lambda_j \omega_j - \lambda_i \omega_i)}{(\omega_j + \omega_i)(\omega_j - \omega_i)} \qquad (5\text{-}10)$$

式中　ω_i，ω_j——第 i 和第 j 个固有频率；

λ_i，λ_j——第 i 和第 j 个振型的阻尼比，即实际阻尼与该振型的临界阻尼的比值，阻尼比的数值与结构类型、材料性质和振型有关。

特征值的解法很多，有不少标准程序可供选用。其中，幂法（或称矩阵迭代法）用来求解基频或最高频率是很有效的，并且能得到相应的特征向量。用滤频法计算最低几阶特征对，其基本方法是利用振型正交条件，消除低阶振型成分，再用迭代方法求解，向高一阶振

型收敛。子空间迭代法用于自由度较多的大型复杂结构系统的特征对问题。

求出结构无阻尼自由振动的频率和振型后，振型组合法适用于阻尼矩阵 C 可以对角化和结构承受不太复杂的激振力的情况求解运动方程。振型组合法的缺点是必须求解特征值问题且只适用于线性问题，当自由度数目较多，或求解非线性问题，或求解对象为复杂的激振力系统时，一般采用数值积分法求解。详细求解过程可参见机械动力学相关书籍。

5.4.3 机床主轴箱模态分析

本小节采用有限元动态特性分析工具对主轴箱进行模态分析。模态分析实质是利用坐标变换，将线性定常系统从时域或频域系统转换为模态领域，用模态坐标替代振动微分系统所形成的物理坐标。其目的是实现方程组解耦，成为一组以模态坐标及模态参数描述的独立方程，以便求出系统的模态参数，为系统结构的振动特性分析以及结构动力特性的优化设计提供依据。

（1）边界条件设置

模态分析包括无约束模态的分析和约束模态的分析。顾名思义，无约束模态分析即为不添加任何约束条件下对结构进行模态分析。反之，约束模态分析即为添加约束条件下对结构进行的模态分析。本例进行约束模态分析，对结构添加与静力分析相同的（图5-10）固定约束条件。

（2）后处理模态分析

本例提取主轴箱结构的前六阶模态，通过分析计算获得前六阶固有频率及各阶振型，通过各阶固有频率相对应的模态振型云图更加直观地了解了主轴箱前六阶模态振型的情况，如图5-13所示。根据模态分析结果，建议该结构的工作频率应避开以上所计算的共振频率，以免引起结构失稳，影响加工精度。

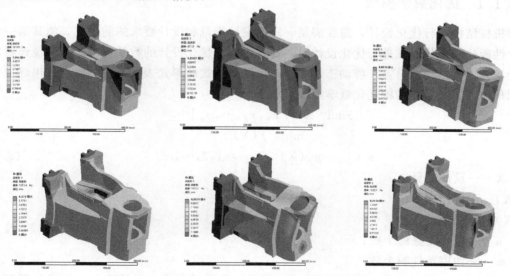

图5-13 前六阶固有频率相对应的模态振型云图

思 考 题

1. 结构的动态特性指什么？研究动态特性在设计中有何重要意义？
2. 在结构有限元分析中应如何选择有限单元的类型？

第6章 ▶▶
机械结构优化设计

从设计的角度来说，机械结构应该在满足其力学性能的前提下，使结构的材料用量最少；或者在一定的材料用量的前提下，使结构的力学性能最好，满足这样要求的结构称为最优结构。最优结构的设计可采用结构优化设计方法（structural design optimization method），该方法融合结构分析、计算力学、数学规划、计算机科学和数值计算技术等学科，借助计算机自动完成设计。机械结构优化设计一般建立在有限元分析和机械零件结构设计要求的基础上来完成，第4章介绍了典型机械零件结构设计的要求，第5章介绍了基于有限元分析技术的机械结构静态和动态性能分析。本章在前述两章的基础上介绍机械结构优化设计的基本概念和设计流程，最后简单介绍针对复杂机电系统的多学科综合优化设计的概念。

6.1 ◯ 机械结构优化的设计准则

6.1.1 优化数学模型

对机械结构进行优化设计，需在满足一定的设计规范和设计要求的前提下，使其某一个或多个性能达到最优。在进行优化设计时，需首先建立优化设计的数学模型，即将设计要求和设计目标，如结构的自重、静动态性能等，用数学公式的形式表达出来，然后采用寻优方法找到最优解。通用的结构优化数学模型可表示为

$$\text{Find} \quad \boldsymbol{X} = [x_1, x_2, \cdots, x_n]^{\mathrm{T}}$$
$$\min \quad f(X)$$
$$\text{s. t.} \quad g_j(X) \leqslant 0 \quad j = 1, 2, \cdots, m \tag{6-1}$$

式中　$\boldsymbol{X}$——设计变量；

$f(X)$——目标函数；

$g_j(X)$——约束条件；

n——设计变量的个数；

m——约束条件的个数。

其含义是找到一组参数（设计变量），在满足一系列对参数（设计变量）选择的限制条件（约束条件）下，使设计指标（目标函数）达到最小值。

从式（6-1）可看出，一个结构优化设计问题包含三个基本要素，即设计变量、目标函数和约束条件。

设计变量是优化过程中有待确定的变量，这些变量与结构的性能密切相关，而且只有线性独立的设计参数才是设计变量。设计变量是结构优化设计数学模型中的一个重要组成部

分，结构优化设计就是要得到最终符合所有条件的最优设计变量参数。设计变量按照其性质分为：①材料性能设计变量，如弹性模量 E、泊松比 μ；②构件尺寸设计变量，如杆件的横截面积 A、壳的厚度 t；③结构形状设计变量，如结构的构型控制节点位置；④结构拓扑设计变量。

一个结构设计的"优劣"，总是以某一个或多个指标来衡量，这些指标就是结构优化设计问题的目标函数，它是设计变量的函数。目标函数随设计问题的不同而不同，如飞行器、汽车等运载工具的结构设计中，经常以结构重量为目标函数，因为结构自重过大，不仅燃料消耗大，运行费用高，而且会使产品达不到要求的速度、里程等，直接影响产品的使用性能；而在机械工业中，结构的变形、应力或动力学性能经常作为目标函数，如机床床身，可采用静刚度或动刚度为设计目标，其原因是床身的动静态性能直接影响机床的加工精度和加工效率。还有大量的实际问题，需要实现多个设计目标优化，如汽车结构设计不仅要求成本和能耗低，还要保证良好的耐撞性，这就是多目标优化问题。

约束条件反映了在优化设计过程中应该满足的设计规范及要求。机械结构设计的约束条件一般以设计变量为自变量，包括几何约束、应力约束、位移约束、频率约束等。几何约束是对结构的几何尺寸加以限制，而应力约束则是指结构的强度不能超出允许的应力范围，位移约束是指结构的某些部位不能有过大的位移或变形，频率约束是为了避免产生共振而必须对结构的自振频率施加的约束。

6.1.2　机械结构的轻量化设计

现代制造业的发展使得高速化、精密化和绿色化成为机械发展的主要趋势，与此"三化"相关的机械结构在满足力学性能的条件下，其自重应越小越好。通常机械结构可以分为两大类：一类是固定不动的结构，如机械的机架（机床的床身、立柱）等；另一类是运动的结构，如汽车的车身、机床的工作台等。对于固定不动的结构，如机械的机架，其功能是安装机械的其他零部件，并承受来自执行机构工作载荷的力，因此需保证结构的静动态性能，同时由于重力为 mg，减小质量 m，可减少材料用量，进一步可节省搬运安装等费用。对于运动部件，在保证结构所需的力学性能的前提下，减轻结构的自重对整机的性能有很大的影响，这些影响包括：①减小由于加减速产生的惯性力 ma，进一步可降低无用的加减速能量，并可减小驱动功率；②减小运动件在轴承和导轨上产生摩擦的正压力，从而减小摩擦能量损耗；③提高运动轴的加速能力，增加工作节奏，提高工作精度，减小功率消耗；④在刚度 k 不变的情况下，增加结构的刚度质量比 k/m，可提高结构的固有频率。因此无论是运动部件还是固定不动的结构，轻量化设计都很重要，显然轻量化设计是结构优化设计的一个方面。本节以轻量化设计为例，说明如何建立机械结构优化设计的数学模型。

结构轻量化设计的本质是使结构的刚度质量比 k/m 最大，一般有三种设计原则：①结构刚度不变的条件下，质量最小；②结构质量不变的条件下，静刚度最大，以达到减小静态变形的目的；③结构质量不变的条件下，低阶固有频率最大（通常为第一阶固有频率或前若干阶固有频率加权之和），以达到提高结构动态性能的目的。三种设计原则的设计目标、约束和设计效果见表 6-1。

在机械结构轻量化设计中，用哪个设计原则，需根据具体的设计问题来定。具体来说，若以结构质量为目标函数，则经常以结构的静动态性能作为约束条件［式（6-2）］；若以结构的静动态性能为目标函数，则经常以结构的质量为约束条件［式（6-3）］。实际应用中，还可以考虑多个设计目标，实现多目标优化。另外，结构优化设计还需要对结构的几何尺寸加以限制，以满足设计规范。

表 6-1　机械结构轻量化的设计原则

设计目标	约束	设计效果
质量最小化	结构刚度一定	结构轻量化
静刚度最大化	结构质量一定	静态变形减小
低阶固有频率最大化	结构质量一定	提高动态性能

$$\text{find} \quad \boldsymbol{X}=[x_1,x_2,\cdots,x_n]^T$$
$$\min \quad W$$
$$\text{s.t.} \quad \sigma_{\max}\leqslant[\sigma]$$
$$\delta_{\max}\leqslant[\delta]$$
$$f_1\geqslant[f_1]$$
$$x_i^{\min}\leqslant x_i\leqslant x_i^{\max} \qquad i=1,2,\cdots,n \tag{6-2}$$

式中　W——结构自重；

$\sigma_{\max}$，$\delta_{\max}$——结构最大应力和最大变形；

$[\sigma]$，$[\delta]$——结构的许用应力和许用变形；

f_1，$[f_1]$——结构的一阶自振频率和希望的自振频率；

$x_i^{\min}$，$x_i^{\max}$——设计变量 x_i 的最小值和最大值。

约束条件的第一、二式是结构静态强度和刚度的约束，第三式是结构的动态性能约束，最后是设计变量的几何约束。

$$\text{find} \quad \boldsymbol{X}=[x_1,x_2,\cdots,x_n]^T$$
$$\min \quad U \quad \text{or} \quad (1/f_1)$$
$$\text{s.t.} \quad W\leqslant[W]$$
$$x_i^{\min}\leqslant x_i\leqslant x_i^{\max} \qquad i=1,2,\cdots,n \tag{6-3}$$

式中　U——结构的应变能，应变能越小，结构的刚度越大；

$[W]$——期望的结构自重。

这个数学模型的含义是，寻求一组设计变量 $\boldsymbol{X}$，在满足一定材料用量的条件下，使结构的静刚度最大或者一阶自振频率最大。

6.2 ⊙ 机械结构优化设计的流程

6.2.1　一般设计流程

这里的设计流程仅针对要设计的机械结构来说，也就是设计对象为某一构件，它在整个机械中的位置关系已经确定。以机床的床身设计为例，设计的前提是，已知该床身用在哪台机床上，其外形及尺寸已经根据机床的用途而确定，与之相关的零部件和它们的相互位置关系也已经确定,整台机床的加工对象及加工精度也已知。在这种情况下,怎样的床身结构才是最优的结构呢?决定其结构的要素包括:①在保证外形尺寸的前提下,用哪种结构形式,如用实体结构还是内置加强筋的箱型结构。②采用何种材料和加工方式来制造床身,如用铸铁铸造还是钢板焊接,是新型的大理石或是树脂混凝土。③结构的具体尺寸是多少,如焊接床身的钢板厚度等。为了更清楚地说明设计的流程,以图 6-1 所示的数控外圆磨床的床身为例来进行具体的说明。该外圆磨床可完成多挡外圆磨削的自动循环磨削,主要适用于汽车等行业大批量轴类工件的加工。其最大回转直径为 320mm,顶尖距 1000mm,最大工件质量 400kg,砂轮直径 750mm,砂轮线速度 45m/s,工作台移动速度 1~8000mm/min,头架转速 30~150r/min。

 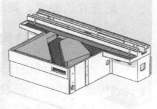 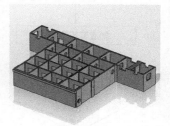

(a) 数控外圆磨床外形   (b) 床身外形   (c) 床身内部筋板布局

图 6-1 数控外圆磨床及床身

结构设计要确定结构的几何构型、形状和构件的几何尺寸。机械结构优化设计流程如图 6-2 所示。

步骤①:根据机器的使用要求,如机床的实际切削性能要求,确定待设计结构的设计要求,这些设计要求主要包括满足结构在整台机器中要实现的功能所需的力学性能、装配要求等,其中有些要求是具体的,有些要求是相对模糊的,这些要求可分别体现在后续的步骤②~④的优化数学模型中。

步骤②:确定结构的几何构型。首先需根据待设计结构的功能确定结构几何构型的类型,如机床的床身和立柱结构,通常选用箱型结构,这种结构内置加强筋,可保证结构的强度和刚度,并使结构自重小;其次考虑待设计结构与其他相邻结构的安装关系,确定合理的设计域,并根据实际的设计要求,确定优化设计的数学模型 [式 (6-1)],在机床床身结构设计中,通常用式 (6-3) 所示的优化数学模型,以设计出轻质高刚度的结构,也可根据具体的设计要求和用途自行建立;然后在设计域中,采用结构拓扑优化设计技术进行寻优,最终得到合理的几何构型。结构的几何构型设计对结构的静动态性能和结构的质量影响很大,是得到合理的机械结构的关键。

步骤③:在得到结构的几何构型后,还需要进一步进行具体设计,如对结构的外形或局部进行形状优化设计,特别是对于可能产生应力集中的孔、不同厚度板材的过渡等特征部位进行形状优化,以得到受力合理的结构。在形状优化的过程,需要选择能表征待设计形状的特征参数为设计变量,根据设计需要,建立优化数学模型,并进行迭代寻优。

步骤④:在确定了结构的构型和形状后,进一步进行结构几何尺寸的设计。在进行结构几何尺寸优化时,首先需选择合理的设计变量,设计变量需选择对结构的静动态性能和质量有较大影响的结构尺寸,一般需要进行设计变量的灵敏度分析;其次需根据具体的设计要求建立尺寸优化的数学模型,并进行寻优迭代,最终得到最优的结构尺寸参数。尺寸优化需考虑结构设计的详细要求，一般需考虑结构的静变形、固有频率，需要时也可增加强度约束和稳定性约束等。

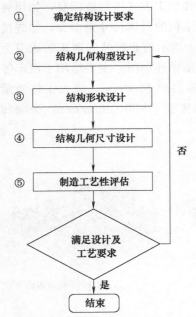

图 6-2　机械结构优化设计流程

步骤⑤：在完成前述三个阶段的优化设计后，需要进行制造工艺性评估，如对于铸件来说，结构的构型、形状和尺寸是否满足铸造的工艺性要求等，必要时可根据工艺要求修改结构，部分工艺要求也可纳入几何构型、形状和尺寸优化设计数学模型的约束条件中，使得优化结果直接满足制造工艺的要求。最后检查是否满足所有的设计要求，优化后结构的静动态性能可根据设计结果重新建立有限元模型进行仿真分析，评估设计要求是否达成，如果满足所有的要求，则结束设计过程，反之则返回步骤②。

6.2.2　结构优化设计技术分类和特点

由上述的设计流程可知，一般结构优化设计包括拓扑（构型）优化、形状优化和尺寸优化三个层次，分别对应于三个不同的产品设计阶段，即详细设计、基本设计及概念设计三个阶段，结构优化设计的三个层次及对应的产品设计阶段如图 6-3 所示。根据问题的复杂程度，通常认为拓扑优化设计比形状优化设计和尺寸优化设计更具挑战性，同时对结构的性能影响最大，通过结构拓扑优化设计可得到完全不同于现有设计的结构，并具有很好的力学性能。

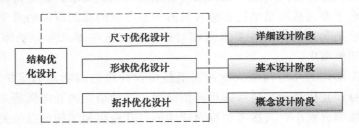

图 6-3　结构优化的三个层次及对应的产品设计阶段

拓扑优化是指通过寻求结构的最优拓扑布局，如连续体结构内有无孔洞、孔洞的数量和位置，桁架结构内杆件的有无以及相互连接方式等，使得结构能够在满足有关平衡、应力、位移等约束条件的情形下，将外载荷有效地传递到支座，同时使得结构的某种性能指标达到最优。其基本的理念可理解为：将低效的构件或材料从设计区域内删除，使结构以最佳的布局方式传递外力。拓扑优化处于结构的概念设计阶段，其优化结果是一切后续设计的基础，当结构的初始拓扑形态不是最优时，尺寸和形状优化结果也不可能是最优结构，因此在初始概念设计阶段需要确定结构的最佳拓扑形式。拓扑优化的特点是设计自由度大、问题复杂，设计者考虑设计要求和规范相对模糊，相比诸如结构变形、应力等具体数值，更关注结构构型的布局。在新结构（或产品）开发过程中，若无设计资料可借鉴，则拓扑优化将起到非常重要的作用，因此拓扑优化设计对理论界有很强的挑战性，对工程界也有很大的吸引力。目前常用的方法有变密度法、渐进结构进化法和水平集法等。图 6-4 是一个连续体结构拓扑优化设计例，图 6-4（a）是初始设计模型，四角简支的壳体承受中心集中载荷作用；图 6-4（b）是设计结果，其中黑色表示有材料，白色表示没有材料，可见拓扑优化的结果给出了最佳的材料分布形态，使结构承受的载荷从作用点有效地传递到支撑点。

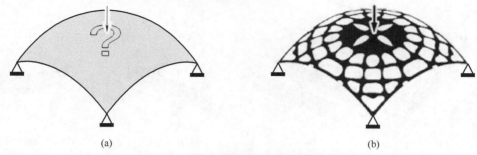

图 6-4　连续体结构拓扑优化设计例

　　形状优化设计是通过更新设计域的形状和边界，寻求结构最理想的边界和几何形状，同时获得最优的性能指标。图 6-5 为桁架结构形状优化设计的例子，图 6-5（a）是初始设计，图 6-5（b）是最优形状。由图 6-5 可知，形状优化不改变结构原来的构型设计，即不增加新的孔洞或节点，但改变了结构的形状。

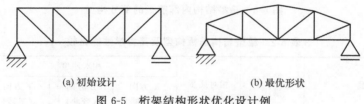

(a) 初始设计　　　　　　(b) 最优形状

图 6-5　桁架结构形状优化设计例

　　尺寸优化以结构的尺寸参数作为设计变量，如桁架的杆件横截面尺寸、板的厚度和复合材料的分层厚度或铺层角度等，在满足结构的力学控制方程、边界条件以及诸多性态约束条件的前提下，寻求一组最优的结构尺寸参数，使得关于结构性能的某种指标函数达到最优。与拓扑优化相比，尺寸优化过程中不需要有限元网格重新划分，而且设计变量与刚度矩阵一般是线性或简单的非线性关系，分析计算相对成熟。尺寸优化必须考虑结构设计的详细要求，如结构的强度、刚度、固有频率和稳定性，以及构件尺寸规格等具体的设计要求。基于最优几何构型的尺寸优化设计可得到最优结构。

6.3 ⊙ 结构构型优化设计

　　结构构型可理解为结构中材料的分布，图 6-6 是箱型结构内部筋板的一些构型，表 6-2 列出了这些构型的结构质量、刚度和一阶固有频率相对于同样大小内部无筋板结构的相对值，很明显，不同的结构构型具有不同的力学性能。由此也可发现，满足一定要求的结构拓扑形式存在多种，且这些拓扑形式定量描述或参数化比较困难，这也是结构构型优化设计的难点。在结构优化设计领域，结构的几何构型设计归为结构拓扑优化设计。本节介绍两种典型的结构拓扑优化设计方法。

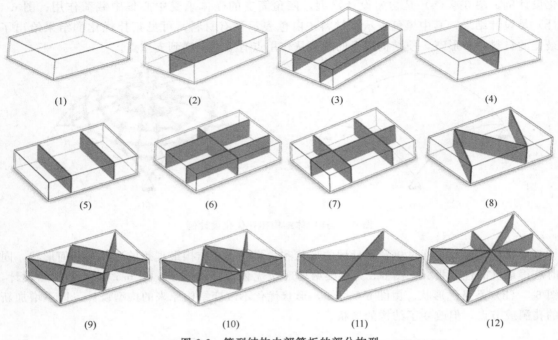

图 6-6　箱型结构内部筋板的部分构型

表 6-2　箱型结构筋板构型及其力学性能比较

序号	筋型	筋型描述	相对质量	相对刚度			相对一阶固有频率
				X 方向（弯曲）	Z 方向（弯曲）	Y 方向（扭转）	
(1)		无筋型	1.00	1.00	1.00	1.00	1.00
(2)		垂直纵向筋	1.10	1.02	1.35	1.03	2.67
(3)			1.20	1.04	1.64	1.07	3.21
(4)		垂直横向筋	1.07	1.65	1.01	1.23	1.79
(5)			1.13	1.68	1.02	1.40	2.10
(6)		垂直纵横筋	1.26	1.71	1.65	1.75	3.93
(7)		横筋	1.23	1.69	1.39	1.41	3.70

续表

序号	筋型	筋型描述	相对质量	相对刚度			相对一阶固有频率
				X方向（弯曲）	Z方向（弯曲）	Y方向（扭转）	
（8）			1.22	1.38	1.41	1.11	2.88
（9）			1.33	1.92	1.21	1.45	4.00
（10）		垂直折线交叉筋	1.39	2.39	1.67	1.87	4.77
（11）			1.24	1.94	1.84	1.20	3.92
（12）			1.40	2.28	2.12	1.77	5.26

6.3.1 基于变密度法的结构构型设计

由于结构构型特征不易表述，变密度法人为引进一种假想的密度可变的材料，以每个单元的相对密度为设计变量，将结构拓扑优化问题转化为材料最优分布设计问题，应用优化准则法或数学规划方法求解材料最优分布设计。变密度法程序实现简单，计算效率高，应用相对简单，但是由于材料的伪密度和刚度的关系是人为假定的，其对结果具有一定的影响。变密度法的基本理论在此不再赘述，请查阅相关的参考文献。

为了说明如何运用变密度法进行结构拓扑优化设计，以图 6-7（a）所示的四角简支、受集中载荷的箱型结构为例，说明基于 HyperWorks 的 OptiStruct 软件的箱型结构内部加强筋分布设计的具体步骤（表 6-3），图 6-7 给出了设计过程和设计结果。

表 6-3 基于 HyperWorks 的 OptiStruct 软件的箱型结构内部加强筋分布设计的具体步骤

序号	步骤	设计内容
①	建立设计对象的初始几何模型	根据实际情况建立设计对象的初始几何模型，简单的模型可通过 HyperMesh 自带的几何工具进行建模，对于较复杂的模型，可通过其他三维建模软件（SolidWorks、UG、CATIA 等）建模导入 HyperMesh
②	根据设计对象的实际情况划分设计域和非设计域，并划分网格，施加载荷边界条件	对于箱型结构的加筋布局设计，箱体外壁为非设计域，箱体内部为设计域，为此首先将几何模型切割为外壁和内部两个区域，并设置设计域和非设计域两个组件，将外壁区域网格划到非设计域组件，将箱体内部区域网格划到设计域组件中
③	根据设计要求和设计规范建立优化数学模型，定义拓扑优化设计变量、约束和目标函数，并根据需要施加制造约束	利用优化定义面板完成设计变量、约束条件和目标函数，以及优化参数的定义

序号	步骤	设计内容
④	提交至 OptiStruct 进行结构分析和优化	
⑤	后处理,查看优化结果	利用 HyperMesh 的后处理功能或 HyperView 对优化结果进行后处理,可查看优化迭代历程和优化结果,进行进一步分析

步骤①:建立设计对象的初始几何模型,如图 6-7(a)所示。

步骤②:根据设计对象的实际情况划分设计域和非设计域,并划分网格,施加载荷边界条件,如图 6-7(b)所示。

步骤③:根据设计要求和设计规范建立优化数学模型[式(6-3)],即在质量一定的条件下,使结构的静刚度最大。采用变密度法进行设计,故选择相对密度为设计变量。同时,由于箱型结构多为铸造,可根据需要设置拔模方向的制造约束,使内部不存在和拔模方向垂直的筋板,本例中设置拔模方向为上下方向。

步骤④:提交至 OptiStruct 进行结构分析和优化,寻优过程中结构拓扑形态的变化如图 6-7(c)所示。

步骤⑤:后处理,查看优化结果,此时应通过分析迭代历程、最终设计结果,判断设计是否合理。本例设计结果如图 6-7(d)所示,得到的加强筋为交叉筋,形成了载荷从作用点到支撑点的最短载荷传递路线,实现了一定体积下结构刚度最大的设计目标。

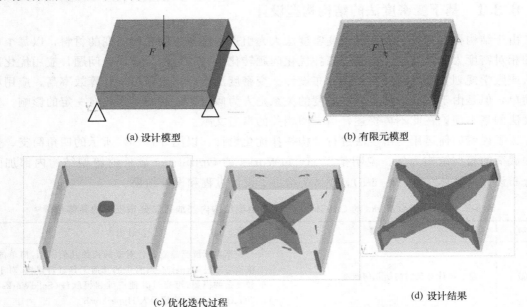

(a) 设计模型   (b) 有限元模型

(c) 优化迭代过程   (d) 设计结果

图 6-7　基于 OptiStruct 软件结构加强筋设计过程和设计结果

6.3.2　基于仿生原理的结构加强筋分布设计

优胜劣汰的自然进化规律造就了具有最优力学性能的生物体结构和形态。除遗传因素以外,很多动植物的内部结构均是根据力的作用形成的,(例如树的根系形状取决于树干和树枝上风的作用力方向和大小,鸟类的骨骼构型取决于能抵抗的自重和外力)且遵循尽可能轻量化的进化规律,因此最优机械结构构型可通过向自然界生物形态和结构学习得到。下面以自适应成长法为例,介绍基于仿生原理的结构加强筋分布设计方法和步骤。

自适应成长法通过研究自然界中的各种分枝系统(如植物根系等)的形态形成机理,使结构上的加强筋与自然分枝系统的生长一样,沿着使结构在一定的载荷边界条件的作用下的某种性能,如结构应变能最小,即静刚度最大的方向生长,最终得到合理的结构筋型。采用自适应成长法对结构的加强筋进行设计的主要过程如下。

① 初始化。建立设计对象的有限元模型,并根据设计对象的载荷边界条件选择加强筋的初始成长点(选种)。

② 成长和退化。对设计模型进行有限元分析,并计算设计灵敏度,加强筋根据其对结构力学性能的贡献程度进行成长和退化,即贡献大的加强筋成长,贡献小的加强筋退化。

③ 分歧。如果某一加强筋成长到分歧临界值,则该加强筋两个端点被认为具有分歧能力,和新的分歧点相接的所有加强筋均具有成长能力,可在下一成长步中成长或退化。而当某一加强筋退化到一定值时,该加强筋被认为已经退化,与其两个端点相连的加强筋也不再具有成长能力。

成长过程和分歧过程反复进行,直至满足寻优迭代停止条件。表 6-4 说明了采用自适应成长法设计结构加强筋的具体步骤。

表 6-4 采用自适应成长法设计结构加强筋的具体步骤

序号	步骤	设计内容
1	基结构构建和"选种"	根据实际设计对象,确定设计空间。将设计区域进行有限元离散,形成加强筋设计用的基结构。对于箱型结构,通常实体部分采用六面体实体单元,加强筋板用四节点或八节点的壳单元 "选种"是指选定基结构上的某些点(线)作为加强筋开始成长点(线),由于加强筋的基本作用是将载荷传递到结构的支撑位置,因此"种子"通常选在载荷和支撑位置。根据载荷边界条件确定筋板生长的起始点"种子"
2	有限元分析,求解灵敏度	在基结构上施加载荷边界条件,进行有限元分析;将与"种子"相连的加强筋作为成长加强筋,求解成长加强筋的设计灵敏度
3	根据成长加强筋的设计灵敏度,按照式(6-4)进行成长	$$T_i^{k+1} = \begin{cases} T_{\min} & T_i^k \leqslant T_{\min} \\ \alpha\left(\dfrac{G_i}{\chi A_i}\right) + (1-\alpha)T_i^k & T_{\min} \leqslant T_i^k \leqslant T_{\max} \\ T_{\max} & T_i^k \geqslant T_{\max} \end{cases} \quad (6\text{-}4)$$ $$G_i = -T_i \frac{\partial F}{\partial T_i} = -T_i S_i$$ 式中 F——设计目标; T_i——设计变量,即第 i 个筋板的厚度; $T_{\min}$,$T_{\max}$—— T_i 的下限和上限; k——迭代步数; α——步长因子; χ——拉格朗日乘子; S_i——第 i 个加强筋对目标函数的灵敏度
4	分歧和退化	当某一加强筋成长到分歧临界值,则与该加强筋两个端点相连的所有加强筋作为成长加强筋;而当某一加强筋退化到一定值时,删除与其两个端点相连的加强筋的成长能力。返回步骤 2
5	当满足迭代停止条件时,完成设计	迭代停止条件通常为:①达到设计体积上限;②作为设计目标的某种力学性能不再发生变化

仍以图 6-7（a）所示的受集中载荷的四角简支箱型结构为例，其设计过程如图 6-8 所示。图 6-8（a）为设计的基结构和"种子"的选择，由图可知，本例中"种子"选在箱型结构的中心和箱体上表面的四个角上，即结构的载荷作用点和支撑点。筋板在生长过程中，既可成长，也可退化，实现筋板的自适应成长，成长过程如图 6-8（c）所示，最终得到如图 6-8（b）所示的最优筋型，和基于 OptiStruct 软件的设计结果图 6-7（d）相比，同样给出了载荷从作用点到支撑点的最短传递路线，但采用自适应成长法得到的筋型更为清晰，不需要采用后处理识别加强筋。

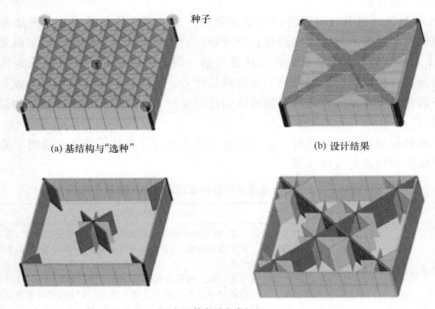

(a) 基结构与"选种"　　　　(b) 设计结果

(c) 加强筋自适应成长

图 6-8　自适应成长法设计箱型结构加强筋

6.4 ⟳ 结构形状优化设计

机械装备中许多重要结构或部件往往因为局部的应力集中而造成疲劳、断裂破坏，结构形状优化设计是解决这类问题的有效途径之一。结构形状优化设计一般在结构拓扑优化设计后应用，可解决机械装备结构设计中复杂的应力集中等问题，具有很大的实用价值。结构形状优化设计主要通过改变区域的几何形状来达到某种意义下的最优，并要求某些物理量在边界上满足某种需要，即如何确定连续体结构的边界形状或内部几何形状（如不同材料或厚度的分布区域），或确定杆系结构的节点位置，以改善结构的受力特性。在连续体结构形状优化设计中，主要是以降低应力集中，改善应力（及温度场等）分布情况，提高疲劳强度，延长结构寿命作为优化目标。

形状优化的设计空间维数比单一的截面优化或者尺寸优化高，因而可以获得更大的收益。另一方面，随着设计变量的增加，与约束相互耦合，问题的规模增大，使问题的收敛求解更加困难，成为阻碍形状优化发展的主要问题。

6.4.1　形状优化的数学模型

形状优化的数学模型一般形式仍是式（6-1），但其设计变量、目标函数和约束条件的选择有一定的特征。

结构形状优化问题一般通过改变边界的几何形状来得到满足结构性能要求的最优设计，形状设计变量确定了结构分析时的设计区域，因此设计变量选取的好坏直接影响优化结果。对于桁架结构的形状优化，一般选择节点坐标作为设计变量。对于连续体结构，形状优化的设计变量比较复杂，一般有以下方法：①采用有限元网格的边界节点坐标作为设计变量，这种方法设计变量数十分庞大，同时优化过程中设计边界上光滑连续性条件可能无法保证，致使边界产生锯齿形状，或者有限元网格随着轮廓边界的移动出现扭曲或粗大，严重时会出现网格的畸变和退化，使形状优化失败。②采用边界形状参数化描写的方法，即采用直线、圆弧、样条曲线、二次参数曲线和二次曲面、柱面来描述边界，结构形状由顶点位置、圆心位置、半径、曲线及曲面插值点位置或几何参数决定，各类曲线或曲面的不同形式构成了各种不同的边界描述方法。这种方法解决了采用有限元网格的边界节点坐标为设计变量的缺点。③采用设计元方法，该方法把结构分成若干子域，每个子域对应一个设计元。设计元由一组控制设计元几何形状的主节点来描述，选择一组设计变量来控制主节点的移动。这种方法可以有效地减少设计变量，但是设计元在优化过程中也有网格致畸的缺点。④用自然设计变量作为优化参数的形状优化方法，这种方法与前述三种以几何设计变量为优化参数的方法不同，它以加在结构控制点上的虚拟载荷为设计变量，认为虚拟载荷与相应产生的网格节点位移呈线性关系，并将该位移加到对应的节点坐标上构成新的有限元网格，然后由敏感度分析确定新的虚拟载荷，如此反复，直至虚拟载荷为零。该方法的优点是优化过程中网格致畸的可能性较之几何设计变量方法有所降低。

目标函数和约束条件可以有多种组合，但基于形状优化的特点，经常选择的优化目标包括：①最小化结构的最大应力；②最小化结构上某点应力与给定的参考应力的差值；③最大化结构的最低频率。约束条件可以是结构的体积约束，也可以是无约束。

6.4.2　形状优化的设计过程

为了说明如何进行结构的形状优化，以图 6-9（a）所示的导轨接头为例，说明基于 HyperWorks 的 OptiStruct 软件的结构形状优化设计的具体步骤（表 6-5），图 6-9 给出了设计过程和设计结果。导轨接头承受一个集中力，通过优化接头的形状以满足应力要求。形状优化需要使用两个卡片 DESVAR 和 DVGRID，可使用 HyperMorph 来定义，这些卡片与形状优化的目标函数和约束一起包含在 OptiStruct 的输入文件中。

步骤①：建立设计对象的初始几何模型，并划分为壳单元网格，施加载荷边界条件，如图 6-9（a）、（b）所示。

步骤②：根据设计对象的实际情况创建不同的 shapes，并创建形状优化设计变量，本例建立了 4 个 shape，如图 6-9（c）~（f）所示，定义形状修改和节点移动来反映形状更改。

步骤③：根据设计要求，满足强度条件下进行轻量化设计，建立优化数学模型[式（6-5）]，即在最大应力约束条件下，使结构的质量最小。

$$\text{find}: \boldsymbol{X}(x_i)$$

$$\min: \text{mass}$$

$$\text{s. t. } \sigma \leqslant [\sigma] = 200\text{MPa} \tag{6-5}$$

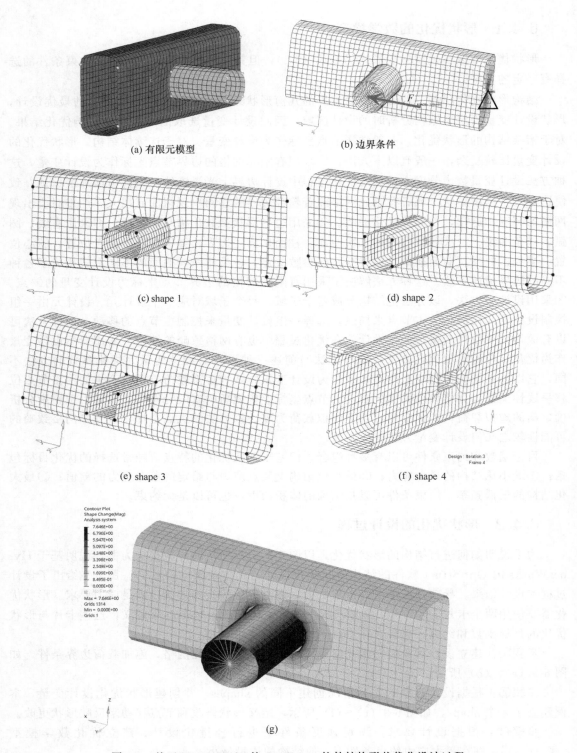

(a) 有限元模型   (b) 边界条件

(c) shape 1   (d) shape 2

(e) shape 3   (f) shape 4

(g)

图 6-9　基于 HyperWorks 的 OptiStruct 软件结构形状优化设计过程

步骤④：提交 OptiStruct 进行结构分析和优化。

步骤⑤：后处理，查看优化结果，此时应通过分析迭代历程、最终设计结果，判断设计

表 6-5　基于商用 HyperWorks/OptiStruct 软件结构形状优化设计的具体步骤

序号	步骤	设计内容
1	建立设计对象的初始几何模型,并划分为壳单位网格,施加载荷边界条件	根据实际情况建立设计对象的初始几何模型,简单的模型可通过 HyperMesh 自带几何工具进行建模,对于较复杂的模型,可通过其他三维建模软件(SolidWorks、UG、CATIA 等)建模导入 HyperMesh
2	根据设计对象的实际情况创建不同的 shapes,并创建形状优化设计变量	对于导轨接头的形状优化设计,方形的导轨接头为非设计域,圆形的接头为设计域。首先根据实际情况定义圆管的可变形状范围,即建立圆管不同的 shapes,再根据这些不同 shapes 的组合建立形状设计变量
3	根据设计要求和规范建立优化数学模型,根据数学模型建立形状优化设计响应,以此建立约束和目标函数	利用优化定义面板完成设计变量、约束条件和目标函数,以及优化参数的定义
4	提交至 OptiStruct 进行结构分析和优化	
5	后处理,查看优化结果	利用 HyperMesh 的后处理功能或 HyperView 对优化结果进行后处理,可查看优化迭代历程和优化结果,进行进一步分析

是否合理。本例设计结果如图 6-9（g）所示，管状结构的形状由初始圆形变为椭圆形，由材料力学可知，椭圆形截面长轴方向的抗弯能力要优于圆形截面，实现了满足强度条件下的结构形状设计目标。

6.5 ⊙ 结构尺寸优化设计

通常在结构几何构型设计阶段，由于问题复杂，设计要求相对模糊，相比诸如结构变形、应力等具体数值，更关注结构整体的构型布局；而形状优化则关注结构局部的形状特征和应力。在详细设计阶段的尺寸优化必须考虑结构设计的详细要求，如结构的强度、刚度、固有频率和稳定性，以及构件尺寸规格等具体的设计要求。虽然尺寸优化相对于结构拓扑优化和形状优化易于实施，但在实际应用中仍需要注意以下问题。

① 机械结构的尺寸优化可分别针对机械零部件和整机实施，在对部件和整机结构开展尺寸优化时，由于零件结合面的刚度和阻尼对部件和整机的动态性能有很大的影响，通常需要将有限元分析和模态试验相结合，通过结合面刚度和阻尼的辨识，确保有限元模型的精度。

② 在建立优化设计数学模型［式（6-1）］时，经常需要考虑多个性能参数，如静、动刚度等，因此常开展多目标设计，目前常采用多目标遗传算法进行求解，得到 Pareto 优化解集。

③ 由于机械零部件和整机的静、动态性能一般无法显式表达，为了提高求解效率和求解精度，需要通过试验设计方法选取合适的设计变量样本，代入有限元分析模型中进行仿真计算，然后基于响应面等方法建立代理模型，代理模型的精度需要保证。

④ 复杂的机械结构具有较多的几何尺寸，进行优化时，应合理地选择设计变量，即需选择与机械结构的静、动态性能和质量密切相关的几何尺寸作为设计变量，一般需要首先对相关几何尺寸进行设计灵敏度分析，以便筛选。

图 6-10 描述了机械部件或整机几何尺寸优化设计的流程。

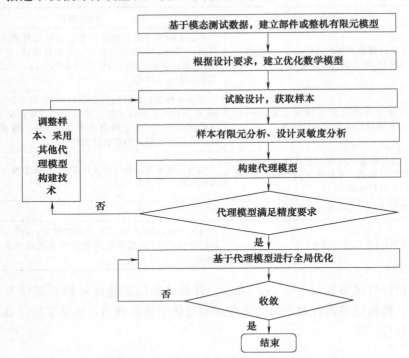

图 6-10　机械部件或整机几何尺寸优化设计的流程

6.6 ❯ 多学科综合优化设计的基本概念

复杂机电系统涉及机、电、液等多学科，寻求系统的全局最优必须考虑复杂的、相互作用或耦合的子系统，因此需要运用多学科综合优化设计（Multidisciplinary Design Optimization，MDO），这种设计方法借鉴并行协同设计学以及集成制造技术的思想而提出，它将单个学科（领域）的分析与优化同整个系统中互为耦合的其他学科的分析与优化结合起来，将并行工程的基本思想贯穿到整个设计阶段。其主要思想是在复杂系统设计的整个过程中，利用分布式计算机网络技术集成各个学科（子系统）的知识以及分析和求解工具，应用有效的优化设计策略，组织和管理整个优化设计过程，通过充分利用各个学科（子系统）之间的相互作用所产生的协同效应，获得系统的整体最优解，并通过并行设计来缩短设计周期，即充分利用复杂系统中相互作用的协同机制来设计复杂产品和子系统。

多学科综合优化不同于传统优化。多学科综合优化中包含从不同角度影响系统整体性能的多个学科，且每个学科都具有高度自主性。传统的单学科优化虽然也考虑其他学科的情况，但主要把其他学科的要求作为约束，其他学科的影响只在分析时作用，两者的区别见表 6-6。多学科综合优化的设计对象是涵盖多个学科领域的复杂系统，设计目标是复杂系统整体最优，以此出发设计各子系统及其协同机制，因此需要特别关注复杂系统的耦合效应，定量评估任一参数变化引起的系统总体、部分及全体子系统的变化。因此多学科综合优化具有两个显著的特征：①计算的复杂性。首先，多学科综合优化问题包含的分析变量数和各学科

表 6-6 多学科综合优化和传统优化的区别

双比项目	传统优化	多学科综合优化
设计目标	单目标或多目标	单目标或多目标(多目标常分布于不同的子系统之中)
设计约束	在某一学科的设计空间范围内	各学科的约束分布于不同的设计子空间之中
设计变量	一组设计变量	包含局域设计变量和耦合变量
对涉及多个学科领域的问题的处理方法	集成多学科内容建立统一的优化模型	各学科分别建立优化模型,通过系统级的控制协调学科之间的关系
寻优策略	采取某一种寻优策略,如组合形法、随机搜索法或遗传算法等	各学科子系统可以分别采用不同的优化方法,再根据多学科综合优化系统的结构选用适宜的多学科综合优化系统级寻优策略

综合在一起的设计变量数很多,计算规模大;其次,尽管某个单学科问题可应用线性分析方法分析,但与其他学科相结合就可能成为非线性问题;再次,多学科综合优化问题一般均为多目标优化问题;最后,多学科优化算法不仅需要单学科本身的计算,还因多学科之间的耦合效应,使得系统分析需在多学科模块之间多次迭代才能完成,因此计算量非常大,且耦合关系的处理很复杂。②信息交换的复杂性。因不同学科之间的耦合,设计过程中的组织结构相当复杂。首先,为了系统整体分析和优化计算的需要,各学科分析代码需要制定统一的接口,接口的种类和信息交换的范围又受到多学科综合优化模型的影响,取决于变量和求解策略,因此,不仅要考虑各子学科分析模块的接口,还要考虑学科层组织系统与软件系统之间的接口;其次,多学科之间的信息交换复杂性表现在与各学科之间需要交换复杂的耦合信息,如何组织和管理这些耦合信息是一个非常复杂的问题。这两个特征导致多学科优化研究的关键问题包括:①系统多学科综合优化模型的建立。合理的建模理论及可靠的建模工具是解决问题的首要任务。②学科的规划与分析。虽然多学科综合优化包含多种不同的学科,但这些学科仍是系统整体的某一方面,学科的划分及学科之间的关系确定需要有合适的方法。③有效的寻优搜索策略和整体收敛性分析。有效的寻优策略可以较好地协同各学科的共同因素,减少学科之间的相互迭代分析次数,降低计算的复杂性,同时学科分解之后分别求解能否收敛到系统的整体最优解,也需要可靠的认证方法。④学科之间的耦合性质分析。耦合因素的表现形式包括目标耦合、约束耦合和变量耦合,目标耦合是指整体目标并不是各子学科系统目标的简单增函数,约束耦合是指从整体考虑时,某些约束是整个系统设计变量的函数,变量包括系统变量(学科之间的纵向耦合)和相关变量(学科之间的横向耦合),前者为多个学科需要对其进行搜索的变量,后者为某学科计算之后对其他学科产生影响的因素。如果能明确学科之间相互耦合因素的性质,就有可能降低学科之间的相互耦合因素信息的传递的复杂性。

多学科综合优化的总体求解流程如图 6-11 所示,初始值在建模阶

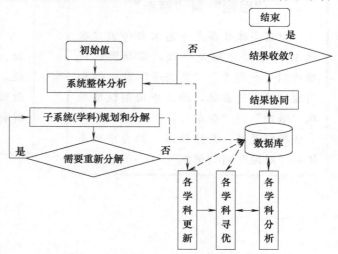

图 6-11 多学科综合优化的总体求解流程

段产生。系统整体分析初始状态，如设计变量、初始目标和约束、初始全局灵敏度分析等，并将相应的信息存入数据库。然后进行子系统（学科）规划和分解，将规划的相关信息存进数据库，以备各学科寻优搜索或分析时调用。各学科重新规划后对信息进行更新，并对学科之间的耦合信息进行更新。接着开展各学科寻优及分析，并将结果存入数据库。然后在系统层面上进行协同，并判断是否收敛，若收敛则退出，否则，返回系统整体分析，并重复进行迭代寻优。

思 考 题

1. 优化设计的一般数学模型是怎样的？有哪些基本要素？
2. 结构优化设计有哪些层次？分别适用于哪类问题？
3. 复杂机电系统的多学科综合优化有哪些特征？和传统优化有何区别？
4. 有一四边简支方板 $100\text{mm} \times 100\text{mm} \times 1\text{mm}$，中心承受集中力 $F = 1000\text{N}$，材料是 Q235，请完成以下工作：

① 建立在一定的材料用量的条件下，使方板的刚度最大的优化数学模型。

② 基于①建立的数学模型，用相关的结构分析和优化软件，对方板进行拓扑优化设计，并说明设计结果的合理性。

③ 进一步建立尺寸优化数学模型，在满足结构的强度条件下对由②得到的设计结果进行尺寸优化设计，说明设计结果的合理性。

学海扩展

科技报国　助力中国高铁从"跟跑"到"领跑"

中国高铁装备业女总工程师梁建英近 30 年来坚守研发一线，带领团队成功研制"和谐号""复兴号"动车组和高速磁浮交通系统，助力中国高铁实现从"跟跑"到"领跑"。

视频资源：科技报国　助力中国高铁从"跟跑"到"领跑"

用忠诚为祖国铸战鹰——歼 8 之父顾诵芬的飞机设计人生

新中国飞机设计大师顾诵芬心怀祖国、飞机和团队，为解决飞机抖震问题，不顾个人安危，克服身体负荷，坐教练机上天，观察问题所在，最终成功解决问题。

视频资源：用忠诚为祖国铸战鹰

第7章

机械制造工艺规程设计

复杂机电系统的机械结构在完成设计后，需要根据零件图、装配图进行零件加工和装配。本章主要介绍机械制造（加工）工艺规程设计的相关知识，包括如何针对不同类型的零件进行毛坯的选择，以及采用不同的加工方法进行毛坯制造，并对零件的机械制造工艺规程设计进行详细的介绍。最后对四类典型零件的机械制造工艺规程实例进行分析。

7.1 ➡ 工艺规程设计的前期准备

7.1.1 基本要求

机械制造工艺规程是指导生产的重要技术文件，是一切有关的生产人员应严格执行、认真贯彻的纪律性文件，制订机械制造工艺规程应满足以下基本要求。

① 工艺规程应保证零件的加工质量，达到产品图纸所提出的全部技术条件，并尽量提高生产率和降低消耗。

② 工艺规程应尽量降低工人的劳动强度，使其具有良好的工作条件。

③ 工艺规程应在充分利用现有生产条件的基础上，尽量采用国内外先进工艺技术。

④ 工艺规程应正确、完整、统一、清晰。

⑤ 工艺规程应规范、标准，其幅面、格式与填写方法以及所用的术语、符号、代号应符合相应标准的规定。

⑥ 工艺规程中的计量单位应全部使用法定计量单位。

7.1.2 原始资料

在制订机械制造工艺规程时，应具备下列原始资料。

① 产品的整套装配图和零件图。

② 产品的验收质量标准。

③ 产品的生产纲领。

④ 现有的生产条件（设计条件）。

⑤ 有关工艺标准、设备和工艺装备资料。

⑥ 国内外同类产品的生产技术发展情况。

7.1.3 内容与步骤

零件图、生产纲领和生产条件是机械制造工艺规程设计的主要原始资料，由这些资料确定了生产类型和生产组织形式之后，即可开始拟定工艺规程。

对零件图和装配图进行工艺分析，着重了解以下内容。

① 零件的性能、功用和工作条件。

② 零件的材料和热处理要求。

③ 零件的确切形状和结构特点。

④ 零件的主要加工表面、主要技术要求和关键的技术问题。

⑤ 零件的结构性，要从选材是否得当，尺寸标注和技术要求是否合理，加工的程度，成本高低，是否便于采用先进的、高效率的工艺方法等方面进行分析，对不合理之处可提出修改意见。

7.2 ⊙ 毛坯的设计与制造

7.2.1 毛坯的选择

制订机械制造工艺规程时，正确选择毛坯，对零件的加工质量、材料消耗和加工工时有很大影响。毛坯的尺寸、形状越接近成品零件，机械的加工量越少，但是毛坯的制造成本就越高。应根据生产纲领，综合考虑毛坯制造和机械加工成本来确定毛坯类型，以求最好的经济效益。

机械加工中常用的毛坯有铸件、锻件、冲压件、焊接件、型材和增材制造获得的零件。选用时主要考虑以下几点。

（1）零件的材料与力学性能

根据零件的材料和力学性能可以大致确定毛坯种类。例如，机床床身类零件是各类机床的主体，且为非运动零件，它的功能是支承和连接各个部件，以承受压力和弯曲应力为主，同时，为了保证工作的稳定性，应有较好的刚度和抗振性，机床床身一般均为形状复杂并带有内腔的零件，故在大多数情况下，机床床身选铸铁件作为毛坯，其成形工艺一般采用砂型铸造。

一般情况下，形状简单的钢质零件，力学性能要求不高，常用棒料；力学性能要求高，可用锻件；形状复杂，力学性能要求不高的，可用铸钢件。

另外，在不影响零件使用要求的前提下，可通过选择适当的成形工艺，改变零件的结构设计，以简化零件制造工艺，提高生产率，降低成本。

（2）零件的结构形状与外形尺寸

例如，阶梯轴零件，当各台阶直径相差不大时可用棒料，相差大时可用锻件；外形尺寸大的零件一般用自由锻或砂型铸造，中小型零件可用模锻件或压力铸造，形状复杂的钢质零件不宜用自由锻件。值得注意的是，零件在进行结构形状与外形设计时，必须考虑其结构工艺性，即零件的加工工艺性和零件的装配工艺性，这一部分详见 4.1 典型工艺零件结构设计。

（3）生产类型

单件小批量生产时，应选用通用设备、工具和低精度、低生产率的成形方法，这样毛坯生产周期短，能节省生产准备时间和工艺装备的设计制造费用，虽然单件产品消耗的材料及工时多，但总成本较低，如铸件选用手工砂型铸造方法，锻件采用自由锻或胎模锻方法，焊接件以手工焊接为主，薄板零件则采用钣金钳工成形方法等。大批量生产时，应选用专用设备、工具和高精度、高生产率的成形方法，这样毛坯生产率高、精度高，虽然专用工艺装置增加了费用，但材料的总消耗量和切削加工工时会大幅减少，总成本也会降低，如采用机器造型、模锻、埋弧焊或自动、半自动的气体保护焊以及板料冲压等成形方法。特别是大批量生产材料成本占制造成本比例较大的制品时，采用高精度、近净成形新工艺生产的优越性尤为显著。

（4）毛坯车间的生产条件

在选择毛坯时，应考虑毛坯车间的生产条件，如设备条件、技术水平、管理水平等。应在满足零件使用要求的前提下，充分利用现有生产条件。当采用现有生产条件不能满足产品生产要求时，也可考虑调整毛坯种类、成形方法，或对设备进行适当的技术改造，或扩建厂房、更新设备、提高技术水平，或通过厂间协作解决。

单件生产大、重型零件时，一般工厂往往不具备重型设备与专用设备，此时可采用板、型材焊接，或将大件分成几小块铸造、锻造或冲压，再采用铸-焊、锻-焊、冲-焊联合成形工艺拼成大件，这样不仅成本较低，而且一般工厂也可以生产。

（5）利用新工艺、新技术和新材料的可能性

随着工业的发展，人们的要求越来越多变且个性化。这就要求产品的生产由少品种、大批量转变成多品种、小批量。产品更新快、生产周期短、质量优、成本低，在这些市场竞争因素下，选择成形方法就不应只着眼于一些常用的传统工艺，而应扩大对新工艺、新技术、新材料的应用，如精密铸造、精密锻造、精密冲裁、冷挤压、液态模锻、轧制、超塑性成形、粉末冶金、注射成形、等静压成形、复合材料成形以及快速成形等，采用少屑、无屑成形方法，以提高产品质量、经济效益与生产率。

7.2.2 等材制造

等材制造指通过铸、锻、焊等方式生产制造产品，材料重量基本不变。

（1）铸造及铸件

1）铸造的成形特点

铸件是熔融金属液体在铸型中冷却凝固而获得的，其突出特点是尺寸、形状几乎不受限制。铸件是零件毛坯最主要的来源，通常用于形状复杂、强度要求不太高的场合。目前生产中的铸件大多采用砂型铸造，而尺寸较小、精度要求较高的优质铸件可采用特种铸造，如金属型铸造、离心铸造和压力铸造等。

砂型铸造的铸件，当采用手工造型时，铸型误差较大，铸件的精度低，因而铸件表面的加工余量也比较大，影响零件的加工效率，故适用于单件、小批量生产。当大批量生产时，广泛采用机器造型。机器造型所需的设备投资费用较高，而且铸件的质量也受到一定限制，一般多用于中小尺寸铸件的制造。

金属型铸造的铸件比砂型铸造的铸件精度高，表面质量和力学性能好，生产率较高，但需要一套专用的金属型。金属型铸造适合生产批量大、尺寸不大、结构不太复杂的非铁金属铸件，如发动机中的铝活塞等。

离心铸造的铸件，其金属组织致密，力学性能较好，外形精度及表面质量均好，但内孔精度差，需留出较大的加工余量。离心铸造适用于钢铁材料及铜合金的旋转铸件（如套筒、管子和法兰盘等）。由于铸造时需要使用特殊设备，故产量大时比较经济。

压力铸造的铸件精度高、表面粗糙度小，机械加工时，只需进行精加工，因而可节省很多金属。同时，铸件的结构可以较复杂，铸件上的各种孔眼、文字以及花纹图案均可铸出。但是压力铸造需要一套昂贵的设备和铸型，故主要用于生产批量大、形状复杂、尺寸较小、质量不大的非铁金属铸件。

2）铸件铸造工艺设计

根据铸件的结构特点、技术要求、生产批量、生产条件等，确定铸造方案和选择工艺参数，绘制铸造工艺图等，编制工艺卡等技术文件的过程称为铸造工艺设计。图 7-1 所示是典型支架铸件的零件图、铸造工艺和模样图、铸型合型图。

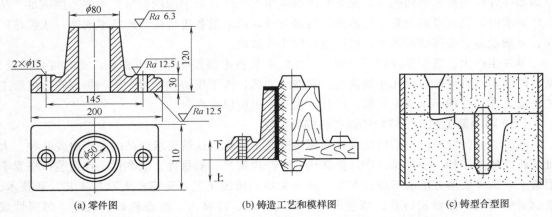

(a) 零件图　　　　　　　　(b) 铸造工艺和模样图　　　　　　　　(c) 铸型合型图

图 7-1　典型支架铸件的零件图、铸造工艺和模样图、铸型合型图

① 造型方法的选择。根据不同的造型方法，铸件的铸造工艺和结构都将发生变化，因此要根据铸件的结构要求，合理地选择工艺简单、成本低的最佳造型方法。尽量简化铸件结构，减少分型面，或者使分型面平直，尽量减少或不用型芯。

② 浇注位置的选择。浇注时，铸件在铸型中所处的位置，称为浇注位置。一般来说，铸件浇注位置由以下原则确定：铸件的重要加工面或主要工作面在铸型中应朝下，如果铸件的重要加工面或主要工作面朝下有困难，可将重要面置于铸型中的侧面；铸件上的大平面应放在铸型下部；铸件的薄壁部分应尽量放在铸型底部或内浇道以下，或处于倾斜位置；容易形成缩孔、缩松的铸件，应将厚大部分置于铸型上方，以便安放冒口进行补缩。

③ 铸件分型面的选择。分型面是指铸型组元之间的结合面。分型面与浇注位置密切相关，一般在考虑浇注位置时就要考虑到分型面的位置。一般来说，选择分型面时应按以下原则进行：尽量使铸件全部或大部分位于一个砂箱内；应当使铸件的加工面和加工基准面位于一个砂箱内；分型面一般取在铸件的最大截面处，以便于起模；尽量使铸型有最简单和数目最少的分型面，且使分型面是平直面；尽量少用型芯和活块，型芯应尽量位于下箱，便于下芯、检验和合箱；尽量避免吊砂。

④ 其他工艺参数的选择。铸造工艺参数是与铸造工艺过程有关的工艺参数，包括铸件的机械加工余量、起模斜度、收缩率、型芯头尺寸等。这些工艺参数应根据零件的形状、尺寸和技术要求，结合铸件材料和铸造方法等进行选择。铸造工艺参数直接影响模样、芯盒的尺寸和结构，其选择不当会影响铸件的精度、生产率和成本。

3）铸件结构设计

进行铸件设计时，不仅要保证力学性能和工作性能满足要求，还必须考虑铸造工艺和合金的铸造性能对铸件结构的影响。铸件的结构是否合理，即其结构工艺性是否良好，对保证铸件质量、降低成本、提高生产率有很大的影响。这里重点介绍砂型铸件的结构设计要求。

① 铸造工艺对铸件结构设计的要求。铸造工艺对铸件结构的要求主要是从便于造型、制芯、合箱、清理及减少铸造缺陷的角度出发，包括对铸件外形的要求、对铸件内腔的要求和对铸件结构斜度的要求等方面。

② 铸造性能对铸件结构设计的要求。金属或合金的铸造性能影响铸件的内在质量。进行铸件结构设计时，必须充分考虑适应合金的铸造性能，否则容易产生缩孔、缩松、变形、裂纹、冷隔、浇不足、气孔等多种铸造缺陷，导致铸件废品率提高。因此应合理设计铸件壁厚，同时使铸件壁厚尽量均匀，铸件壁的连接处和转角处采用圆角结构，避免锐角连接，厚、薄壁的连接要逐步过渡。

③ 避免收缩受阻。当铸件的线收缩率较大而收缩又受阻时，会产生较大的内应力甚至出现开裂。因此在进行铸件结构设计时，可考虑设置"容让"的环节，该环节允许微量变形，以减少收缩阻力，从而自行缓解其内应力。

④ 避免大的水平面。大平面在浇注时处于水平位置，气体和非金属夹杂物上浮后容易滞留，从而会影响铸件表面质量，可以改成斜平面，则金属液浇注时沿斜壁上升，能顺利地将气体和杂质带出，同时金属液的上升流动也使铸件不易产生浇不足等缺陷。

（2）锻造及锻件

1）锻造的成形特点

由于锻件是通过金属塑性变形而获得的，因此其形状复杂程度受到较大的限制。在生产中应用较多的锻件主要有自由锻锻件和模锻锻件两种。自由锻锻件不使用专用模具，故精度低，毛坯加工余量大，生产率不高，因此一般只适合单件、小批量且结构较为简单的零件或大型锻件。模锻锻件的精度高，加工余量小，生产率高，而且可以锻造形状复杂的毛坯件。材料经锻造后锻造流线得到了合理分布，使锻件强度比铸件强度大大提高。生产模锻件毛坯时，需要专用模具和设备，因此只适用于大批量生产中、小型锻件。

2）锻件工艺设计

模锻的制造工艺规程包括设计模锻件图、计算坯料尺寸、确定变形工步、设计锻模、选择锻模设备、确定加热规范以及模锻后续工序。

模锻件图是设计、制造锻模，计算坯料尺寸及检验锻件的依据。设计模锻件图时应考虑分型面的选择，确定加工余量及公差，确定模锻斜度、圆角半径、冲孔连皮。上述参数确定后，即可绘制模锻件图，图 7-2 所示为齿轮坯模锻件图。

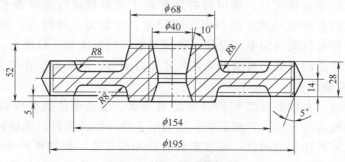

图 7-2　齿轮坯模锻件图

模锻件图确定后，即可计算坯料尺寸，确定变形工步和加热规范，同时确定模锻后续工序，如切边冲孔、校正、热处理、清理、精压等。

3）锻件结构设计

设计模锻件时，应使零件结构与模锻工艺相适应，以便于进行模锻生产和降低成本。为此，锻件的结构应符合下列原则：

① 模锻件应具有合理的分型面，以保证锻件易从锻模中取出，且余块最少，锻模制造方便；

② 锻件上与分型面垂直的表面应设计有模锻斜度；非加工表面所形成的交角都应按模锻圆角设计；

③ 零件外形力求简单、平直和对称，尤其应避免零件截面间尺寸差别过大，或具有薄壁、高筋、凸起等结构，以利于金属充满模膛和减少工序；

④ 模锻件上应尽量避免窄沟、深槽和深孔、多孔结构，以便于模具制造和延长锻模寿命。

（3）冲压及冲压件

1）冲压的成形特点

冲压加工是金属塑性成形加工的基本方法之一。它是通过装在压力机上的模具对板料施加压力，使其产生分离或变形，从而获得具有一定形状、尺寸和性能的零件或毛坯的加工方法。冲压成形一般是在室温下进行，而且主要采用板料加工，故又称为冷冲压或板料冲压。只有当板料厚度超过 8mm 或材料塑性较差时才采用热冲压。由于冲压模具费用高，故冲压件只适合成批或大量生产，广泛应用于汽车、飞机、电动机、电器、仪表、玩具与生活日用器皿等许多生产领域。在交通运输机械和农用机械中，冲压件所占的比例很大，很多薄壁件采用冲压法成形，如罩壳、储油箱、防护罩等。

2）冲压件工艺设计

板料冲压成形工艺设计是根据零件的形状、尺寸精度要求和生产批量的大小，制订冲压制造工艺方案，确定加工工序，编制冲压工艺规程的过程。

冲压制造工艺方案主要包括以下几点。

① 冲压基本工序的选择。根据冲压件的形状、大小、尺寸公差及生产批量选择冲压基本工序，工序主要包括剪切和冲裁、弯曲、拉深。

② 确定冲压工序。根据零件的形状确定冲压工序；结合生成批量确定工序数目；根据已确定工艺方案，选择冲模类型和结构形式；根据冲压工艺性质、批量大小、模具尺寸精度、变形抗力大小选择冲压设备。

在冲压制造工艺方案确定后，即可对冲压制造工艺参数进行选择并进行必要的工艺计算，具体包括冲裁件的冲裁间隙、凸凹模工作尺寸、冲裁力、卸料力、推件力和顶件力计算、排样参数等；拉深件需确定毛坯尺寸、拉深系数和拉深次数、拉深力；弯曲件需确定最小相对弯曲半径、弯曲回弹值、弯曲件毛坯尺寸、弯曲力、弯曲模工作部分的尺寸等。

3）冲压件结构设计

在设计冲压件时，不仅要使其结构满足使用要求，还必须使其结构符合冲压工艺性要求，即冲压件的结构应与冲压工艺相适应。结构工艺性好的冲压件，能够减少或避免冲压缺陷的产生，易于保证冲压件的质量，而且能够简化冲压工艺，提高生产率和降低生产成本。影响冲压件结构工艺性的主要因素有冲压件的形状、尺寸、精度及材料等。

对于冲裁件，其形状应力求简单、对称，尽可能采用圆形或矩形等规则形状，避免细长悬臂或窄槽结构，否则模具制造困难，同时，冲裁件的外形应能使排样合理，废料最少，以提高材料的利用率。在确定冲裁件的结构尺寸时，应考虑材料的厚度，如孔径、孔间距和孔边距不得过小，以防止凸模刚性不足或孔边开裂，另外，冲裁件上直线与直线、曲线与直线的交界处均应圆角连接，以避免交角处应力集中而产生裂纹。普通冲裁件内、外形尺寸的经济公差等级不高于 IT11 级，一般落料件的公差等级最好低于 IT10 级，冲孔件公差等级最好低于 IT9 级。

对于拉深件，其外形应简单、对称，深度不宜过大。拉深件的形状有回转体形、非回转体对称形和非对称空间形三类。其中，以回转体形尤其是直径不变的杯形最易拉深，其模具制造方便。拉伸件的圆角半径在不增加工序的情况下，有最小的允许值，带凸缘拉深件的凸缘尺寸要合理，不宜过大或过小，否则会造成拉深困难或导致压边圈失去作用。拉深件上的孔应避开转角处，以防止孔变形和便于冲孔。拉伸件的壁厚一般要求不超出拉深工艺的变化规律。由于拉深件有回弹，零件横截面的尺寸公差等级一般都在 IT12 级以下，如果零件公差等级要求高于 IT12 级，应增加整形工序来提高尺寸精度。

对于弯曲件，其形状应尽量对称，尽量采用 V 形、Z 形等简单、对称的形状，以利于制模和减少弯曲次数。弯曲半径不能小于材料允许的最小弯曲半径，并应考虑材料的纤维方向，以防弯曲过程中因应力集中而弯裂，可在弯曲前钻出止裂孔，以防裂纹的产生。弯曲件的精度受坯料定位、偏移、翘曲和回弹等因素的影响，弯曲的工序越多，精度就越低。一般弯曲件的经济公差等级在 IT13 级以下，角度公差大于 $15'$。

（4）焊接件

1）焊接的成形特点

焊接是一种永久性连接金属的方法，是通过加热或加压，或两者并用，用或不用填充材料，使焊件达到原子结合的加工方法。焊接成形工艺具有非常灵活的特点，它能以小拼大，焊件不仅强度与刚度好，而且质量小；可以进行异种材料之间的焊接，材料利用率高；工序简单，工艺准备时间和生产周期短；一般不需重型设备与专用设备；产品的改型较方便。

2）焊接件工艺设计

根据不同要求，焊接结构还可在同一零件上采用不同材料生产。例如，铰刀的切削部分采用高速工具钢，刀柄部分采用 45 钢，然后焊成一体。有时为了简化后续工艺，还可以把工件分段制造，然后再焊接成整体。这些优点都是其他成形工艺所不具备的。但是，焊接是一个不均匀的加热和冷却过程，焊接结构内部容易产生应力与变形，同时焊接结构上热影响区的力学性能也会有所变化。因此，若工艺措施不当，焊件中可能产生不易被发现的缺陷，这些缺陷有时还会在使用过程中逐步扩展，导致焊件突然失效而酿成事故，所以重要的焊件必须进行无损探伤，并且应做定期检查。对于性能要求高的重要机械零部件，如床身、底座等，采用焊接式毛坯时，机械加工前应进行退火或回火处理，以消除焊接应力，防止零件变形。焊接结构应尽可能采用同种金属材料制作，异种金属材料焊接时，由于两者的热物理性能不同，往往会在焊接处产生很大的应力，甚至造成裂纹，必须引起注意。

3）焊接件结构设计

对于焊接件，应合理地选择与设计接头形式。接头形式应根据结构形状、强度要求、工件厚度、焊后变形大小、焊条消耗量、坡口加工难易程度等各方面因素综合考虑决定。基本接头形式可分为对接接头、角接接头、T形接头和搭接接头四种，如图7-3所示。

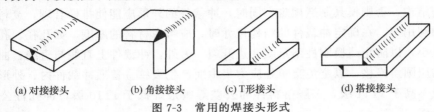

(a) 对接接头   (b) 角接接头   (c) T形接头   (d) 搭接接头

图7-3　常用的焊接头形式

一般对接接头受力比较均匀，是用得最多的接头形式，但对下料尺寸精度要求高，重要受力焊缝应尽量选用此种接头。搭接接头因不在同一平面，受力时将产生附加弯矩，且金属消耗量较大，一般应避免采用。角接接头和T形接头受力情况较对接接头更复杂，但接头以直角或一定角度连接时，必须采用这类接头形式。

7.2.3　增材制造

增材制造（Additive Manufacturing，AM）是一种基于离散和堆积原理的制造技术，它将零件的CAD模型按一定方式离散成可加工的离散面、离散线和离散点，而后采用物理或化学手段，将这些离散的面、线段和点堆积而形成零件的整体形状。增材制造技术集材料科学、信息科学、控制技术、能量光电子等技术为一体，是进行快速产品开发和制造的重要技术，主要技术特征是成形的快捷性，被认为是制造技术领域的一次重大突破，是目前制造业信息化最直接的体现，是实现信息化制造的典型代表。

各种快速成形技术的过程都包括CAD模型建立、前处理、原型制作和后处理四个步骤。在众多的增材制造工艺中，具有代表性的工艺是：光敏树脂液相固化成形、选择性激光粉末烧结成形、薄片分层叠加成形、熔丝堆积成形等。下面分别介绍这些典型工艺的原理及特点。

（1）光敏树脂液相固化成形

光敏树脂液相固化成形（Stereo Lithography，SL）是基于液态光敏树脂的光聚合原理工作的。这种液态材料在一定波长（$S=325nm$）和功率（$P=30mW$）的紫外激光的照射下能迅速发生光聚合反应，分子量急剧增大，材料也从液态转变成固态。光敏树脂液化成形原理如图7-4所示。液槽中盛满液态光敏树脂，激光束在扫描镜作用下，在液体表面上扫描，扫描的轨迹及激光的有无均由计算机控制，光点扫描到的地方，液体就固化。成形开始时，升降台在液面下一个确定的深度，液面始终处于激光的焦点平面内，聚焦后的光斑在液面上按计算机的指令逐点扫描，即逐点固化。当一层扫描完成后，未被照射的地方仍是液态树脂。然后升降台带动托盘下降一层高度（约0.1mm），已成形的层面上又布满一层液态树脂，用刮平器将黏度较大的树脂液面刮平，然后再进行下一层的扫描，新固化的一层牢固地粘在前一层上，如此重复，直到整个零件制造完毕，得到一个三维实体原型。

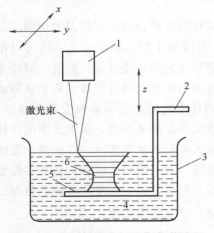

图7-4　光敏树脂液相固化成形原理

1—扫描镜；2—Z轴升降台；3—树脂槽；
4—光敏树脂；5—托盘；6—零件

光敏树脂液相固化成形的主要特点：

① 制造精度高（±0.1mm），表面质量好，原材料利用率接近100%。

② 能制造形状特别复杂（如腔体等）及特别精细（如首饰、工艺品等）的零件（尤其适合壳体形零件制造）。

③ 必须制作支撑，材料固化中伴随一定的收缩导致零件变形。此外，光敏树脂有一定毒性。

光敏树脂液相固化成形的应用有很多方面，可直接制作各种树脂功能件，用作结构验证和功能测试；可制作比较精细和复杂的零件；可制造出有透明效果的制件；制造出来的原型件可快速翻制各种模具，如硅橡胶模、金属冷喷模、陶瓷模、合金模、电铸模、环氧树脂模和气化模等。光敏树脂液相固化成形是目前世界上研究最深入、技术最成熟、应用最广泛的增材制造方法。

（2）选择性激光粉末烧结成形

选择性激光粉末烧结成形（Selected Laser Sintering，SLS）是利用粉末材料（金属粉末或非金属粉末）在激光照射下烧结的原理，在计算机控制下层层堆积成形。选择性激光粉末烧结成形原理如图7-5所示，此方法采用CO_2激光器作能源，目前使用的造型材料多为各种粉末材料。在工作台上均匀铺上一层很薄（0.1~0.2mm）的粉末，激光束在计算机控制下按照零件分层轮廓有选择性地进行烧结，一层完成后再进行下一层烧结。全部烧结完后，去掉多余的粉末，再进行打磨、烘干等处理便获得零件。

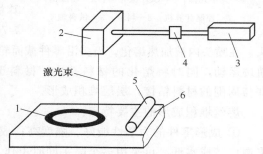

图 7-5　选择性激光粉末烧结成形原理
1—零件；2—扫描镜；3—激光器；4—透镜；5—刮平辊子；6—Z轴升降台

选择性激光粉末烧结成形的主要特点：

① 不需要制作支撑，成形零件的力学性能好，强度高；因为没有被烧结的粉末起到了支撑的作用，因此可以烧结制造空心、多层镂空的复杂零件。

② 粉末较松散，烧结后精度不高，Z轴精度难以控制。

③ SLS材料适应面广，不仅能制造塑料零件，还能制造陶瓷、石蜡等材料的零件，特别是可以直接制造金属零件，这使SLS工艺颇具吸引力。

SLS应用范围与SL类似，可直接制作各种高分子粉末材料的功能件，用作结构验证和功能测试，并可用于装配样机。制件可直接作精密铸造用的蜡模和砂型、型芯，制作出来的原型件可快速翻制各种模具，如硅橡胶模、金属冷喷模、陶瓷模、合金模、电铸模、环氧树脂模和气化模等。

（3）薄片分层叠加成形

薄片分层叠加成形（Laminated Object Manufacturing，LOM）采用薄片材料（如纸、塑料薄膜等），片材表面事先涂覆上一层热熔胶。薄片分层叠加成形原理如图7-6所示，在成形过程中，首先在基板上铺上一层薄片材料，再用一定功率的CO_2激光器在计算机控制下按分层信息切出轮廓，同时将非零件的多余部分按一定网格形状切成碎片去除掉。加工完一层后，重新铺上一层箔材，用热热压辊碾压加热，使新铺上的一层薄片材料在黏结剂作用下粘接在已成形体上，再用激光器切割该层的形状。重复上述过程，直到加工完毕。最后去

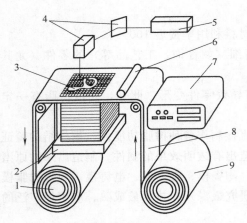

图 7-6　薄片分层叠加成形原理

1—收料带；2—升降台；3—加工平面；
4—光学元件；5—CO$_2$ 激光器；6—热压辊；
7—控制计算机；8—料带；9—供料轴

除掉切碎的多余部分，即可得到完整的原形零件。

薄片分层叠加成形的主要特点：

① 不需填充扫描，成形效率高；运行成本低；成形过程中无相变且残余应力小，适合于加工较大尺寸的零件。

② 材料利用率较低，表面质量较差。

薄片分层叠加成形由于其成形材料较便宜，运行成本和设备投资较低，故获得了一定的应用，可以用来制作汽车发动机曲轴、连杆、各类箱体、盖板等零部件的原型样件。

（4）熔丝堆积成形

熔丝堆积成形（Fused Deposition Modeling, FDM）是利用热塑性材料的热熔性、粘接性，在计算机控制下层层堆积成形。熔丝堆积成形原理如图 7-7 所示，材料先抽成丝状，通过送丝机构送进喷头，在喷头内被加热熔化，喷头沿零件截面轮廓和填充轨迹运动，同时将熔化的材料挤出，材料迅速固化，并与周围的材料粘接，层层堆积成形。

熔丝堆积成形的主要特点：

① 成形零件的力学性能好、强度高；成形材料的来源广、成本低、可采用多个喷头同时工作。

② 不用激光器，而是由熔丝喷头喷出加热熔融的材料，因此使用维护简单，成本低。

③ 原材料利用率较高，用蜡成形的零件原型，可直接用于失蜡铸造。

④ 成形精度不高，不适合制作复杂精细结构的零件，主要用于产品的设计测试与评价。

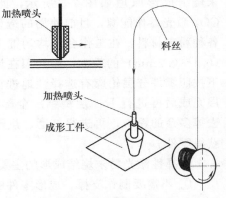

图 7-7　熔丝堆积成形原理

7.3 ▶ 机械加工工艺规程设计

7.3.1　拟定零件的机械加工工艺路线

零件的机械加工工艺过程是工艺规程设计的中心问题，要以"优质、高产、低消耗"为宗旨，设计时应拟出 2～3 个方案，经全面分析对比，选择一个较合理的方案。

（1）选择定位基准

正确地选择定位基准是工艺规程设计的一项重要内容，也是保证零件加工精度的关键。

定位基准分为精基准、粗精准和辅助基准。在最初加工工序中，只能用毛坯上未经加工的表面作为定位基准（粗基准）。在后续工序中，则使用已加工表面作为定位基准（精基准）。在制订工艺规程时，总是先考虑选择怎样的精基准以保证达到精度要求，并把各个表面加工出来，然后再考虑选择合格的粗基准把精基准面加工出来。另外，为了使工件便于装夹和易于获得所需加工精度，可在工件上某部位作一辅助基准，用以定位。

应从零件的整个加工工艺过程的全局出发，在分析零件的结构特点、设计基准和技术要求的基础上，根据粗、精基准的选择原则，合理选择定位基准。

（2）确定各加工表面的加工方案

确定工件各加工表面的加工方案是拟定工艺路线的重要问题。主要依据零件各加工表面的技术要求来确定，同时还要综合考虑生产类型、零件的结构形状和加工表面的尺寸、工厂现有的设备情况、工件材质和毛坯情况等。

在明确了各主要加工表面的技术要求后，选择能保证这些要求的主要加工表面的最终加工方法，然后确定前面一系列准备工序的加工方法和顺序，再选定各次要表面的加工方法。

在确定各加工表面的加工方法和加工顺序时，可参阅本书有关孔、外圆、平面加工方案的选取。选择时应考虑下列因素。

① 应选择相应的能获得经济加工精度的加工方法。例如，公差为 IT7 级和表面粗糙度 Ra 值为 $0.4\mu m$ 的外圆表面，若用车削，采取一定的工艺措施是可以达到精度要求的，但不如采用磨削经济。

② 所选择的加工方法要能保证加工表面的几何形状和相互位置精度要求。例如，要加工 $\phi 200mm$ 的外圆表面，其圆度公差为 $0.006mm$，这时应采用磨削加工，因为在普通车床上一般只能达到 $0.02mm$ 的圆度公差。

③ 所选加工方法要与工件材料的加工性能相适应。例如，淬火钢应采用磨削加工，而有色金属则磨削困难，一般采用金刚车或高速精密车削的方法进行精加工。

④ 所选加工方法要与生产类型相适应。

⑤ 所选加工方法要与本厂现有生产条件（或设计条件）相适应。

（3）划分加工阶段，安排加工顺序

对于精度和表面质量要求较高的零件，应将粗、精加工分开进行。一般将整个工艺过程划分为粗加工阶段、半精加工阶段、精加工阶段和光整加工阶段。

为了改善工件材料的力学性能与切削性能，消除切削加工过程中产生的残余应力，在加工过程中，应根据零件的技术要求和材料的性质，合理地安排热处理工序。

机械加工顺序安排一般应先粗后精、先面后孔、先主后次、基面先行，热处理按段穿插，检验按需安排。

（4）确定工序集中和工序分散

安排完加工顺序之后，就可将各加工表面的每一次加工，按不同的加工阶段和先后的顺序组合成若干个工序。组合时可采用工序分散或工序集中的原则。

工序集中和分散各有特点，应根据生产纲领、技术要求、现场的生产条件（设计条件）和产品的发展情况来综合考虑。从发展角度来看，当前一般宜按工序集中原则来考虑。

（5）初拟加工工艺路线

根据前面已分析和确定的各方面问题，可初步拟订出 2～3 个较完整、合理的零件加工工艺路线。

7.3.2 确定各工序采用的设备

（1）机床的选择

零件的加工精度和生产率在很大程度上是由使用的机床所决定的。根据已确定的工艺基本特征，结合零件的结构和质量要求，选择出既能保证加工质量，又经济合理的机床和工艺装备（工装）。这时应认真查阅有关手册或实地调查，应将选定的机床或工装的有关参数记录下来，如机床型号、规格、工作台宽、T形槽尺寸，刀具形式、规格、与机床连接关系，夹具、专用刀具设计要求以及与机床的连接方式等，为后面填写工艺卡片和夹具（刀具、量具）设计做好必要准备，免得重复查阅。机床设备的选择应遵循以下原则。

① 机床的加工尺寸范围应与工件外形轮廓尺寸相适应。

② 机床的精度应与工序精度要求相适应。

③ 机床的生产率与工件的生产类型相适应。

④ 机床的选择还应与现有设备条件相适应。

工艺装备的设计与选择应考虑以下因素。

① 产品的生产纲领、生产类型及生产组织结构。

② 产品的通用化程度及产品的寿命周期。

③ 工艺规程的特点。

④ 现有设备负荷的均衡情况和通用工装的应用程度。

⑤ 成组技术的应用。

⑥ 安全技术要求。

满足工装设计的经济性原则，即在保证产品质量和生产效率的条件下，用完成工艺过程所需工装的费用作为选择分析的基础，对不同方案进行比较，使工装的制造费用及其使用维护费用最低。

（2）夹具的选择

夹具的选择要与工件的生产类型相适应，单件小批量生产应尽量选用通用夹具，如机床三爪自定心卡盘、平口虎钳、转台等。大批量生产时，应采用高效的专用夹具，如气、液传动的专用夹具。在推行计算机辅助制造、成组技术等新工艺时，应采用成组夹具、可调夹具、组合夹具。所选夹具的精度应与工件的加工精度相适应。

（3）刀具的选择

刀具的选择主要取决于各工序的加工方法、工件材料、加工精度、所用机床的性能、生产率及经济性等。选择时主要确定刀具的材料、型号、主要切削参数等。在生产中，应尽量采用标准刀具，必要时可采用高效复合刀具和其他一些专用刀具。

（4）量具的选择

量具主要根据生产类型和所要求检验的精度来选择。单件小批量生产中应采用标准的通用量具，如卡尺、千分尺等。大批量生产中，一般应根据所检验的精度要求设计专用量具，如卡规、样柱等极限量规，以及各种专用检验仪器和检验夹具。

在选择工艺装备时，既要考虑适应性，又要注意新技术的应用。当需要设计专用刀具、量具或夹具时，应提出设计任务书。

7.3.3 切削用量的选择及相关计算

（1）确定加工余量

毛坯余量（总余量）已在画毛坯图时确定，这里主要是确定工序余量。

合理选择加工余量对零件的加工质量和整个工艺过程的经济性都有很大影响。余量过大，则浪费材料及工时，增加机床和刀具的消耗；余量过小，则不能去掉加工前存在的误差和缺陷层，影响加工质量，造成废品。故应在保证加工质量的前提下尽量减少加工余量。

工序余量一般可用计算法、查表法或经验估计法三种方式来确定。可参阅有关机械加工工艺手册用查表法和计算法按工艺路线的安排，逐工序、逐表面地加以确定。

（2）确定工序尺寸及公差

计算各个工序加工时所应达到的工序尺寸及公差是工艺规程设计的主要工作之一。工序尺寸及其公差的确定与工序余量的大小、工序尺寸的标注方法、基准选择、中间工序安排等密切相关，就其性质和特点而言，一般可以归纳为以下两大类。

① 当定位基准（或工序基准）与设计基准重合时（如单纯孔与外圆表面的加工、单一平面加工等），某表面本身各道加工工序尺寸的计算。对于这类问题，当决定了各工序之间余量和工序所能达到的加工精度后，就可以计算各工序的尺寸和公差。计算的顺序是从最后一道工序开始，由后向前推算，即将工序余量一层层地叠加在被加工表面上，可以清楚地看出每道工序的工序尺寸，再将每种加工方法的经济加工精度公差按"入体"原则标注在对应的工序尺寸上。

由机械加工工艺手册可查出各工序的加工余量和所能达到的经济精度、毛坯的公差，也可根据毛坯的生产类型、结构特点、制造方式和具体生产条件参照手册确定。

② 基准不重合时工序尺寸的计算。在零件的加工过程中，为了加工和检验方便可靠或由于零件表面的多次加工等原因，往往不能直接采用设计基准为定位基准，形状较复杂的零件在加工过程中需要多次转换定位基准。这时工序尺寸的计算就比较复杂，应利用尺寸链原理来进行分析和计算，并对工序之间余量进行必要的验算，以确定工序尺寸及其公差。

（3）确定切削用量

确定切削用量时，应在机床、刀具、加工余量等确定以后，综合考虑工序的具体内容、加工精度、生产率、刀具寿命等因素。综合考虑切削用量三要素（切削深度、进给量、切削速度）对刀具寿命、生产率和加工质量的影响。选择切削用量的顺序应为首先选取尽可能大的背吃刀量（即切削深度）；其次要根据机床动力和刚性限制条件或已加工表面粗糙度的规定等，选取尽可能大的进给量；最后利用切削用量手册选取或用公式计算确定最佳切削速度。粗加工时，应以提高生产率为主，同时要保证规定的刀具寿命，因此，一般选取较大的切削深度和进给量，切削速度不能很高，一般选用中等或更低的切削速度。精加工时，应以保证零件的加工精度和表面质量为主，同时考虑刀具寿命和获得较高的生产率。

切削用量的选取有计算法和查表法。但在大多数情况下，切削用量的选取是根据给定的条件按有关切削用量手册中推荐的数值选取。

（4）工时定额的计算

目前主要是按经过生产实践验证而积累起来的统计资料来确定（参阅有关手册），随着工艺过程的不断改进，也需要相应地修订工时定额。

对于流水线和自动线，由于有规定的切削用量，工时定额可以部分通过计算，部分应用统计资料得出。

在计算出每一工序的单件时间后，还必须对各个工序的单件计算时间进行平衡，以最大限度地发挥各台机床的生产效率，达到较高的生产率，保证完成生产任务。

具体方法如下。

① 计算出零件的年生产纲领所要求的单件时间 T_d。

$$T_d = 60 \frac{T\eta}{N}$$

式中　T——年基本工时，h/年；

　　　N——零件的年生产纲领，件/年；

　　　η——设备负荷率，一般取 $0.75\sim0.85$。

② 将每个工序的单件计算时间 T_c 与 T_d 进行比较。

对 $T_c > T_d$ 的工序，可通过下列方法缩短 T_c，以达到平衡工序单件时间的目的：若 T_c 大于 T_d 在一倍以内，可采用先进刀具、适当提高切削用量以及采用高效加工方法缩短工作行程等措施，来缩短 T_c；若 T_c 大于 T_d 2倍以上，则可采用增加顺序加工工序等方法来成倍地提高生产率，缩短 T_c。

对于 $T_c \leqslant T_d$ 的工序，因其生产率较高，则可采用一般的通用机床及工艺装备，来降低成本。

7.3.4　机械加工工艺文件设计

把工艺过程的各项内容归纳写成文件形式，就是工艺文件，即工艺规程。工艺文件的种类和形式多种多样，它的详简程度也有很大差别，要视生产类型而定。在单件小批量生产中，一般只编写简单的综合工艺过程卡片，只有关键零件或复杂零件才能制订较详细的工艺规程。在成批生产中，多采用机械加工工艺卡片。

在大批量生产中，则要求完整和详细的工艺文件，各工作地点都有机械加工工序卡片，对半自动及自动机床有机床调整卡片，对检验工序有检验工序卡片等。工艺文件应该简明易懂，必要时应用简图形式表示。工艺文件尚无统一的格式，同一种工艺文件由于来源不同，内容也可能有所不同。表 7-1～表 7-3 分别为综合工艺过程卡片、机械加工工艺过程卡片和机械加工工序卡片示例。

表 7-1　综合工艺过程卡片

(工厂名)	综合工艺过程卡片	产品名称及型号		零件名称		零件图号			
		材料	名称	毛坯	种类	零件质量/kg	毛重	第　页	
			牌号		尺寸		净重	共　页	
			性能	每料件数		每台件数		每批件数	

工序号	工序内容	加工车间	设备名称及编号	工艺装备名称及编号			技术等级	时间定额/min	
				夹具	刀具	量具		单件	准备—终结
更改内容									

编制		抄写		校对		审核		批准	

表 7-2　机械加工工艺过程卡片

（工厂名）	机械加工工艺卡片	产品名称及型号		零件名称		零件图号			
		材料	名称	毛坯	种类	零件质量/kg	毛重	第　页	
			牌号		尺寸		净重	共　页	
			性能	每料件数		每台件数	每批件数		

工序	安装	工步	工序内容	同时加工零件数	切削用量				设备名称及编号	工艺装备名称及编号			技术等级	工时定额/min	
					背吃刀量/mm	切削速度/(m/min)	每分钟转数/(r/min)或往复次数	进给量/(mm/r)或(mm/dst)		夹具	刀具	量具		单件	准备—终结

更改内容					
编制		抄写	校对	审核	批准

表 7-3　机械加工工序卡片

（厂名全称）	机械加工工序卡片	产品型号		零（部）件图号	文件编号		共　页
		产品名称		零（部）件名称			第　页

（工序简图）	车间	工序号	工序名称	材料牌号
	毛坯种类	毛坯外形尺寸	每坯件数	每台件数
	设备名称	设备型号	设备编号	同时加工件数
	夹具编号		夹具名称	冷却液
				工序时间
			准终	单件

工步号	工步内容	工艺装备	主轴转速/(r/min)	切削速度/(m/min)	进给量/(mm/r)	背吃刀量/mm	走刀次数	工时定额	
								基本	辅助
描图									
描校									
底图号									

7.4 ▶ 典型零件机械加工工艺规程设计实例

7.4.1 主轴类零件的机械加工工艺规程

轴类零件是机械中的常见零件，也是重要零件，其主要功用是支承传动零部件（如齿轮、带轮等），并传递转矩。轴的基本结构是由回转体组成的，其主要加工表面有内外圆柱面、圆锥面、螺纹、花键、横向孔、沟槽等。轴类零件的技术要求主要有以下几个方面。

① 直径精度和几何形状精度。轴上的支承轴颈和配合轴颈是轴的重要表面，其直径的尺寸公称等级通常为IT5～IT9级，形状精度（圆度、圆柱度）控制在直径公差之内，当形状精度要求较高时，应在零件图样上另行规定其允许的误差。

② 相互位置精度。轴类零件中的配合轴颈（装配传动件的轴颈）相对支承轴颈的同轴度是其相互位置精度的普遍要求。普通精度的轴，配合轴颈对支承轴颈的径向圆跳动一般为0.01～0.03mm，高精度轴则为0.001～0.005mm。此外，相互位置精度还有内外圆柱间的同轴度，以及轴向定位端面与轴线的垂直度要求等。

③ 表面粗糙度。根据机械精密程度的高低和运转速度的大小，轴类零件的表面粗糙度要求也不相同。支承轴颈的表面粗糙度一般为 $0.16\sim0.63\mu m$，配合轴颈为 $0.63\sim2.5\mu m$。

（1）主轴的主要技术要求分析

① 支承轴颈的技术要求。一般轴类零件的装配基准是支承轴颈，轴上的各精密表面也均以其支承轴颈为设计基准，因此，轴上支承轴颈的精度最为重要，它的精度将直接影响轴的回转精度。由图7-8可见，该主轴有三处支承轴颈表面：前后带锥度的 A、B 面为主要支

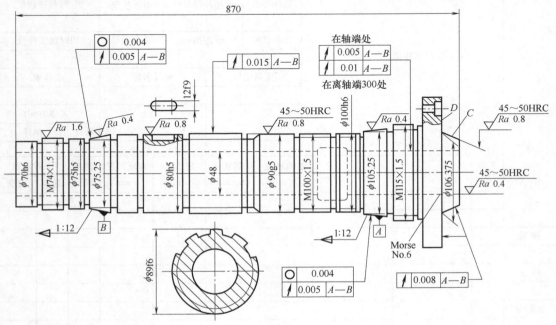

图 7-8 车床主轴的结构

承；中间为辅助支承，其圆度和同轴度（用跳动指标限制）均有较高的精度要求。

② 螺纹的技术要求。主轴螺纹用于装配螺母，该螺母用来调整安装在轴颈上的滚动轴承间隙，如果螺母端面相对于轴颈轴线发生倾斜，会使轴承内圈因受力而倾斜，而轴承内圈歪斜将影响主轴的回转精度。所以主轴螺纹的牙型要正确，与螺母的间隙要小。必须控制螺母的轴向圆跳动，使其在调整轴承间隙的微量移动中，对轴承内圈的压力方向正确。

③ 前端锥孔的技术要求。主轴锥孔是用于安装顶尖或工具的莫氏锥柄，锥孔的中心线必须与支承轴颈的轴线同轴，否则将影响顶尖或工具锥柄的安装精度，加工时会使工件产生定位误差。

④ 前端短圆锥和端面的技术要求。主轴的前端短圆锥和端面是安装卡盘的定位面，为保证安装卡盘的定位精度，其圆锥面必须与轴颈同轴，端面必须与主轴的回转轴线垂直。

⑤ 其他配合表面的技术要求。例如，对轴上与齿轮装配表面的技术要求是对 A、B 轴颈连线的圆跳动公差为 0.015mm，以保证齿轮传动的平稳性，降低噪声。

上述的①②项技术要求影响主轴的回转精度，而③④项技术要求影响主轴作为装配基准时的定位精度，第⑤项技术要求则影响工作噪声，这些表面的技术要求是主轴加工的关键技术问题。综上所述，对于轴类零件，可以从回转精度、定位精度、工作噪声三个方面分析其技术要求。

（2）主轴的材料、毛坯和热处理

① 主轴材料和热处理工艺的选择。一般轴类零件的常用材料为 45 钢，并根据需要进行正火、退火、调质、淬火等热处理以获得一定的强度、硬度、韧性和耐磨性。对于中等精度而转速较高的轴类零件，可选用 40Cr 等牌号的合金结构钢，这类钢经调质和表面淬火处理，使其淬火层硬度均匀且具有较高的综合力学性能。精度较高的轴还可使用轴承钢 GCr15 和弹簧钢 65Mn，它们经调质和局部淬火后，具有更高的耐磨性和耐疲劳性。在高速重载条件下工作的轴，可以选用 20CrMnTi 等渗碳钢，经渗碳淬火后，其表面具有很高的硬度，而心部的强度和冲击韧性好。在实际应用中，可以根据轴的用途选用其材料。例如，车床主轴属于一般轴类零件，其材料选用 45 钢，预备热处理采用正火和调质，最终热处理采用局部高频淬火。

② 主轴的毛坯。轴类毛坯一般使用锻件和圆钢，结构复杂的轴件（如曲轴）可使用铸件。光轴和直径相差不大的阶梯轴一般以圆钢毛坯为主；外圆直径相差较大的阶梯轴或重要的轴宜选用锻件毛坯，此时采用锻件毛坯既可减少切削加工量，又可以改善材料的力学性能。主轴属于重要直径相差大的零件，所以通常采用锻件毛坯。

（3）主轴加工的工艺过程

一般轴类零件加工简要的典型工艺路线是毛坯及热处理→轴件预加工→车削外圆→铣键槽等→最终热处理→磨削。图 7-8 所示的车床主轴，其生产类型为大批量生产，材料为 45 钢，毛坯为模锻件。该主轴的加工工艺路线如表 7-4。

表 7-4 车床主轴加工工艺过程

序号	工序名称	工序简图	加工设备
1	备料		
2	精密锻造		立式精锻机
3	热处理	正火	

序号	工序名称	工序简图	加工设备
4	锯头		
5	铣端面、钻中心孔		专用机床
6	荒车	车削各外圆面	卧式车床
7	热处理	调质，220~240HBW	
8	车削大端各部	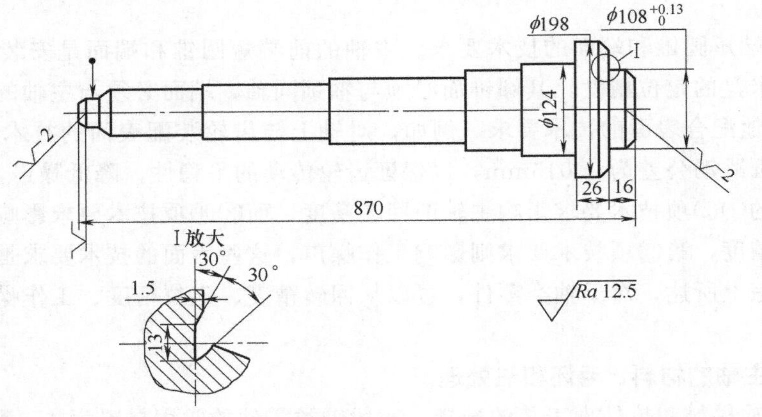	卧式车床
9	仿形车削小端各部	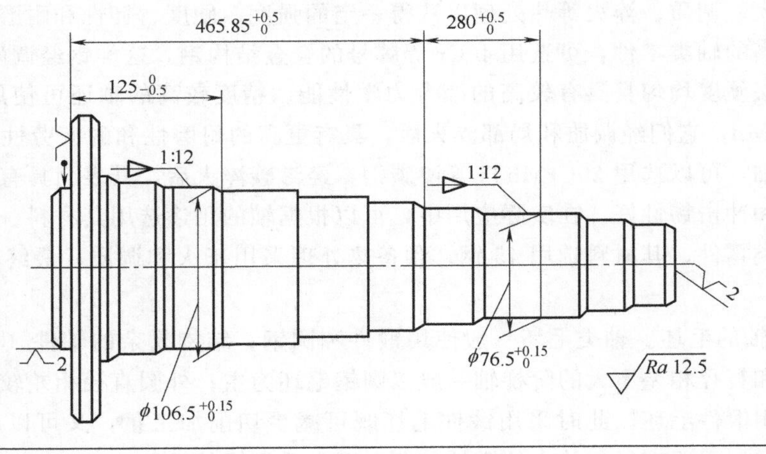	仿形车床
10	钻通孔	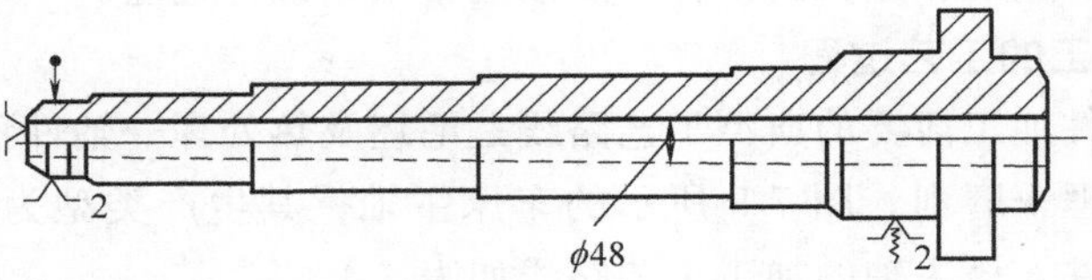	深孔钻床
11	车削小端内锥孔，配 1：20 锥堵	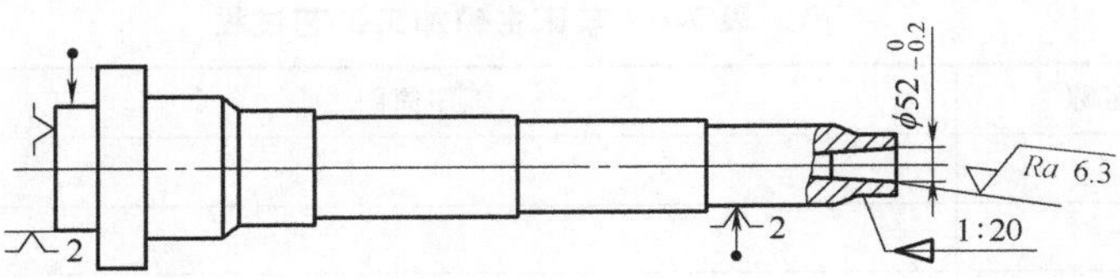	卧式车床

续表

序号	工序名称	工序简图	加工设备
12	车削大端锥孔,配莫氏锥度 No.6 锥堵,车削外圆锥及端面		卧式车床
13	钻大端锥面各孔		钻床
14	热处理	高频淬火 ϕ90g5、短锥及莫氏锥度 No.6 锥孔	
15	精车各外圆并车槽		数控车床
16	粗磨外圆		万能外圆磨床

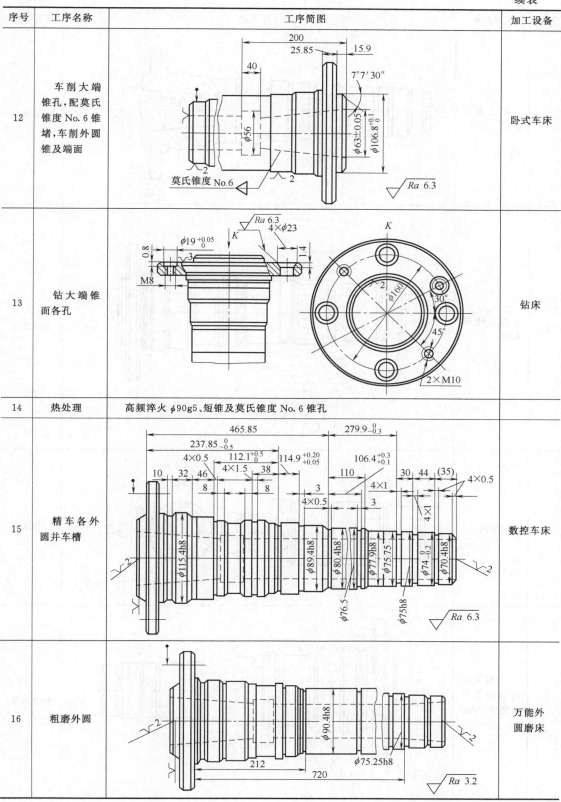

序号	工序名称	工序简图	加工设备
17	粗磨莫氏锥孔	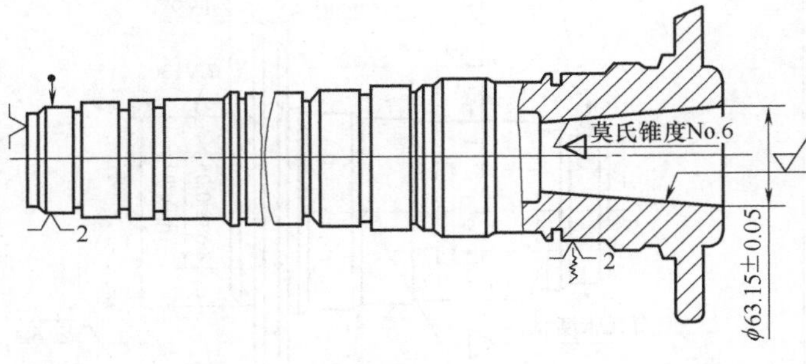 莫氏锥度No.6　　Ra 1.6　　φ63.15±0.05　　2　　2	内圆磨床
18	粗、精铣花键	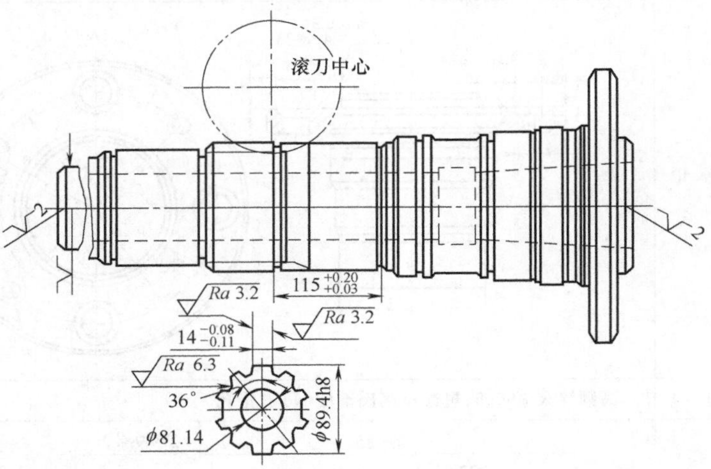 滚刀中心　　Ra 3.2　　115 +0.20/+0.03　　14 −0.08/−0.11　　Ra 3.2　　Ra 6.3　　36°　　φ81.14　　φ89.4h8	花键铣床
19	铣键槽	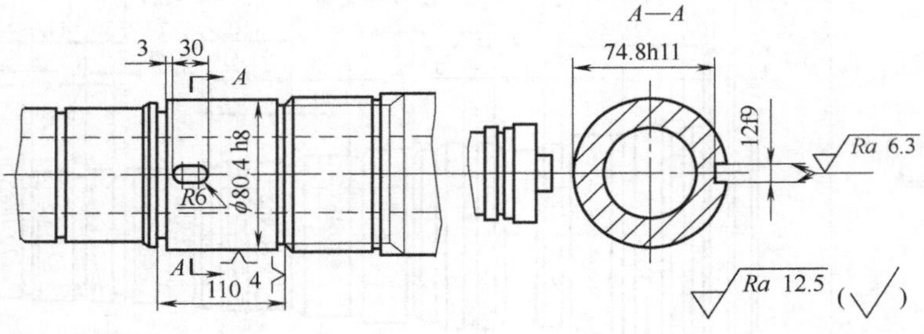 A—A　　3　30　　A　　74.8h11　　φ80.4 h8　　12f9　　Ra 6.3　　R6　　A　　110　4　　Ra 12.5 (√)	铣床
20	车削大端内侧面及三段螺纹(配螺母)	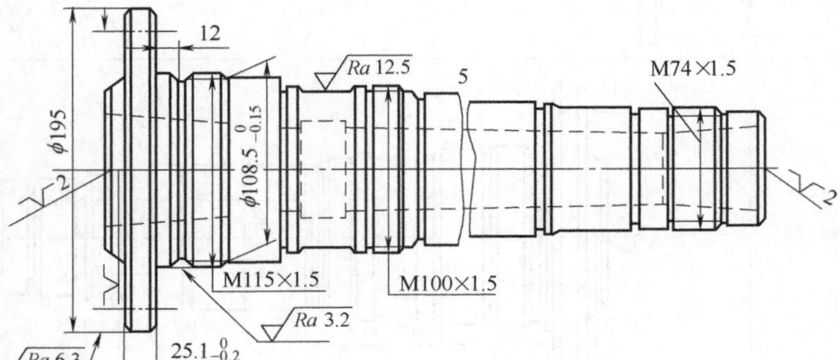 12　　Ra 12.5　　5　　M74×1.5　　φ195　　φ108.5 0/−0.15　　2　　M115×1.5　　M100×1.5　　Ra 3.2　　25.1 0/−0.2　　Ra 6.3	卧式车床

序号	工序名称	工序简图	加工设备
21	粗、精磨各外圆及 E、F 端面	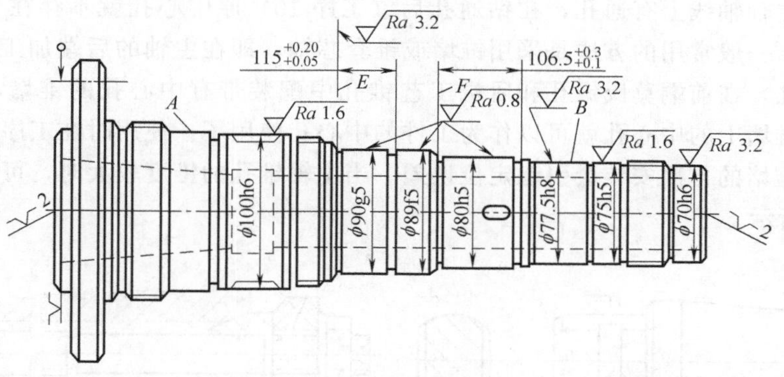	万能外圆磨床
22	粗、精磨圆锥面	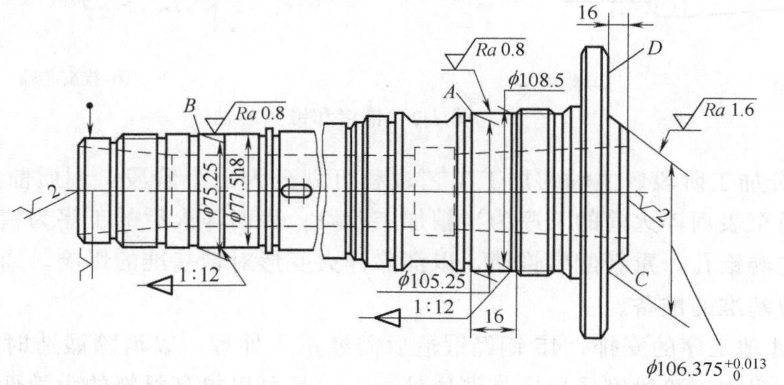	专用组合磨床
23	粗磨莫氏锥度 No.6 内锥孔	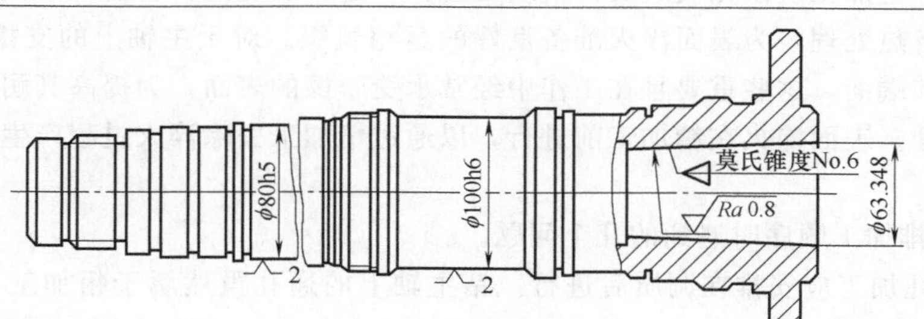	主轴锥孔磨床
24	检查	按图样技术要求项目进行检查	

① 定位基准的选择。在一般轴类零件加工中，最常用的定位基准是两端中心孔。因为轴上各表面的设计基准都是轴的轴线，所以用中心孔定位符合基准重合原则。同时，以中心孔定位可以加工多处外圆和端面，便于在不同的工序中都使用中心孔定位，这也符合基准统一原则。

② 当加工表面位于轴线上时，不能用中心孔定位，此时宜用外圆定位。例如，表 7-4 中的工序 10 为钻主轴上的通孔，就是采用以外圆定位的方法，轴的一端用卡盘装夹外圆，另一端用中心架托住外圆，即一夹一托。作为定位基准的外圆面应为设计基准的支撑轴颈，以符合基准重合原则。

此外，粗加工外圆时，为提高工件的刚度，可采取自定心卡盘夹一端（外圆）、用顶尖顶一端（中心孔）的一夹一顶定位方式，表7-4所示工艺过程中的工序6、8、9中采用这种定位方式。

由于主轴轴线上有通孔，在钻通孔后（工序10）原中心孔就不存在了，为仍能够用中心孔定位，一般常用的方法是采用锥堵或锥套芯轴，即在主轴的后端加工一个锥度为1：20的工艺锥孔，在前端莫氏锥孔和后端工艺锥孔中配装带有中心孔的锥堵，如图7-9（a）所示，这样锥堵上的中心孔就可以作为工件的中心孔使用了。使用时在工序之间不允许卸换锥堵，因为锥堵的再次安装会引起定位误差。当主轴锥孔的锥度较大时，可用锥套芯轴，如图7-9（b）所示。

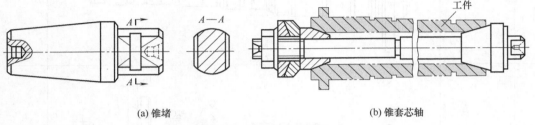

(a) 锥堵　　　　　　　　　　　　　　　　　　(b) 锥套芯轴

图 7-9　锥堵和锥套芯轴

③ 划分加工阶段。主轴的加工工艺过程可划分为三个阶段：调质前的工序为粗加工阶段；调质后至表面淬火前的工序为半精加工阶段；表面淬火后的工序为精加工阶段。表面淬火后，首先磨锥孔，重新配装锥堵，以消除淬火变形对精基准的影响，通过精修基准为精加工做好定位基准的准备。

④ 热处理工序的安排。45钢经锻造后需经正火处理，以消除锻造时产生的应力，改善切削性能。粗加工阶段完成后安排调质处理：一是可以提高材料的力学性能，二是作为表面淬火的预备热处理，为表面淬火准备良好的金相组织。对于主轴上的支撑轴颈、莫氏锥孔、前端圆锥和端面，这些重要且在工作中经常承受摩擦的表面，为提高其耐磨性，均需进行表面淬火处理。表面淬火在精加工前进行，以通过精加工去除淬火过程产生的氧化皮，修正淬火变形。

⑤ 安排加工顺序时遇到的几个问题。

a. 深孔加工应安排在调质后进行。钻主轴上的通孔虽然属于粗加工工序，但却宜安排在调质后进行。因为主轴经调质后径向变形大，如先加工深孔后进行调质处理，会使深孔变形而得不到修正（除非增加工序）。安排调质处理后再钻深孔，就避免了热处理变形对孔的形状的影响。

b. 外圆表面的加工顺序。对轴上的各阶段外圆表面，应先加工大直径的外圆，后加工小直径的外圆，以避免加工初始就降低工件刚度。

c. 铣花键和键槽。花键和键槽等次要表面的加工应安排在精车外圆之后，否则在精车外圆时会产生断续切削而影响车削精度，也容易损坏刀具。主轴上的螺纹精度要求高，为保证与之配装的螺母的轴向圆跳动公差，要求螺纹与螺母成对配车，加工后不许将螺母卸下，以避免弄混。所以车螺纹应安排在表面淬火后进行。

d. 数控车削加工。数控机床的柔性好，加工适应性强，适用于中、小批量生产。本主轴加工虽然属于大批量生产，但是为便于产品的更新换代，提高生产率，保证加工精度的稳定性，在表7-4所示主轴加工工艺过程中的工序15也可采用数控机床加工。在数控机床加工工序中，

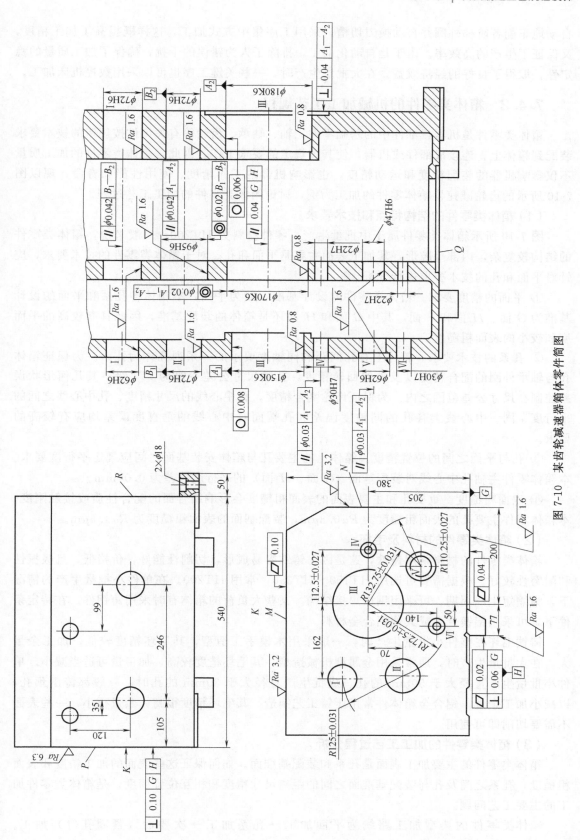

图 7-10 某齿轮减速器箱体零件简图

自动地车削各阶梯外圆并自动换刀切槽，采用工序集中方式加工，这样既提高了加工精度，又保证了生产的高效率。由于是自动化加工，排除了人为错误的干扰，确保了加工质量的稳定性，取得了良好的经济效益。在大批量生产时，一些关键工序也可以采用数控机床加工。

7.4.2 箱体类零件的机械加工工艺规程

箱体类零件是机器或部件中的基础零件，轴、轴承、齿轮等有关零件按规定的技术要求装配到箱体上，连接成部件或机器，使其按规定的要求工作。因此，箱体类零件的加工质量不仅影响机器的装配精度和运动精度，也影响机器的工作精度、使用性能和寿命，现以图 7-10 所示的齿轮减速器箱体零件的加工为例，讨论箱体类零件的加工工艺过程。

（1）箱体类零件的结构特点和技术要求

图 7-10 所示箱体类零件属于中批量生产，零件材料为 HT200。一般来说，箱体类零件的结构较复杂，内部呈腔形，其加工表面主要是平面和孔。对于箱体类零件的技术要求，应针对平面和孔的技术要求进行分析。

① 平面的精度要求。箱体类零件的设计基准一般为平面，本箱体各孔系和平面的设计基准为 G 面、H 面和 P 面，其中 G 面和 H 面还是箱体的装配基准，因此具有较高的平面度和较小的表面粗糙度。

② 孔系的技术要求。箱体上有孔间距和同轴度要求的一系列孔称为孔系。为保证箱体孔与轴承外圈的配合精度以及轴的回转精度，孔的尺寸公差等级为 IT7 级，其几何形状误差控制在尺寸公差范围之内。为保证齿轮啮合精度，孔中心线的尺寸精度、孔中心线之间的平行度、同一中心线上各孔的同轴度误差和孔端面对中心线的垂直度误差均应有较高的要求。

③ 孔与平面之间的位置精度。箱体上的主要孔与箱体安装基面之间应规定平行度要求。本箱体零件主轴孔中心线对装配基面（G 面、H 面）的平行度公差为 0.04mm。

④ 表面粗糙度。重要孔和主要表面的表面粗糙度会影响结合面的配合性质或接触刚度。本箱体零件主要孔的表面粗糙度为 $Ra0.8\mu m$，装配基面的表面粗糙度为 $Ra1.6\mu m$。

（2）箱体类零件的材料及毛坯

箱体类零件的材料常用铸铁，这是因为铸铁容易成形，切削性能好，价格低，且吸振性和耐磨性较好。根据需要可选用 HT150～HT350，常用 HT200。在单件小批量生产的情况下，为缩短生产周期，可采用钢板焊接结构。某些大负荷的箱体有时采用铸钢件。在特定条件下，可采用铝镁合金或其他铝合金材料。

铸铁毛坯在整件小批量生产时，一般采用木模手工造型，其毛坯精度较低，加工余量大。在大批量生产时，通常采用金属型机械造型，其毛坯精度较高，加工量可适当减小。单件小批量生产直径大于 50mm 的孔、成批生产直径大于 30mm 的孔时，一般都铸出预孔，以减小加工余量。铝合金箱体件常用压铸工艺制造，其毛坯精度很高，余量很小，一些表面不需要切削即可使用。

（3）箱体类零件的加工工艺过程分析

箱体类零件的主要加工表面是孔系和装配基准面。如何保证这些表面的加工精度和表面粗糙度，孔系之间及孔与装配基准面之间的距离尺寸精度和相互位置精度，是箱体类零件加工的主要工艺问题。

箱体类零件的典型加工路线为平面加工→孔系加工→次要面（紧固孔等）加工。

图 7-10 所示箱体类零件的加工工艺过程见表 7-5。

表 7-5 减速器箱体类零件的加工工艺过程

序号	工序内容	定位基准
1	铸造	
2	时效	
3	清砂、涂底漆	
4	划各孔、各面加工线,考虑Ⅱ、Ⅲ孔加工余量并兼顾内壁及外形	
5	按线找正、粗刨 M 面、斜面,精刨 M 面	
6	按线找正、粗、精刨 G、H、N 面	M 面
7	按线找正、粗、精刨 P 面	G 面、H 面
8	粗镗纵向各孔	G 面、H 面、P 面
9	铣底面 Q 处开口沉槽	M 面、P 面
10	刮研 G、H 面达 $8\sim10$ 点/25mm^2	
11	半精镗、精镗纵向各孔及 R 面主轴孔法兰面	G 面、H 面、P 面
12	钻镗 N 面上横向各孔	G 面、H 面、P 面
13	钻 G、N 面上各次要孔,螺纹底孔	M 面
14	攻螺纹	
15	钻 M、P、R 面上各螺纹底孔	G 面、H 面、P
16	攻螺纹	
17	检验	

① 主要表面加工方法的选择。箱体的主要加工表面有平面和轴承支承孔。当生产批量较大时,可采用各种组合铣床对箱体各平面进行多刀、多面同时铣削;对于尺寸较大的箱体,也可在多轴龙门铣床上进行组合铣削,可有效提高箱体平面加工的生产率。箱体平面的精加工,在单件小批量生产时,除一些高精度的箱体仍需手工刮研外,一般多用精刨代替传统的手工刮研;当生产批量大而精度较高时,则多采用磨削。为提高生产率和平面之间的位置精度,可采用专用磨床进行组合磨削。

对于箱体上公差等级为 IT7 级的轴承支承孔,一般需要经过 $3\sim4$ 次加工,可采用扩→粗铰→精铰,或采用粗镗→半精镗→精镗的工艺方案进行加工(若未铸出预孔,则应先钻孔)。以上两种工艺方案,表面粗糙度可达 $Ra0.8\sim1.6\mu m$。铰削方案用于加工直径较小的孔,镗削方案用于加工直径较大的孔。当孔的尺寸公差等级超过 IT6 级,表面粗糙度小于 $Ra0.4\mu m$ 时,还应增加一道精密加工工序,常用的方法有精细镗、滚压、珩磨、浮动镗等。

② 箱体加工定位基准的选择。

a. 粗基准的选择。粗基准的选择对零件加工主要有两个方面的影响,即影响零件上加工表面与不加工表面的位置以及加工表面的余量分配。为了满足上述要求,一般宜选择箱体上重要孔的毛坯孔作为粗基准。本箱体零件就是以主轴孔Ⅲ和距主轴孔较远的Ⅱ轴孔作为粗基准的。在本箱体的不加工面中,内壁面与加工面(轴孔)之间的位置关系很重要,因为箱体中的大齿轮与不加工内壁的间隙很小,若是加工出的轴承孔与内壁有较大的位置误差,则会使大齿轮与内壁相碰,从这一点出发,应选择内壁作为粗基准,但是夹具的定位结构不易实现以内壁定位。由于铸造时内壁和轴孔是用同一个型芯浇注的,以轴孔为粗基准可同时满足上述两方面的要求,因此,在实际生产中,一般以轴孔为粗基准。

b. 精基准的选择。选择精基准的依据主要是应能保证加工精度,所以一般优先考虑基准重合原则和基准统一原则。本零件的各孔系和平面的设计基准和装配基准为 G 面、H 面和 P 面,因此,可采用 G 面、H 面和 P 面作为精基准定位。

③ 箱体加工顺序的安排。箱体机械加工顺序的安排一般应遵循以下原则。

a. 先面后孔的原则。箱体加工顺序的一般规律是先加工平面，后加工孔。先加工平面，可以为孔的加工提供可靠的定位基准，再以平面为精基准定位加工孔。平面的面积大，以平面为基准定位加工孔的夹具结构简单、可靠；反之，则夹具结构复杂，定位也不可靠。由于箱体上的孔分布在平面上，先加工平面可以去除铸件毛坯表面的凹凸不平、夹砂等缺陷，对孔加工有利，如可减小钻头的歪斜、防止刀具崩刃，同时对刀调整也方便。

b. 先主后次的原则。箱体上用于紧固的螺孔、小孔等可视为次要表面，因为这些次要表面往往需要依据主要表面（轴孔）定位，所以这些孔的加工应在轴孔加工后进行。对于次要孔与主要孔相交的孔系，必须先完成主要孔的精加工，再加工次要孔，否则会使主要孔的精加工产生断续切削、振动，从而影响主要孔的加工质量。

c. 孔系的数控加工。由于箱体零件具有加工表面多、加工孔系的精度高、加工量大的特点，生产中常使用高效自动化的加工方法。过去在大批量生产中，主要采用的组合机床和加工自动线，现在数控加工技术，如加工中心、柔性制造系统等已逐步应用于各种不同的批量生产中。车床主轴箱体的孔系也可选择在卧式加工中心上加工，加工中心的自动换刀系统使得一次装夹可完成钻、扩、铰、镗、铣、攻螺纹等加工，减少了装夹次数，同时符合工序集中的原则，提高了生产率。

7.4.3 齿轮类零件的机械加工工艺规程

（1）齿轮的结构特点

齿轮机构是现代机械中应用最广泛的传动机构之一，它可以用来传递空间任意两轴之间的运动和动力，具有传动功率范围大、效率高、传动比准确、使用寿命长、工作安全可靠等特点。图 7-11 为车床进给控制机构的齿轮，模数为 4mm，齿数为 60，压力角（齿形角）为 20°的标准直齿圆柱齿轮，由工作轴的转动来控制自动进给，啮合次数较多且进给量控制要求较高，所以其加工精度要求高。

（2）齿轮的主要技术要求分析

齿坯基准面精度为基准内孔精度，为 IT7；两端面对内孔轴线的端面圆跳动为 0.036mm；表面粗糙度 Ra 基准孔为 1.6μm，两端面为 3.2μm，齿面为 1.6μm；键槽的对称度为 0.015mm。本例中齿轮为批量生产，内孔与键槽加工可以采用专用拉刀，直接保证内孔与键槽精度要求。

（3）齿轮的材料和毛坯

由于啮合次数较多，且受力较大，所以要求齿轮的齿面要硬，齿芯要韧，选择锻造毛坯，材料采用 20CrMnTi 钢。

（4）齿轮的机械加工工艺过程

1）定位基准的选择

带孔齿轮在齿面加工时，常采用以下两种定位、夹紧方式。

以内孔和端面定位：这种定位方式是以齿轮内孔定位，确定定位位置，再以端面作为轴向定位基准，并对着端面夹紧。这样可使定位基准、设计基准、装配基准和测量基准重合，定位精度高，适合于批量生产。但对于夹具的制造精度要求较高。

以外圆和端面定位：当齿轮和芯轴的配合间隙较大时，采用千分表校正外圆以确定中心的位置，并以端面进行轴向定位，从另一端面夹紧。这种定位方式因每个工件都要校正，故

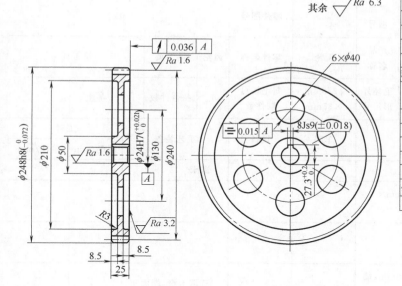

模 数	m_n	4
齿 数	Z	60
齿形角	α_n	20°
齿顶高系数	h_a^*	1
变位系数	X_a	0
精度等级(GB 10295—2005)		7－7－6GJ
相配	件号	(件号)
齿轮	齿数 Z	15
齿距总偏差	F_b	0.072mm
径向跳动公差	F_r	0.058mm
齿廓总偏差	f_a	0.030mm
单个齿距偏差	f_{pt}	0.020mm
螺旋线总偏差	F_β	0.025mm
公法线长度及偏差	$W_k\dfrac{E_{bra}}{E_{brl}}$	$80.117\binom{-0.08}{-0.20}$mm
跨齿数	k	7

图 7-11 进给齿轮

生产率低；同时对齿坯的内、外圆同轴度要求高，而对夹具精度要求不高，故适用于单件、小批量生产。

综上所述，为了减少定位误差，提高齿轮加工精度，在加工时应满足以下要求：

① 应选择基准重合、统一的定位方式；

② 内孔定位时，配合间隙应尽可能减少；

③ 定位端面与定位孔或外圆应在一次装夹中加工出来，以保证垂直度。

最终选择以齿轮内孔和端面定位，再以端面作为轴向定位基准，并对着端面夹紧，使定位基准、设计基准、装配基准和测量基准重合。

2）划分加工阶段，确定加工顺序

齿形加工是齿轮加工的关键，其方案的选择取决于多方面的因素，如设备条件、齿轮精度等级、表面粗糙度、硬度等。

齿轮的齿端加工有倒圆、倒尖、倒棱和去毛刺等方式。经倒圆、倒尖后的齿轮在换挡时容易进入啮合状态，减少撞击现象。倒棱可除去齿端尖角和毛刺，用指状铣刀对齿端进行倒圆。齿端加工必须在淬火之前，在插齿之后进行。因此，齿轮加工工艺过程大致可以划分为以下几个阶段。

① 齿轮毛坯的形成：自由锻。

② 粗加工：切除较多的余量。

③ 半精加工：滚齿。

④ 热处理：淬火。

⑤ 精加工：精修基准、精加工齿形。

（5）齿轮的机械加工工艺过程分析

表 7-6 为进给齿轮的机械加工工艺过程卡片，其内孔精度要求较高，因此加工中穿插一道淬火热处理，再进行磨内孔，达到尺寸精度与表面精度要求。

表 7-6 进给齿轮的机械加工工艺过程卡

（工厂名）机械加工工艺过程卡		产品型号		零件图号		01			
		产品名称	齿轮	零件名称	齿轮	共 1 页		第 1 页	
材料牌号	45 钢	毛坯种类	锻件	毛坯外形尺寸	ϕ258mm ×35mm	每毛坯可制件数	1	每台件数 1	备注

工序号	工序名称	工序内容	车间	设备	工艺装备	工时	
						准终/min	单件/min
1	下料	棒料		锯床			
2	锻造	毛坯锻造尺寸 ϕ258mm×35mm					
3	热处理	正火					
4	粗车	粗车外圆至 ϕ248.8mm，端面、圆孔口倒角 1×45°，调头车端面。端面留加工余量 1~3mm	机加工	卧式车床 CA6140	三爪卡盘，端面车刀，内孔车刀，切断刀，倒角车刀	3	10
5	钻	钻 6×ϕ40mm 孔	机加工	钻床 Z40	夹具，麻花钻	0.5	5
6	拉	拉孔至 ϕ23.7mm，键槽深至 $\phi27.3^{+0.02}_{0}$mm，键槽宽 8Js9(±0.018)mm	机加工	L6120 卧式拉床	专用夹具，专用拉刀	5	10
7	精车	精车外圆至 $\phi248h11(^{0}_{-0.29})$mm，精车两端面至尺寸 25mm	机加工	卧式车床 CA6140	三爪卡盘，外圆车刀	5	10
8	检验	齿轮毛坯检验					
9	滚齿	滚齿，留剃齿余量	机加工	滚齿机	专用夹具，模数 4 的滚齿刀	15	30
10	热处理	渗碳淬火，低温回火至 56~64HRC					
11	磨孔	磨内孔至 $\phi24h7(^{+0.021}_{0})$mm	机加工	万能内外圆磨床 M1420	专用夹具，砂轮 WA 46KV6P 350mm×40mm×127mm，卡板	20	30
12	剃齿	剃齿面		YA4232		15	30
13	检验	在配对检验机上测验齿轮					
14	入库						
					签字	设计	标准化
标记	处数	更改文件号	签字	日期	标记 处数	更改文件号	

7.4.4 连杆类零件的机械加工工艺规程

（1）汽车连杆的结构特点

连杆是汽车发动机中的主要传动部件之一，在发动机中，它把作用于活塞顶面的膨胀压力传递给曲轴，又受曲轴的驱动而带动活塞压缩气缸中的气体。连杆在工作中承受着急剧变化的动载荷。连杆由连杆体及连杆盖两部分组成，连杆体及连杆盖上的大头孔用螺栓和螺母与曲轴装在一起。为了减少磨损和便于维修，连杆的大头孔内装有薄壁金属轴瓦，轴瓦有钢质的底，底的内表面浇注有一层耐磨巴氏合金轴瓦金属。在连杆体大头和连杆盖之间有一组垫片，可以用来补偿轴瓦的磨损。连杆小头通过活塞销与活塞连接。小头孔内压入青铜衬套，以减少小头孔与活塞销的磨损，同时便于在磨损后进行修理和更换。

在发动机工作过程中，连杆受膨胀气体交变压力的作用和惯性力的作用，连杆除应具有足够的强度和刚度外，还应尽量减小其自身的质量，以减小惯性力的作用。连杆杆身一般都采用从大头到小头逐步变小的工字形截面形状。

连杆的作用是把活塞和曲轴连接起来，使活塞的往复直线运动变为曲柄的回转运动，以输出动力。因此，连杆的加工精度将直接影响发动机的性能，而其加工工艺的选择又是直接影响精度的主要因素。反映连杆精度的参数主要有五个：①连杆大端中心面和小端中心面对连杆杆身中心面的对称度；②连杆大、小头孔中心距尺寸精度；③连杆大、小头孔中心线之间的平行度；④连杆大、小头孔的尺寸精度和形状精度；⑤连杆大头螺栓孔与结合面的垂直度。

（2）连杆的主要技术要求

连杆上需进行机械加工的主要表面为大、小头孔及其两端面，连杆体与连杆盖的结合面及连杆螺栓定位孔等。汽车发动机连杆总成的主要技术要求如图 7-12 所示。

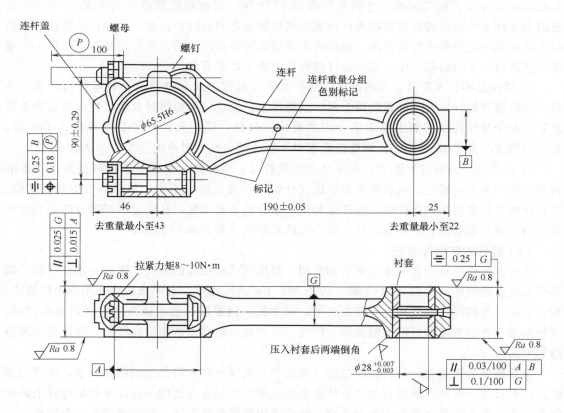

图 7-12　汽车发动机连杆总成的主要技术要求

① 大、小头孔的尺寸精度和形状精度。为了使大头孔与轴瓦及曲轴、小头孔与活塞销能密切地配合，减少冲击的不良影响和便于传热，大头孔的尺寸公差等级为 IT6 级，表面粗糙度应不大于 $Ra0.4\mu m$；大头孔的圆柱度公差为 0.012mm，小头孔的尺寸公差等级为 IT8 级，表面粗糙度应不大于 $Ra3.2\mu m$。小头压衬套底孔的圆柱度公差为 0.0025mm，竖线平行度公差为 0.03mm/100mm。

② 大、小头孔中心线在两个互相垂直方向上的平行度。两孔中心线在连杆轴线方向上的平行度误差会使活塞在气缸中倾斜，从而造成气缸壁磨损不均匀，同时会使曲轴的连杆轴颈产生边缘磨损，所以两孔中心线在连杆轴线方向的平行度公差较小；而两孔中心线在垂直于连杆轴线方向的平行度误差对不均匀磨损的影响较小，因此其公差值较大。两孔中心线在连杆轴线方向的平行度公差为 0.04mm/100mm；在垂直于连杆中心线的方向，平行度公差为 0.06mm/100mm。

③ 大、小头孔中心距。大、小头孔的中心距影响着气缸的压缩比，即影响着发动机的效率，所以有比较高的要求，其值为 (190±0.05) mm。

④ 连杆大头孔两端面对中心线的垂直度。连杆大头孔两端面对中心线的垂直度影响轴瓦的安装和磨损，其超差时甚至会引起烧伤，所以规定其垂直度公差等级应不低于 IT9（大头孔两端面对其中心线的垂直度公差为 0.015mm。

⑤ 大、小头孔两端面的技术要求。连杆大、小头孔两端面之间距离的公称尺寸相同，但对其技术要求不同，大头孔两端面的尺寸公差等级为 IT9 级，表面粗糙度不大于 $Ra0.8\mu m$；小头孔两端面的尺寸公差等级为 IT12 级，表面粗糙度值不大于 $Ra6.3\mu m$。这是因为连杆大头孔两端面与曲轴连杆轴颈两轴肩端面之间有配合要求，而连杆小头孔两端面与活塞销孔座之间没有配合要求。连杆大头端面之间距离尺寸的公差带正好落在连杆小头端面之间距离尺寸的公差带中，这给连杆的加工带来了许多方便。

⑥ 螺栓孔的技术要求。如前所述，连杆在工作过程中受到急剧的动载荷作用，这一动载荷又传递到连杆体和连杆盖的两个螺栓及螺母上。因此，除对螺栓及螺母提出高的技术要求外，对于螺栓孔及端面也提出了一定的要求。包括：螺栓孔的尺寸公差等级为 IT8 级，表面粗糙度不大于 $Ra6.3\mu m$；两螺栓孔相对大头孔剖分面的对称度公差为 0.25mm。

⑦ 有关结合面的技术要求。在连杆受动载荷时，结合面的歪斜会使连杆盖及连杆体沿着剖分面产生相对错位，这将造成曲轴的连杆轴颈和轴瓦结合不良，从而产生不均匀磨损。结合面的平行度将影响连杆体、连杆盖和垫片贴合的紧密程度，从而也影响螺栓的受力情况和曲轴、轴瓦的磨损。对于本连杆，结合面的平面度公差为 0.025mm。

（3）连杆的材料和毛坯

连杆在工作中承受多向交变载荷的作用，要求其具有很高的强度。因此，连杆材料一般采用高强度碳钢和合金钢，如 45 钢、40Cr 钢、40CrMn 钢等，近年来也有采用球墨铸铁的。粉末冶金零件的尺寸精度高、材料损耗少、成本低，随着粉末冶金锻造工艺的出现和应用，使粉末冶金件的密度和强度大幅提高。因此，采用粉末冶金工艺制造连杆是一种很有发展前途的方法。

主要根据生产类型、材料的工艺性（塑性等）及零件对材料的组织性能要求，零件的形状及外形尺寸，毛坯车间现有生产条件及采用先进毛坯制造方法的可能性来确定连杆毛坯的制造方法。由于生产纲领为大批量生产，连杆多用模锻制造毛坯。连杆模锻形式有两种：一种是体和盖分开锻造，另一种是将体和盖锻成一体。整体锻造的毛坯，需要在以后的机械加工过程中将其切开，为保证切开后粗磨孔余量的均匀性，最好将整体连杆大头孔锻成椭圆形。相对于分体锻造而言，整体锻造存在着所需锻造设备动力大和金属纤维被切断等问题，但由于整体锻造的连杆毛坯具有材料损耗少、锻造工时少、模具少等优点，故用得越来越多。总之，毛坯种类和制造方法的选择应使零件总的生产成本降低，性能提高。

（4）连杆的机械加工工艺过程

由上述对技术条件的分析可知，连杆的尺寸精度、形状精度以及位置精度的要求都很高，但是连杆的刚性比较差，容易产生变形，这就给连杆的机械加工带来了很多困难，必须引起充分的重视。下面分析连杆的机械加工工艺过程，见表 7-7。

表 7-7　连杆的机械加工工艺过程

工序	工序名称	工序内容	工艺装备
1	铣	铣削连杆大、小头两平面，每面留磨削余量 0.5mm	立式铣床
2	粗磨	以一大平面定位，磨削另一大平面，保证轴线对称	平面磨床
3	钻	以基面定位，钻、扩、铰小头孔	摇臂钻床
4	铣	以基面及大、小头孔定位，装夹工件铣削两侧面尺寸 (99 ± 0.1) mm，保证对称（此平面为工艺基准面）	组合机床或专用工装
5	扩	以基面定位，以小头孔定位，扩大头孔达到 $\phi60$mm	摇臂钻床
6	铣	以基面及大、小头孔定位，装夹工件，切开工件，编号杆身及上盖，分别打标记	组合机床或专用工装锯片，铣刀厚 2mm
7	铣	以基面和一侧面定位装夹工件，铣削连杆体和盖结合面，保证直径方向的测量深度为 27.5mm	组合夹具或专用工装
8	磨	以基面和一侧面定位装夹工件，磨削连杆体和盖结合面	平面磨床
9	铣	以基面及结合面定位装夹工件，铣削连杆体和盖的 $5^{+0.10}_{-0.05}$mm× 8mm 斜槽	组合夹具或专用工装
10	锪	以基面、结合面和一侧面定位，装夹工件，锪两螺栓座面 $R12^{+0.3}_{0}$mm，$R11$mm，保证尺寸 (22 ± 0.25)mm	卧式铣床
11	钻	钻 $2\times\phi10$mm 螺栓孔	平面磨床
12	扩	先扩 $2\times\phi12$mm 螺栓孔，再扩 $2\times\phi13$mm 深 19mm 螺栓孔并倒角	平面磨床
13	铰	铰 $2\times\phi12.2$mm 螺栓孔	平面磨床
14	钳	用专用螺钉将连杆体连杆盖装成连杆组件	
15	镗	粗镗大头孔	卧式镗床
16	倒角	大头孔两端倒角	卧式铣床
17	磨	精磨大、小头两端面，保证大端面厚度为 $38^{+0.170}_{-0.232}$mm	平面磨床
18	镗	以基面、一侧面定位，半精镗大头孔、精镗小头孔至图样尺寸，中心距为 (190 ± 0.05)mm	可调双轴镗床
19	镗	精镗大头孔至尺寸要求	深孔钻镗床
20	称重	称量不平衡质量	弹簧秤
21	钳	按规定值去质量	
22	钻	钻连杆小头油孔 $\phi6.5$mm、$\phi10$mm	卧式镗床

工序	工序名称	工序内容	工艺装备
23	压	压铜套	双面气动压床
24	挤压	挤压铜套孔	压床
25	倒角	小头孔两端倒角	卧式铣床
26	镗	半精镗、精镗小头铜套孔	深孔钻镗床
27	珩磨	珩磨大头孔	珩磨机床
28	检	检查各部分尺寸及其精度	
29	探伤	无损探伤及检验硬度	
30	入库		

连杆的主要加工表面为大、小头孔和两端面，其中较重要的加工表面为连杆体和盖的结合面及连杆螺栓孔定位面，次要加工表面为轴瓦锁口槽、油孔、大头两侧面及连杆体和盖上的螺栓座面等。

连杆的机械加工路线围绕主要表面的加工来安排，它可分为三个阶段：第一阶段为连杆体和盖切开之前的加工；第二阶段为连杆体和盖切开后的加工；第三阶段为连杆体和盖合装后的加工。第一阶段的加工主要是为后续加工准备精基准（端面、小头孔和大头孔外侧面）。第二阶段主要是加工除精基准以外的其他表面，包括大头孔的粗加工，为合装做准备的螺栓孔和结合面的粗加工，以及轴瓦锁口槽的加工等。第三阶段则主要是最终保证连杆各项技术要求的加工，包括连杆合装后大头孔的半精加工和端面的精加工以及大、小头孔的精加工。如果按连杆合装前后来分，合装之前的工艺路线属于主要表面的粗加工阶段，合装之后的工艺路线则为主要表面的半精加工、精加工阶段。

（5）连杆的机械加工工艺过程分析

① 工艺过程的安排。在连杆加工中，有两个主要因素影响加工精度：一是连杆本身的刚度比较低，在外力（切削力、夹紧力）的作用下容易变形；二是连杆是模锻件，孔的加工余量大，切削时将产生较大的残余内应力，并引起内应力的重新分布。因此，在安排工艺进程时，应把各主要表面的粗、精加工工序分开，即把粗加工安排在前，半精加工安排在中间，精加工安排在后面。

各主要表面的工序安排如下。

两端面：粗铣—精铣—粗磨—精磨。

小头孔：钻孔—扩孔—铰孔—精铰—压入衬套—精镗。

大头孔：扩孔—粗镗—半精镗—精镗—珩磨。

对于次要表面的加工，则视需要和可能安排在工艺过程的中间或后面。

② 定位基准的选择。在连杆机械加工工艺过程中，大部分工序选用连杆的一个指定的端面和小头孔作为主要基准，并用大头孔指定一侧的外表面作为另一基面。这是由于端面的面积大，定位比较稳定，用小头孔定位可直接控制大、小头孔的中心距。这样就使各工序中的定位基准统一起来，减少了定位误差。

在第一道工序中，工件的各个表面都是毛坯表面，其定位和夹紧条件都较差，而加工余量和切削力都较大，如果工件本身的刚性也差，则对加工精度会有很大影响。因此，第一道工序的定位和夹紧方法的选择，对整个工艺过程的加工精度有很大影响。在连杆加工工艺路线中，在精加工主要表面之前，先粗铣两个端面，其中粗磨端面又是以毛坯端面为基准定位的。因此，粗铣就是关键工序。粗铣时工件的定位方法有两种：一种方法是以毛坯端面为基准定位，在侧面和端部夹紧，粗铣一个端面后，翻转工件以铣好的端面定位，铣另一个毛坯面。但是，由于毛坯面不平整，连杆的刚性又差，定位夹紧时，工件可能发生变形，粗铣后端面似乎平整了，但放松后工件又恢复变形，影响后续工序的定位精度。另一种方法是以连杆的大头外形及连杆身的对称面定位，采用这种定位方法时，工件在夹紧时的变形较小，同时可以铣工件的端面，使一部分切削力互相抵消，易于得到平面度较好的平面。同时，由于是以对称面定位，毛坯在加工后的外形偏差也比较小。

③ 确定合理的夹紧方法。连杆的刚性比较差，应特别注意夹紧力的大小、作用力的方向以及受力点的选择，避免因受夹紧力的作用使连杆产生变形，而影响加工精度。在本例粗铣两端面的夹具中，夹紧力的方向与端面平行，在夹紧力的作用方向上，大头端部与小头端部的刚性高，变形小，即使有一些变形，也产生在平行于端面的方向上，很少或不会影响端面的平面度。夹紧力通过工件直接作用在定位元件上，可避免工件产生弯曲或扭转变形。

在加工大、小头孔的工序中，主要夹紧力垂直作用于大头端面上，并由定位元件承受，以保证所加工孔的圆度。在精镗大、小头孔时，只以大平面（基面）定位，并且只夹紧大头这一端。小头一端以销定位后，用螺钉在另一侧面夹紧。小头一端不在端面上定位夹紧，避免了可能产生的变形。

④ 连杆两端面的加工。采用粗铣、精铣、粗磨、精磨四道工序，并将精磨工序安排在精加工大、小头孔之前，以便改善基面的平面度，提高孔的加工精度。粗磨在转盘磨床上，使用砂瓦拼成的砂轮端面进行磨削，这种方法的生产率较高。精磨在平面磨床上用砂轮进行周磨，这种方法的生产率低一些，但精度较高。

⑤ 连杆大、小头孔的加工。连杆大、小头孔的加工是连杆机械加工中的重要工序，其加工精度对连杆质量有较大影响。小头孔是定位基面，在用作定位基面之前，它经过了钻、扩、铰三道工序。钻削时以小头孔外形定位，这样可以保证加工后的孔与外圆的同轴度误差较小。小头孔在钻、扩、铰后，在可调双轴镗床精镗，公差等级达到 IT6 级，然后压入铜套，再以铜套内孔定位精镗小头铜套孔。由于铜套的内孔与外圆存在同轴度误差，这种定位方法有可能使精镗后的铜套孔与大头孔的中心距超差。

大端孔经过扩、粗镗、半精镗、精镗和珩磨，公差等级达到 IT6 级，表面粗糙度为 $Ra0.4\mu m$。大头孔的加工方法是在铣开工序后，将连杆与连杆体组合在一起，然后进行精镗大头孔的工序。这样，在铣开以后可能产生的变形可以在最后的精镗工序中得到修正，以保证孔的形状精度。

⑥ 连杆螺栓孔的加工。连杆的螺栓孔经过钻、扩、铰三道工序。加工时以大头端面、小头孔及大头一侧面定位。为了使两螺栓孔在两个互相垂直方向的平行度保持在公差范围内，在扩和铰两个工序中用上、下双导向套导向，从而达到所需要的技术要求。

粗铣螺栓孔端面时采用工件翻身的方法，这样铣夹具没有活动部分，能保证承受较大的铣削力。精铣时，为了保证螺栓孔的两个端面与连杆大头端面垂直，使用了两工位夹具。连杆在夹具的工位上铣完一个螺栓孔的两端面后，夹具上的定位板带着工件旋转 180°，铣另一个螺栓孔的两端面。这样，螺栓孔两端面与大头孔端面的垂直度就可由夹具保证。

⑦ 连杆体与连杆盖的铣开工序。剖分面（也称结合面）的尺寸精度和位置精度由夹具本身的制造精度及对刀精度来保证。为了保证铣开后剖分面的平面度误差不超过 0.03mm，

并且保证剖分面与大头孔端面的垂直度误差符合要求，除要保证夹具本身的精度外，锯片安装精度的影响也很大。如果锯片的轴向圆跳动不超过 0.02mm，则铣开的剖分面能达到图样的要求，否则可能超差。剖分面本身的平面度、表面粗糙度对连杆盖、连杆体装配后的结合强度有较大的影响。因此，剖分面在铣开后需再经磨削加工。

⑧ 大头侧面的加工。以基面及小头孔定位，装夹工件铣两侧面至尺寸，保证两侧面对称（此对称平面为工艺基准面）。

思 考 题

1. 常用的毛坯有几种？如何正确地选用毛坯？
2. 拟定零件的机械加工工艺路线时，需要具体考虑哪些问题？
3. 如何选择合理的切削用量？

学海扩展

做足"针线功夫"，"焊"就重大工程

小到电子仪器生产，大到机械制造建筑施工，都离不开焊接，焊材被形象的称为钢铁针线。特种焊丝则是针对特定焊接需求而设计的焊丝材料。在钢管服役的过程中，焊缝是最薄弱的环节。由于有挤压、变形，以及天然气含硫的作用，需要在焊接的过程中确保焊缝的韧性和止裂。特种管线钢焊丝在−20℃的冲击功在 120J 以上，远远高于要求的冲击韧性。

视频资源：钢铁针线

微米之间显匠心，万能插齿机实现齿轮生产"千变万化"

小到钟表，大到船舶，都离不开齿轮来传播动力。而生产齿轮的机床——插齿机是机床工业公认的技术含量最高、零部件最多、结构最复杂的产品。万能插齿机不仅能做到螺旋角度的千变万化，还能达到微米级的精度标准。一台机床可以加工上万种零件，实现齿轮生产的"千变万化"。

视频资源：万能插齿机

第8章 ▶▶
电气控制系统设计

复杂机电产品自动化程度不断提高，在这些产品中自动控制系统不可或缺，电气控制系统设计对实现复杂机电产品的功能至关重要。本章首先介绍电气控制系统设计的基本原则和内容、电气控制电路的设计等内容，然后介绍现代电气控制电路的设计方法及原理。

8.1 ➲ 电气控制系统设计的原则和内容

复杂机电产品种类繁多，其电气控制方案各异，但电气控制系统的设计原则和设计方法基本相同。因此，应熟悉所设计设备的总体技术要求及工作过程，更要弄清系统对电气控制系统的技术要求，并通过技术经济分析，选择性价比最佳的传动方案和控制方案，同时保证使用的安全性，贯彻最新国家标准。

8.1.1 设计的基本原则

电气是电能的生产、传输、分配、使用和电工设备制造等学科或工程领域的统称。电气控制分为两类：一类是传统的以继电器、接触器等低压电器为主搭接起来的逻辑电路；另一类是现代的基于可编程序控制器（PLC）的弱电控制强电的系统。

在进行电气控制系统设计时，应最大限度实现产品对电气控制系统的要求，在满足生产工艺要求的前提下，力求使控制线路简单、经济，保证电气控制线路工作的可靠性和安全性，并力求操作、维护、检修方便。

设计的基本原则如下。

① 尽量选用标准电气元件，减少电气元件的数量，选用相同型号的电气元件以减少备用品的数量。

② 尽量选用标准的、常用的或经过实践考验的典型环节或基本电气控制线路。

③ 尽量减少不必要的触点以简化控制线路，缩短连接导线的数量和长度。控制线路在工作时，除必要的电气元件必须通电外，其余的尽量不通电以节约电能。

④ 正确连接电气元件的触点和线圈，避免出现寄生电路，在频繁操作的可逆线路中，正反向接触器之间要有电气联锁或机械联锁。

⑤ 设计的电气控制线路应适应所在电网的情况，并充分考虑继电器触点的接通和分段能力。

8.1.2 设计的内容

电气控制系统设计的基本任务是根据设计要求，设计和编制出设备制造和使用维修过程

161 ◀◀◀

中所必需的图纸、资料，包括电气控制原理图、电气元件布置图、电气安装图、控制面板图等，编制的外购成件目录、单台消耗清单、设备说明书等资料。

8.1.3 设计的基本流程

电气控制系统设计基本流程如图 8-1 所示。

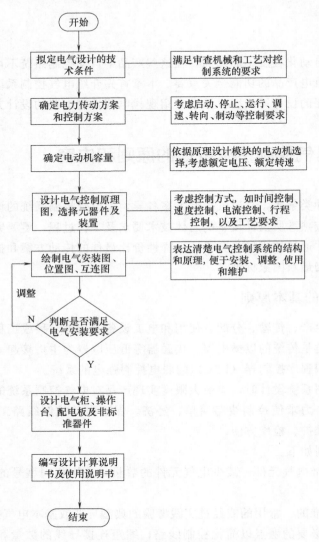

图 8-1 电气控制系统设计基本流程

① 拟定电气设计的技术条件。包括用户供电电网的种类、电压、频率及容量，有关电气传动的基本特性，有关电气控制的特性，有关操作方面的要求，主要电气设备的参数及位置图。

② 确定电力传动方案和控制方案。根据产品负载特性和调速方式，确定电力传动方案，然后在满足电动机的启停、制动和正反转要求的前提下，确定电气控制方案。

③ 确定电动机容量。通常用节能查表法，即当电动机的机械特性硬，电动机的转速在整个工作过程中可以近似不变时，电动机的功率近似与转矩成正比。

④ 设计电气控制原理图，选择元器件及装置。制定电气装置、元件、器件的清单及备件和易损件的清单。尽量选用标准元器件，减少电气元件的数量，选用相同型号的电气元件以减少备用品的数量。控制方式主要包括时间控制、速度控制、电流控制及行程控制，应根据实际工作情况决定，还必须注意因负载变化而出现的问题。

⑤ 绘制电气安装图、位置图、互连图。

⑥ 设计电气柜、操作台、配电板及非标准器件。

⑦ 编写设计计算说明书及使用说明书。

8.2 ❯ 电气控制电路的设计

各种复杂机电系统的控制过程和工艺过程要求不同，控制电路就不同，但无论是简单的还是复杂的控制电路，都由一些基本控制电路按照需要组合而成，熟悉这些基本控制电路是分析和设计电气控制系统的基础。

8.2.1 电气传动方案的选择

电气传动方案的选择是后续各设计内容的基础，根据生产工艺要求、复杂机电系统的结构、运动部件的数量、运动条件、负载特性、调速要求及投资金额等，确定电动机的类型、数量、拖动方式，并拟定电动机的启动、运行、调速、转向、制动等控制要求，作为电气控制原理图设计及电气元件选择的依据。主要考虑以下因素。

（1）电气传动方式

传动方式主要包括单机传动和分机传动两种。单机传动表示一台设备只有一台电动机，通过机械传动将动力传送到各个工作机构，如中小型通用机床仍有部分采用单机传动。分机传动表示一台设备由多台电动机分别驱动各个工作机构，如金属切削机床，除必需的内在联系外，主轴、每个刀架、工作台及其他辅助运动机构，都分别由单独的电动机驱动。

（2）调速性能

机械设备的调速要求对于确定传动方案是一个很重要的因素。从工艺和节能等方面，均有调速要求，一般包括机械调速和电气调速。机械调速是通过电动机驱动变速机械或液压装置进行调速。

（3）负载特性

在确定电气传动方案时，根据负载要求，应使得电动机的调速特性与负载特性相适应，以使电动机得到充分合理的应用，确定负载需要恒转矩传动还是恒功率传动。

（4）启动、停止、制动和正反转要求

一般来说，电气传动控制的目的，是通过电气控制装置控制电动机的启动、停止、制动和正反转，来满足生产机械的工艺要求。由电动机完成机械设备的启停、制动和反向等动作，比机械方法简单，因此，复杂机电系统的启动、停止、制动、正反转和调整等操作，只要条件允许，均应由电动机完成。

（5）电动机的选择

根据已选用的传动方案，可进一步选择电动机的类型、数量、结构方式，以及容量、额定电压、额定转速等。电动机的机械特性应满足复杂机电系统提出的要求，要与负载特性相适应，以保证生产过程中运行的稳定性并具有一定的调速范围和良好的启动、制动性能。电动机的结构形式应满足机械设计提出的安装要求，并适应周围环境的工作条件。根据电动机的负载和工作方式，正确选择电动机的容量。工作过程中电动机容量应得到充分利用，使其温升尽可能达到或接近额定温度。电动机电压的选择应根据使用地点的电源电压来决定，常用的有 380V、220V。

（6）电气控制方案的选择

合理选择电气控制方案是安全、可靠、优质、经济地实现工艺要求的重要步骤。在相同的设计条件下达到控制技术指标，可以有几种电路结构及控制形式。在确定控制方案时，综合考虑自动化程度与国情相适应、与设备的通用化和专业化相适应、控制过程复杂程度等因素。

（7）控制方式的选择

控制方式主要有时间控制、速度控制、电流控制和行程控制。时间控制方式是利用时间继电器、可编程控制器或微型计算机的延时单元，将感测系统接收的输入信号经过延时一段时间后才发出输出信号，从而实现电路切换的时间控制。速度控制方式是通过利用速度继电器或测速发电机，直接或间接地检测某机械部件的运动速度，来实现速度控制。电流控制方式是借助于电流继电器来反映某一电路中的电流变化，从而实现电流控制。行程控制方式是利用生产机械运动部件与事先安排好位置的行程开关或接近开关相互配合，而实现位置控制。

根据实际工作情况来决定选用哪些控制方式，同时选择考虑因负载变化而出现的问题。如对制动采用时间控制，由于不同负载下转速下降情况的不一致，尤其是在反接制动中，时间继电器不能精确控制反接制动转速到零的切断，所以时间控制方式一般不用于反接制动控制，而适用于异步电动机的能耗制动控制。

8.2.2　常用低压电器

在复杂机电系统中，必定包含电动机等动力源，其电动机的启停、调速等通常是由继电器-接触器控制系统进行控制的，是把各类有触点的接触器、继电器、按钮和行程开关等电气元件，用导线按一定方式连接起来组成电气控制系统，实现对电气传动系统的启动、调速、反转和制动等的控制，以满足产品要求，不仅结构简单、价格低廉，而且维护方便，运行可靠。因此，以继电器、接触器为主要元件构成的电气控制系统的应用非常广泛。

低压电器主要工作在直流 1500V、交流 1200V 以下的电路中，在工业电气控制系统电路中的作用是对所控制的电路或电路中其他的电器进行通断、保护、控制或调节。按照动作方式，分为手动电器和自动电器；按照用途，可以分为控制电器、主令电器、保护电器、执行电器、配电电器等。常用低压电器选择如下。

（1）按钮（开关）的选择

按钮是短时切换小电流控制电路的开关，根据控制功能选择按钮的结构形式及颜色。

（2）低压断路器的选择

低压断路器又称空气开关，常作为电路的电源引入开关，并且对电源设备有过载、短路、欠压保护作用。选用时考虑额定电流和额定电压，短路保护的电磁瞬时脱扣器电流整定值应略大于电路最大短路电流。

（3）行程开关的选择

用于控制运动机构的行程、信号转换、联锁等。根据控制功能、安装位置、电压电流等级、触点种类及数量来选择结构和型号。对于要求动作快、灵敏度高的行程控制，可采用无触点接近开关。

（4）接触器的选择

主要考虑主触点的额定电流、额定电压、吸引线圈的电压等级，其次考虑辅助触点的数量和种类、操作频率等。吸引线圈的电压等级应等于控制电路的电压。接触器按其主触点通过的电流种类，分为直流接触器和交流接触器。交流接触器多用于远距离控制电压至 380V、电流至 600A 的交流电路，频繁启动和控制交流电动机，主要由电磁机构、触点系统、灭弧装置等部分组成，常用的 CJ10 系列交流接触器有 3 对主触点、2 对动合辅助触点、2 对动断辅助触点。

选择接触器类型时，首先选择触点的额定电压、主触点额定电流。主触点额定电流应大于或等于负载额定电流。然后选择线圈电压、触点数量和种类。

（5）中间继电器的选择

中间继电器用于控制电路中传递与转换信号，扩大控制路数，将小功率控制信号转换为大容量的触点控制信号，扩充交流接触器及其他电器的控制作用。中间继电器主要根据触点的数量及种类确定型号，吸引线圈的额定电压由控制电路的电压等级确定。

（6）时间继电器的选择

时间继电器的类型有电磁式、空气阻尼式、晶体管式和电动机式等。选用时考虑延时方式、延时范围、延时精度、瞬时触点数目等。另外，线圈电压等级应满足控制电路的要求。对延时精度要求不高的可选用空气阻尼式；对直流断电延时，宜选用价格较低的电磁式；当延时范围大、延时精度要求高时，可选用晶体管式或电动机式时间继电器。

（7）热继电器的选择

热继电器主要对异步电动机进行过载保护。热继电器有双金属片式和电子式两种。电子式热继电器保护性能好，适用于重要电动机。选择热继电器时，主要根据电动机的额定电流来确定热继电器的额定电流及热元件的电流等级。对星形接线的电动机，可选两相或三相结构的；对三角形接线的电动机，应选择带断相保护的热继电器。热元件的额定电流一般按电动机额定电流的 0.95～1.05 倍选用。

（8）电磁铁的选择

电磁铁是实现机械液压、气动自动控制的动力元件。按功能分为牵引电磁铁、阀用电磁铁；按电流分为交流和直流两大类。机床常用牵引电磁铁有 MQ1 和 MQ2 系列。交流有 MFB1-YC、MFJ3-YC、MFJ1 及美国威格尔公司的 MFZ 系列。

（9）熔断器的选择

熔断器主要对电气设备起短路瞬时保护作用。主要类型有插入式、螺旋式、填料封闭式等。熔断器的选择方法：根据电路的特点及参数求出熔体电流，再根据熔体电流大小选择熔断器的额定电流来确定其规格和型号。对负载电流较平稳的电气设备，如照明，按额定电流进行选用。对具有冲击电流的电气设备，则应采用经验计算方法选用。

（10）控制变压器的选择

当控制电器较多、线路又比较复杂时，最好采用由控制变压器控制的电源，以提高工作的可靠性。控制变压器的容量可根据两个条件来选择：根据控制电路在最大工作负载时所需要的功率进行选择，以保证变压器在长期工作时不致超过允许温升；变压器的容量应能使部分已吸合的电器在启动其他电器时，仍能可靠地保持吸合，同时又能保证将要启动的电器启动。

（11）其他常用电器

除继电器和接触器外，还有开关电器和主令电器，开关电器包括刀开关、组合开关（转换开关）等，主令电器则指在自动控制系统中发出指令或信号的各种电器。

以上为主要电气元件，实际选用时，根据对控制元件功能的要求，确定电气元件类型、元器件承载能力的临界值及使用寿命、元器件预期的工作环境及供应情况、元器件在应用时所需的可靠性等。

8.2.3 基本控制电路

继电器-接触器控制电路由继电器、接触器、按钮、行程开关和保护元件等，用导线按一定的次序和组合方式连接组成，可实现对电动机的启动、调速、反转和制动等的控制及对电气传动系统的保护，实现生产加工自动化。

电动机启动是指电动机的转子由静止状态变为正常运转状态的过程。笼型异步电动机有两种启动方式，即直接启动（或全压启动）和降压启动。直接启动是一种简单、可靠、经济的启动方法，在小型（容量一般在 10kW 以下）电动机中广泛使用。电动机直接启动时，启动电流为额定电流的 4～7 倍，过大的启动电流一方面会造成电网电压显著下降，影响在同一电路上的其他用电设备的正常运行，另一方面电动机频繁启动会严重发热，加速线圈老化，缩短电动机的寿命。因而对容量较大的电动机，采用降压启动，以减小启动电流。电动机是否能直接启动，通常要根据启动次数、电动机容量、启动电流、变压器容量以及生产设备的机械特性等因素来确定，选用的过程详见 3.2.4 原动机选择内容。

主要的继电器-接触器控制电路如下。

（1）三相笼型异步电动机的正反转控制电路

三相笼型异步电动机由于结构简单、运行可靠、使用维护方便、价格便宜等优点得到了广泛的应用，其启动、停止、正反转、调速、制动等电气控制电路是最基本的控制电路。

电动机正反转控制电路是电动机中常见的基本控制电路，是利用电动机电源的换相原理来实现电动机正反转控制的。常见的电动机正反转控制电路有接触器互锁正反转控制电路、按钮互锁正反转控制电路及接触器按钮双重互锁正反转控制电路、转换开关正反转控制电路等。

① 接触器互锁正反转控制电路。接触器互锁正反转控制电路如图 8-2 所示，合上电源开关 QS，当需要电动机正转时，按下正转启动按钮 SB2，接触器 KM1 线圈得电吸合，其主触点闭合接通电动机 M 的正转电源，电动机 M 启动正转。同时，接触器 KM1 的辅助动合触点闭合自锁，使得松开按钮 SB2 时，接触器 KM1 线圈仍然能够保持通电吸合，而串接在接触器 KM2 线圈回路的接触器 KM1 辅助动断触点断开，切断接触器 KM2 线圈回路的电源，使得在接触器 KM1 得电吸合、电动机 M 正转时，接触器 KM2 不能得电，电动机 M 不能接通反转电源。利用接触器动断触点互相控制的方法为接触器互锁，实现互锁作业的辅助动断触点为互锁触点。当电动机 M 需要停止时，按下停止按钮 SB1，接触器 KM1 线圈失电释放，所有动合、动断触点复位，电动机 M 停止。

② 按钮互锁正反转控制电路。按钮互锁正反转控制电路如图 8-3 所示，其主电路与接

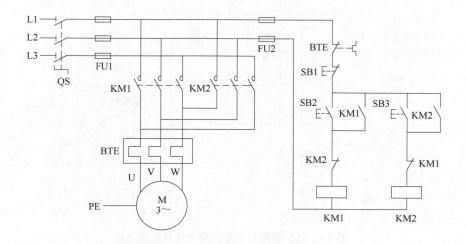

图 8-2　接触器互锁正反转控制电路

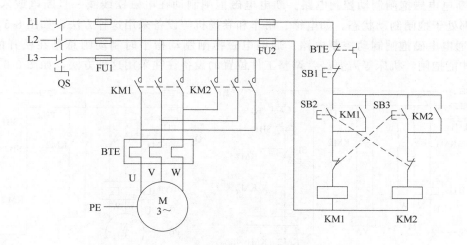

图 8-3　按钮互锁正反转控制电路

触器互锁正反转控制电路完全相同，而控制电路利用复合按钮互锁取代接触器互锁，按钮 SB2 不仅为电动机的正转启动按钮，而且作为反转的互锁按钮，按钮 SB3 不仅为电动机的反转启动按钮，而且作为正转的互锁按钮。当电动机从正转变为反转时，直接按下反转启动按钮 SB3 即可实现，不必先按停止按钮 SB1。当电动机从反转变为正转时，直接按下正转启动按钮 SB2 即可实现。

③ 接触器按钮双重互锁正反转控制电路。接触器按钮双重互锁正反转控制电路具有接触器互锁和按钮互锁两种正反转控制电路的优点，操作方便，工作安全可靠，其电路如图 8-4 所示。

（2）三相笼型异步电动机制动控制电路

电源切断后，三相异步电动机因惯性会经过一段时间才能完全停转，这将影响劳动生产率。为了实现快速、准确和安全停车，就必须采取制动措施。常用的制动方法有机械制动和电气制动。机械制动有电磁抱闸制动、电磁离合器制动等；电气制动有反接制动、能耗制动

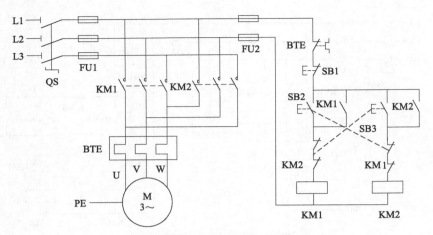

图 8-4　接触器按钮双重互锁正反转控制电路

和发电回馈制动等。

① 断电电磁抱闸制动控制电路。断电电磁抱闸制动在电磁铁线圈一旦断电或未通电时电动机都处于抱闸制动状态，如电梯、吊车和卷扬机等设备采用这种方法，如图 8-5 所示。

② 通电电磁抱闸制动控制电路。通电电磁抱闸制动指平时制动闸总是在松开的状态，通电后才能抱闸，机床等需要经常调整工件位置的设备往往采用这种方法，如图 8-6 所示。

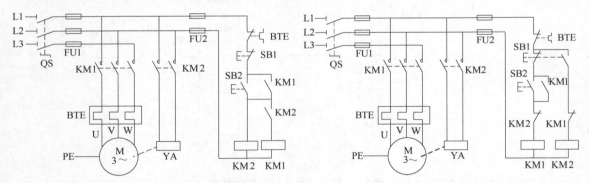

图 8-5　断电电磁抱闸制动控制电路　　　　图 8-6　通电电磁抱闸制动控制电路

③ 电磁离合器制动。电磁离合器制动是采用电磁离合器实现制动的，其体积小，传动转矩大，制动比较平稳、迅速，并且可以安装在机床等的机械设备内部。

④ 反接制动控制电路。制动电路也可通过反接制动方式，通过改变电动机电源相序使电动机制动。由于电源相序改变，定子绕组产生的旋转磁场方向也与原方向相反，而转子因惯性仍按原方向选择，于是在转子电路中产生相反的感应电流。转子受到一个与原转动方向相反的力矩作用，从而使电动机转速迅速下降，实现制动。

⑤ 能耗制动控制电路。能耗制动是一种广泛应用的电气制动方法，当电动机脱离三相交流电源以后，立即将直流电源接入定子的两相绕组，使绕组中流过直流电流，产生一个恒定的静止直流磁场，而此时电动机的转子切割直流磁场，在转子绕组中产生感应电流。在静止磁场和感应电流相互作用下，产生一个阻碍转子转动的制动力矩，因此电动机转速迅速下降，从而达到制动的目的。能耗制动控制电路如 8-7 所示。

从能量角度看，能耗制动是把电动机转子运行所储存的动能转变为电能，且又消耗在电

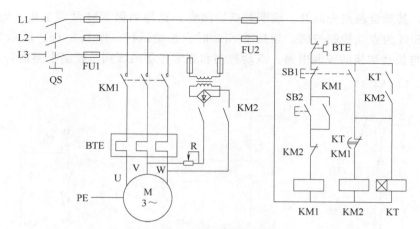

图 8-7 能耗制动控制电路

动机转子的制动上，与反接制动相比，能量损耗少，制动停车准确，所以，能耗制动适用于电动机容量大，要求制动平稳和启动频繁的场合，但制动速度较反接制动慢一些。另外，能耗制动需整流电路。

（3）多速异步电动机高低速控制电路

多速电动机是采用改变电动机定子绕组极数的方法来改变电动机的同步转速，这种调速方法称为变极调速，一般只适用于笼型异步电动机。笼型异步电动机常用的变极调速方法有两种：一种是改变定子绕组的接线，即改变定子绕组每相的电流方向；另一种是在定子绕组上设置具有不同极对数的两套互相独立的绕组，又使每套绕组具有改变电流方向的能力。变极调速是有级调速，速度变换是阶跃式的。用变极调速方式构成的多速电动机一般有双速、三速、四速之分。这种调速方法简单、可靠、成本低，因此在有级调速能够满足要求的机械设备中，广泛采用多速电动机作为主传动电动机，如镗床、铣床等。

（4）液压传动系统的电气控制电路

液压传动系统容易获得很大的转矩，其传动平稳，控制方便，易于实现自动化。液压传动系统和电气控制系统相结合的电液控制系统在组合机床、自动化机床、生产自动线、数控机床等生产设备上应用广泛。液压传动系统一般由四部分组成。

① 动力装置。一般指液压泵，它将电动机输出的机械能转换为油液的压力能，供给液压系统压力油液，从而推动液压系统工作。

② 执行机构。指液压缸或液压马达。液压缸用于直线运动，液压马达用于旋转运动，它们把油液的压力能转换为机械能，从而带动工作部件运动。

③ 控制阀。指换向阀、节流阀、溢流阀等。它们都起控制调节作用，实现对油液压力和流量的调节，满足传动系统中不同性能要求。

④ 辅助装置。指油箱、滤油器、压力表、油管和管接头等元件。

（5）点动和长动控制电路

在实际工作中，经常要求控制电路既能长动控制又能点动控制。所谓长动，即电动机连续不断地工作。所谓点动，即按下按钮时电动机转动工作，放开按钮时，电动机停止工作。点动常用于生产设备的调整，如机床的刀架、横梁、立柱的快移及机床的调整对刀等。

图 8-8（a）所示为主电路。图 8-8（b）所示为点动与长动控制电路，当按下复合按 SB3时，其动断触点断开，防止自锁；其动合触点闭合，KM 线圈得电，电动机 M 启动运转。

当松开 SB3，其动合触点先断开，动断触点后闭合，这样确保 KM 线圈失电，电动机 M 停转，因此，SB3 为点动控制按钮。当按下 SB2 时为长动运行。图 8.8（c）所示为用选择开关实现点动与长动切换的控制电路。点动控制和连续控制的区别是控制电路能否自锁。

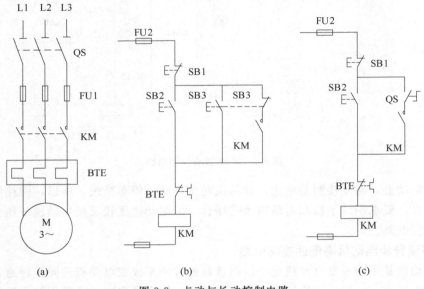

图 8-8   点动与长动控制电路

（6）联锁控制电路

在机械设备中，为了保证操作正确、安全可靠，有时需要按一定的顺序对多台电动机进行启停操作。例如，铣床上要求主轴旋转后，工作台方可移动；某些机床主轴必须在液压泵启动后才能启动等。像这些要求一台电动机启动后另一台才能启动的控制方式，称为电动机的联锁控制（或顺序控制）。

图 8-9 为两台电动机 M1 和 M2 的联锁控制电路，其中图 8-9（a）为基本电路，图 8-9（b）所示控制电路主要特点是：M1 启动后 M2 才能启动，M1 和 M2 同时停止。在

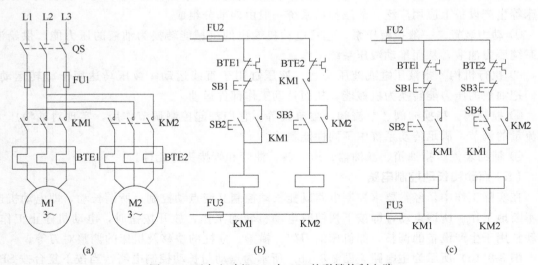

图 8-9   两台电动机 M1 与 M2 的联锁控制电路

控制电路中，将接触器 KM1 的动合触点串入接触器 KM2 的线圈电路中，保证了只有 KM1 线圈接通，即 M1 启动后，M2 才能启动。若按下 SB2，接触器 KM1 线圈得电，M1 启动，同时串联在 KM2 线圈电路中 KM1 的动合触点闭合，KM2 线圈电路才有可能接通。这时再按下 SB3，KM2 得电，M2 才能启动。在 M1 和 M2 运行时，按下停止按钮 SB1，M1 和 M2 同时断电停止。

图 8-9（c）所示控制电路的特点是：按下 SB2，M1 启动后，再按下 SB4，M2 才能启动，M1 和 M2 可单独停止。由于 KM2 的自锁触点包括 KM1 联锁触点，当 KM2 因线圈得电吸合，KM2 的自锁触点自锁后，KM1 对 KM2 失去了控制作用，SB1 和 SB3 可以单独使 KM1 或 KM2 线圈断电，使电动机 M1 或 M2 单独停转。图 8-9（b）、（c）所示的接触器 KM2 必须在接触器 KM1 动作后才能动作，从而可以实现铣床上主轴电动机转动后，进给电动机才能启动的要求。

（7）互锁控制电路

这也是一种联锁关系，之所以这样称呼，是为了强调触点之间的互锁作用。例如，常常有这种要求：两台电动机 M1 和 M2 只能有一台工作，不允许同时工作。如图 8-10 所示的两台电动机互锁控制电路，KM1 动作后，它的动断触点将 KM2 接触器的线圈断开，这样就抑制了 KM2 再动作；反之也是一样。此时，KM1 和 KM2 的两对动断触点常称作"互锁"触点。这种互锁关系在前述的电动机正反转电路中，可保证正反向接触器 KM1 和 KM2 的主触点不能同时闭合以防止电源短路。

在操作比较复杂的机电系统中，常用操作手柄和行程开关形成联锁。如 X62W 铣床进给运动的联锁关系，铣床工作台可做纵向（左右）、横向（前后）和垂直（上下）方向的进给运动，由纵向进给手柄操作纵向运动，横向与垂直方向的运动由另一进给手柄操作。铣床工作时，工作台各方向的进给是不允许同时进行的，因此各方向的进给运动必须互相联锁。实际上，操纵进给的两个手柄都只能扳向一种操作位置，即接通一种进给，因此只要使两个操作手柄不能同时起到操作的作用，就达到了联锁的目的。通常采取的电气联锁方案的作用是当两个手柄同时扳动时，就立即切断进给电路，可避免事故。

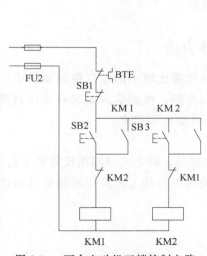

图 8-10　两台电动机互锁控制电路

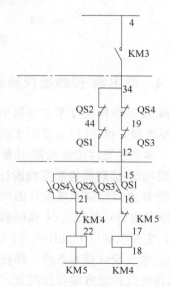

图 8-11　X62W 铣床进给运动的联锁控制电路

图 8-11 是 X62W 铣床进给运动的联锁控制电路。图中 KM4、KM5 是进给电动机正反转接触器。假设纵向进给手柄已经扳动，则 QS1 或 QS2 已被压下，此时虽然将一条支路（34→44→12）切断，但由于支路（34→19→12）仍接通，故 KM4 或 KM5 仍能得电。如果再扳动横向垂直进给手柄而使 QS3 或 QS4 也动作，支路（34→19→12）也将被切断，因此接触器 KM4 或 KM5 将失电，使进给运动自动停止。

KM3 是主轴电动机接触器，只有 KM3 得电且主轴启动后，KM3 动合触点（4→34）闭合才接通进给回路。主电动机停止，KM3 动合触点（4→34）打开，进给也自动停止。这种联锁用于防止意外事故发生。

（8）多点控制电路

在大型复杂机电设备中，为了操作方便，常要求能在多个地方进行控制。如图 8-12（a）所示，把启动按钮并联连接，停止按钮串联连接，分别安置在 3 个地方，就可实现三地操作。在大型装备上，为了保证操作安全，要求几个操作者都发出主令信号（按启动按钮），设备才能工作，常采用图 8-12（b）所示按钮串联的控制电路。

以上为基本控制电路，在电气控制系统设计中根据需求进行设计及选择。

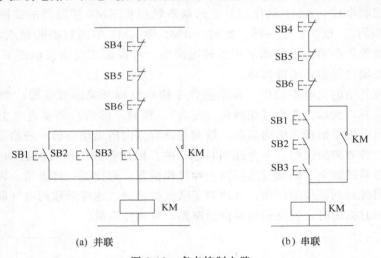

(a) 并联   (b) 串联

图 8-12 多点控制电路

8.2.4 继电器-接触器控制系统设计的基本方法

继电器-接触器控制技术主要用于动作简单、控制规模比较小的电气控制系统中，实现设备的简单连接，而 PLC 主要用于相对较复杂的控制电路，根据实际要求自动控制设备按程序运行。本节主要讨论继电器-接触器控制系统的设计方法和要求。

（1）继电器-接触器控制系统设计的内容

继电器-接触器控制系统设计的内容可以分为两大部分，即电气原理图设计和工艺设计。

电气原理图设计是继电器-接触器控制系统设计的核心，是工艺设计和制定其他技术资料的依据，主要包括以下设计内容。

① 制定电气设计技术条件，即任务书。

② 选择电气传动方案与控制方式。

③ 确定或核对电动机的类型及技术参数。

④ 绘制电气控制系统原理图，确定各部分之间的关系，计算主要技术参数。

⑤ 选择电气元件，制定元器件目录清单。

⑥ 编写电气控制系统设计说明书。

工艺设计的主要目的是便于组织电气控制装置的制造与施工，实现电气原理图设计的功能和各项技术指标，为设备的制造、调试、维护和使用提供必要的图纸资料。主要包括以下设计内容。

① 根据电气原理图及选定的电气元件，设计、绘制电气控制系统的总装配图及接线图。

② 按照电气原理图或划分的组件进行统一编号，编写各部分元件目录表，并根据总图编号统计出各组件的进出线号。

③ 根据组件电气原理及选定的元件目录表，设计组件装配图（元件安装方式）、接线图，以便组件装配和生产管理。

④ 根据组件装配要求，绘制电气安装板和非标准的电气安装零件图，标明技术要求，以便制造、加工。

⑤ 根据组件尺寸及安装要求，确定电气控制柜结构与外形尺寸、安装支架、安装尺寸、面板安装方式、各组件的连接方式、通风散热以及维修操作位置和方式等。

⑥ 汇总电气控制系统原理图、总装配图及各组件原理图等资料，列出需购买的元器件清单。

⑦ 编制调试、实验、使用、维护技术说明书。

（2）继电器-接触器控制系统设计的原则

由于继电器-接触器控制系统是整个生产设备的一部分，所以在设计前要收集相关资料，进行必要的调查研究，同时，应遵循以下基本原则。

① 最大限度地满足生产需求，实现复杂机电系统和加工工艺对电气控制系统的要求。

② 在满足控制要求的前提下，电气控制电路应力求安全、可靠、经济、实用及使用维护方便，不要盲目追求自动化和高指标。尽量选用标准的、常用的或经过实际考验的电路和环节。

③ 正确合理地选用电气元件，确保控制系统安全可靠地工作。

④ 为适应生产的发展和工艺的改进，在选择控制设备时，设备能力留有适当裕量。

⑤ 谨慎积极地采用新技术、新工艺。

⑥ 设计中贯彻最新的国家标准。电路图中的图形符号及文字符号一律按国家标准绘制。

（3）继电器-接触器控制系统设计的方法

继电器-接触器控制系统设计方法有两种，即经验设计法（又称一般设计法）和逻辑设计法。

经验设计法是根据复杂机电系统的工艺要求和加工过程，利用各种典型的控制环节，加以修改、补充、完善，最后得出最佳方案。若没有典型的控制环节可以采用，则按照复杂机电系统的工艺要求逐步进行设计。

经验设计法的设计过程比较简单，但设计人员必须熟悉大量的基本控制电路，掌握多种典型电路的设计资料，同时具有丰富的实践经验。由于是依靠经验进行设计，故没有固定模式，通常是先采用一些典型的基本控制电路，实现工艺基本要求，然后逐步完善其功能，并加上适当的联锁与保护环节。初步设计出来的电路可能有好几种，需加以分析比较，甚至通过实验加以验证，检验电路的安全性和可靠性，最后确定比较合理、完善的设计方案。

由于是靠经验进行设计，灵活性很大，因此，经验设计法设计出来的电路可能不是最简单的，所用的电器及触点不一定最少，所得出的方案也不一定是最佳方案。

用经验设计法一般应遵循以下几个原则：①最大限度地实现复杂机电系统和工艺对电气控制电路的要求；②确保控制电路工作的安全性和可靠性；③控制电路应力求简单、经济；④尽可能地使设计出来的电路操作简单，维修方便。

逻辑设计法即逻辑分析设计方法，是根据生产工艺要求，利用逻辑代数来分析、化简、设计控制电路的方法。该设计方法能够确定实现一个开关量逻辑功能的控制电路所必需的、最少的中间继电器的数目，以达到使控制电路最简洁的目的。

逻辑设计法是利用逻辑代数这一数学工具来设计控制电路的，同时也可以用来分析简化电路。逻辑设计法是把控制电路中的继电器、接触器等电气元件线圈的通电和断电、触点的闭合和断开视为逻辑变量，其中，线圈的通电状态和触点的闭合状态设定为"1"，线圈的断电状态和触点的断开状态设定为"0"。首先根据工艺要求将这些逻辑变量关系表示为逻辑函数的关系式；再运用逻辑函数基本公式和运算规律，对逻辑函数关系式进行化简；然后根据简化的逻辑函数关系式画出相应的电气原理图；最后经检查、完善，得到既满足工艺要求，又经济合理、安全可靠的最佳电气控制系统原理图。

用逻辑函数来表示控制元件的状态，实质上是以触点的状态作为逻辑变量，通过简单的"逻辑与""逻辑或""逻辑非"等基本运算，得到运算结果，此结果就表示了电气控制系统的结构。

总的来说，逻辑设计法较为科学，设计的控制电路比较简洁、合理，但是当控制电路比较复杂时，设计工作量比较大，过程烦琐，容易出错，因此适合用于简单的控制系统设计。但如果将较复杂的、庞大的控制系统模块化，用逻辑设计方法完成每个模块的设计，然后用经验设计法将这些模块组合起来形成完整的控制系统，逻辑设计法也能表现出一定的优越性。

8.3 ● 现代电气控制电路的设计

传统的电气控制电路采用继电器-接触器控制，是现代电气控制的基础，而复杂机电产品由机械系统和电子系统组成，两者将各要素、各子系统有机地结合起来，构成一个完整的系统。现代电气控制具备智能化特点，系统的运行需要控制电路自动实现其动作。一般可通过单片机或者可编程序控制器（PLC）两种方式控制。

8.3.1 单片机控制系统

单片机处于测控系统的核心地位并嵌入其中，国际上通常把单片机称为嵌入式控制器（Embedded Micro Controller Unit，EMCU）或微控制器（Micro Controller Unit，MCU）。单片机体积小、成本低，嵌入工业控制单元、机器人、智能仪器仪表、汽车电子系统、武器系统、家用电器、办公自动化设备等中，发挥核心作用。单片机典型应用系统框图如图 8-13 所示。

Intel 公司生产的 MCS-51 系列单片机和 AT89S51 单片机及其升级型号是设计成功、易于掌握并得到广泛应用的机型。AT89S51 单片机片内结构如图 8-14 所示，片内各功能部件

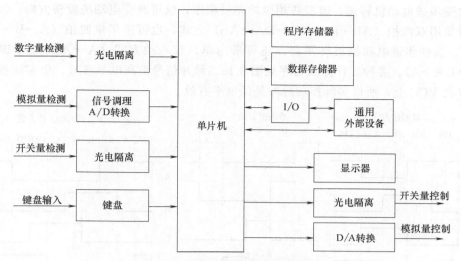

图 8-13　单片机典型应用系统框图

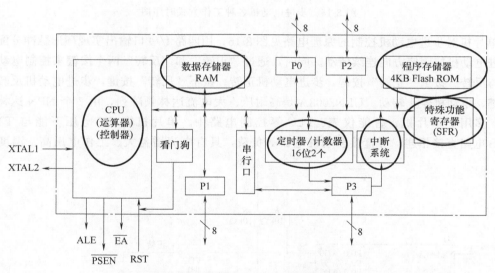

图 8-14　AT89S51 单片机片内结构图

通过片内单一总线连接而成，基本结构依旧是 CPU 加上外围芯片的传统微机结构，CPU 对各种功能部件的控制采用特殊功能寄存器的集中控制方式。

　　单片机具有软硬件结合、体积小、很容易嵌入各种应用系统中的优点，因此以单片机为核心的嵌入式控制系统在各个领域得到了广泛的应用，如工业控制与检测、仪表仪器、消费类电子产品、通信、武器装备、各种终端及计算机外部设备、汽车电子设备、分布式多机系统等。下面以单片机控制步进电动机为例，说明单片机应用。

　　步进电动机是将脉冲信号转变为角位移或线位移的开环执行元件。非超载的情况下，电动机转速、停止位置只取决于脉冲信号的频率和脉冲数，而不受负载变化的影响。给电动机加一脉冲信号，电动机则转过一个步距角，因而步进电动机只有周期性误差而无累积误差，在速度、位置等控制领域有较为广泛的应用。步进电动机由单片机通过对每组线圈中的电流的顺序切换来使电动机做步进式旋转，切换由单片机输出脉冲信号来实现。调节脉冲信号频率就可改变步进电动机转速；改变各相脉冲先后顺序，就可改变电动机旋转方向。步进电动机驱动可采用双四拍（AB→BC→CD→DA→AB）方式，也可采用单四拍（A→B→C→D→A）方式。为使步进电动机旋转平稳，还可采用单、双八拍方式（A→AB→B→BC→C→CD→D→DA→A）。各种工作方式时序见图 8-15。脉冲信号是高电平有效，但实际控制时公共端是接在 VCC 上，所以实际控制脉冲是低电平有效。

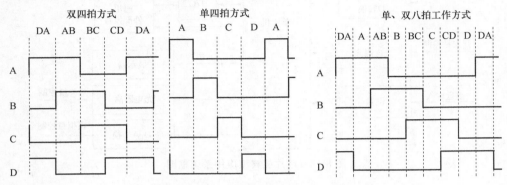

图 8-15　步进电动机各种工作方式时序图

　　单片机对步进电动机控制的原理电路见图 8-16，用四路 I/O 口输出实现环形脉冲分配，控制步进电动机按固定方向连续转动。同时，通过"正转"和"反转"两个按键来控制电动机的正转与反转。按下"正转"按键，步进电动机正转；按下"反转"按键，步进电动机反转；松开按键，电动机停止转动。ULN2003A 是高耐压、大电流达林顿阵列，由 7 个 NPN 达林顿管组成，多用于单片机、智能仪表、PLC 等控制电路中。单片机在 5V 电压下能与 TTL 和CMOS 电路直接相连，可直接驱动继电器等负载，具有电流增益大、工作电压高、温度范围

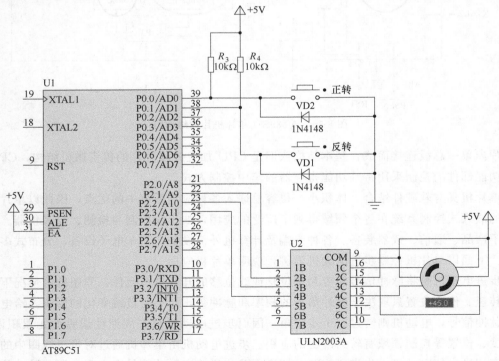

图 8-16　单片机控制步进电动机原理电路

宽、带负载能力强等特点，输入 5V 的 TTL 电平，输出可达 500mA/50V。

8.3.2 可编程序控制器 PLC

PLC 是计算机技术和继电器-接触器控制技术相结合的控制技术。PLC 是以继电器-接触器控制为基础，以微处理器为核心，综合计算机技术、自动控制技术和现代通信技术，针对工业应用环境专门设计的新型控制器，其实质是工业控制专用计算机。设计一个控制系统，首先应考虑是否采用 PLC，考虑的原则除控制功能外，主要是经济性和可靠性。如果被控制系统很简单，I/O 点数很少，或者点数虽多，但控制不复杂，特别是各部分相互联系很少，那就没必要采用 PLC。下列情况可以考虑采用 PLC。

① I/O 点数多，控制复杂，若用继电器控制，则需大量的中间继电器、时间继电器、计数器等。

② 对可靠性要求特别高，用继电器控制不能满足。

③ 需要经常改变控制程序和修改控制参数。

④ 可以用一台 PLC 控制多台设备。

PLC 控制技术具有以下优点：

① 可靠性高，抗干扰能力强；

② 适应性强；

③ 功能强大，扩展能力强；

④ 易学易用，深受工程人员的欢迎；

⑤ 系统设计、安装、调试方便，体积小、重量轻，易于实现机电一体化。

PLC 编程语言一般有五种表达方式，包括梯形图语言、指令表语言、顺序功能流程图语言、功能模块图语言、结构文本语言，其中梯形图语言应用较为广泛。

梯形图源于对继电器逻辑系统的描述，与继电器-接触器控制系统的电路图相似，容易被熟悉继电器控制的电气技术人员掌握。因此，梯形图成为应用最广泛的可编程序控制器编程语言，设计方法主要包括梯形图的经验设计法和顺序功能图设计法。经验设计法是采用设计继电器电路图的方法来设计比较简单的梯形图程序，通常是在一些典型电路的基础上，根据被控对象对控制系统的具体要求，凭借设计者自身积累的经验不断修改和完善梯形图程序。经验设计法适用于简单的梯形图程序的设计。

经验设计法没有一套固定的方法遵循。对于复杂的系统，需要考虑的因素很多，难以设计出理想的梯形图程序，所以，在实际应用中常采用顺序功能图设计法。一个生产流程不管简单还是复杂，按照生产工艺均可以划分成若干个顺序相连的阶段，系统的各个阶段自动有序地进行操作。顺序功能图设计法就是根据系统工艺划分的各个阶段，设计出顺序功能图，最后由顺序功能图得出梯形图程序。

以 PLC 控制步进电动机为例，可借助于 PLC 的集成脉冲输出，通过控制步进电动机来实现相对的位置控制。最基本的控制示意图如图 8-17 所示。SB0、SB1 和 SB2 分别是停止、启动和电动机方向选择按钮。PLC 根据控制要求输出某频率的脉冲信号和方向信号给步进电动机的驱动器，再由驱动器控制步进电动机的运行。此外，可检测步进电动机位移的偏移量，引回 PLC 的输入端，构成闭环控制系统，提高控制精度。

下面以电动机正反转控制电路为例说明应用过程。图 8-18（a）为电动机正反转继电器-接触器控制系统电路图，其中 KM1 和 KM2 分别是控制电动机正转运行和反转运行的交流

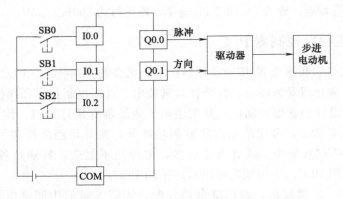

图 8-17 PLC 控制步进电动机基本结构

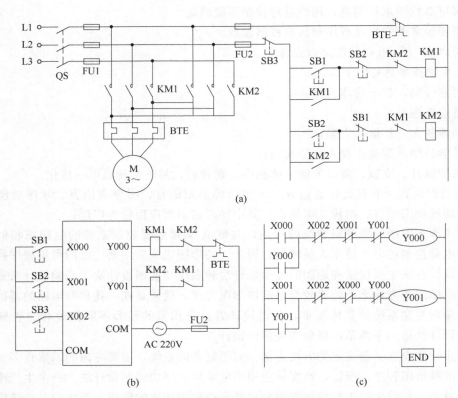

(a)

(b)   (c)

图 8-18 电动机正反转梯形控制图

接触器。通过 KM1 和 KM2 的主触点改变进入电动机的三相电源的相序，从而改变电动机的旋转方向。图中的 BTE 是热继电器，在电动机过载时，它的动断触点打开，使 KM1 或 KM2 的线圈断电，电动机停转。此控制系统的输入元件有 3 个，分别为正转启动按钮 SB1、反转启动按钮 SB2、停止按钮 SB3。在梯形图中，考虑电动机不能同时接通正转和反转，其控制电路应互锁。确定正转接触器 KM1 线圈和反转接触器 KM2 线圈为输出元件，热继电器 BTE 的触点虽然可作为输入元件，但因 PLC 的输入输出节点造价较高，为了减少 PLC 的输入节点，故热继电器 BTE 的动断触点不作为输入。PLC 控制系统的 I/O 分配及接线图见图 8-18（b），梯形图程序如图 8-18（c）所示。

8.3.3 接口电路的选择

以冲床为例，采用单片机作为控制芯片来控制冲床，还需要另外设计 I/O 电路印制电路板、人机界面等，而且程序编写较复杂，最终导致设计周期较长。PLC 编程方法简单，功能强，硬件配套齐全，用户使用方便，系统的设计、安装、调试工作量少，大大缩短研发周期。另外，还有部分产品采用控制器控制，开发个性化控制方案。

在复杂机电系统电气控制系统接口电路设计时，根据设计要求或者使用要求，合理选择接口电路即可。需掌握电气元件的选择，熟练绘制基本电路控制原理图，采用简单的单片机或者 PLC 实现自动控制系统。

在工业生产过程中，会对大量的过程量进行控制，如阀的通断、压力的大小、温度的高低等，需判断被控对象是开关量还是模拟量，进而选用合适的 I/O 模块类型进行控制，有时还需采用特殊功能模块，如对位置的控制、PID 的计算等。表 8-1 中归纳了选择 I/O 模块类型的一般规则。

表 8-1 I/O 选择模块类型的一般规则

I/O 模块类型	现场设备或操作	说明
离散输入模块和 I/O 模块	选择开关、按钮、光电开关、限位开关、电路断路器、接近开关、液位开关、电动机启动器触点、继电器触点、拨盘开关	输入模块用于接收 ON/OFF 或 OPENED/CLOSED（开/关）信号，离散信号可以是直流的，也可以是交流的
离散输出模块和 I/O 模块	报警器、控制继电器、风扇、指示灯、扬声器、阀门、电动机启动器、电磁线圈	输出模块用于将信号传递到 ON/OFF 或 OPENED/CLOSED（开/关）设备，离散信号可以是直流的，也可以是交流的
模拟量输入模块	温度变送器、压力变送器、温度变送器、流量变送器、电位器	将连续的模拟量信号转换成 PLC 可以接受的输入量
模拟量输出模块	模拟量阀门、执行机构、图表记录器、电动机驱动器、模拟仪表	将 PLC 的输出转为现场设备使用的模拟量信号
特殊 I/O 模块	电阻、电偶、编码器、流量计、I/O 通信、ASCII、RF 型设备、称重机、条形码阅读器、标签阅读器、显示设备	通常专门用于位置、PID 控制和外部设备通信等用途

8.4 ⊃ 现代伺服驱动系统设计

尽管在某些应用中可使用液压和气压驱动复杂机电系统，实现控制的作用，但是，在很多常见的工业机器人或复杂产品中，常采用驱动器对产品进行控制，使关节或连杆产生运动并改变它们的位置。反馈控制系统的作用是确保这个位置达到预定的满意程度，如果一个系统用来控制其位置并跟踪它们的运动，那么这个系统为伺服系统。本节主要介绍以工业机器人为研究对象的控制系统的设计。

8.4.1 驱动器和驱动系统

目前，在复杂机电系统中得到广泛应用的驱动器主要涉及电动机（伺服电动机、步进电动机等）、液压驱动器、气动驱动器和其他新颖驱动器等，其中电动机是最常用的机器人驱动器。新颖的驱动器包括直接驱动电动机、电动聚合驱动器、压电驱动器等。不同种类驱动器的使用特点如表 8-2 所示。

表 8-2　驱动器特性汇总

液压	电气	气动
＋适用于大型机器人和大负载 ＋最高的功率—质量比 ＋系统刚性好,精度高,响应快 ＋无须减速齿轮 ＋能在大的速度范围内工作 ＋可以无损坏地停在一个位置 －会泄漏,不适合在要求洁净的场合使用 －需要泵、储液箱、电动机、液管等 －价格昂贵,有噪声,需要维护 －液体黏度随温度改变 －对灰尘及液体中其他杂质敏感 －柔性低 －高转矩,高压力,驱动器的惯量大	＋适用于所有尺寸的机器人 ＋控制性能好,适合于高精度的产品 ＋与液压系统相比,有较高的柔性 ＋适用于减速齿轮降低电动机轴上的惯量 ＋不会泄漏,适用于洁净的场合 ＋可靠,维护简单 ＋可做到无火花,适用于防爆环境 －刚度低 －需要减速齿轮,增大了间隙、成本和重量等 －在不供电时,电动机需要刹车装置,否则机器人手臂会掉落	＋许多元件是现成的 ＋元件可靠 ＋无泄漏,无火花 ＋价格低,系统简单 ＋与液压系统相比压力低 ＋适合开-关控制以及拾取和放置 ＋柔性系统 －系统噪声较大 －需要气压机、过滤器等 －很难控制线性位置 －在负载作用下会持续变形 －刚度低,响应精度低 －功率—质量比最低

注："＋"为优点，"－"为缺点。

下面以机器人为例说明驱动器和驱动系统控制系统的设计过程。当把工业机器人视为一个被控系统时，其主要部件由驱动器、传感器、控制器、处理器及软件等组成。驱动器是机械手的肌肉，常见驱动器有伺服电动机、步进电动机、气缸及液压缸等，也有可用于某些特殊场合的新型驱动器。驱动器受控制器的制约。传感器用来收集机器人的内部状态信息或用来与外部环境进行通信。对于机器人，集成在机器人内的传感器将每一个关节和连杆的信息发送给控制器，于是控制器就能决定机器人的构型和作业状况。机器人常配有许多外部传感器，如视觉系统、触觉传感器、语言合成器等。机器人控制器从计算机获取数据、控制驱动器的动作，并与传感器反馈信息一起协调机器人的运动。处理器是机器人的大脑，用来计算机器人关节的运动，确定每个关节应移动多少、多快才能达到预定的速度和位置，并且监督控制器与传感器协调动作。

气动系统在工业机器人系统中经常作为辅助系统，用于末端执行器的动作和其他辅助设备的动作等。气动系统的工作原理是利用空气压缩机将电动机或其他原动机输出的机械能转变为空气的压力能，然后在控制元件的控制和辅助元件的配合下，通过执行元件把空气的压力能转变为机械能，从而完成直线或回转运动并对外做功。

8.4.2　常用传感器

在控制系统中，传感器既用于内部反馈控制，也用于与外部环境的交互。在选择合适的传感器以适应特定需要时，必须考虑传感器多方面的不同特性。这些特性决定了传感器的性能、是否经济、应用是否简便及适用范围等。主要考虑成本、尺寸、重量、输出类型、接口、分辨率、灵敏度、线性度、量程、响应时间、频率响应、可靠性、精度和重复精度等。在机器人、机械电子学和自动化领域中的常用传感器如表 8-3 所示。

表 8-3　常用传感器

名称	应用	种类
位置传感器	测量位移，检测运动，计算速度	电位器、编码器、增量式编码器、绝对式编码器、线位移差动编码器、旋转变压器、霍尔传感器
速度传感器	测量速度	编码器、测速计、位移信号微分
加速度传感器	测量加速度	加速度传感器
力和压力传感器	测量力、压力	压电晶体、力敏电阻、应变片、防静电泡沫
力矩传感器	测量力矩	力矩传感器
可见光和红外传感器	测量光、位移	光敏晶体管、红外传感器
接触和触觉传感器	测量接触信号、物体形状、尺寸或材质	微动开关、多接触传感器组合
接近觉传感器	测量两个物体接触之前一个物体靠近另一个物体，非接触式	磁感应接近觉传感器、光学接近觉传感器、超声波接近觉传感器、感应式接近觉传感器、电容式接近觉传感器、涡流接近觉传感器
测距仪	测量较长的距离	超声波测距仪、光测距仪、全球定位系统
嗅觉传感器	对特定气体敏感	嗅觉传感器
味觉传感器	测量味觉	味觉传感器

8.4.3　工业 PC 控制系统

工业 PC 简称工控机，是对工业过程及其机电设备、工艺装备进行测量与控制用的计算机。工控机与个人计算机的差别主要体现在：取消了 PC 的主板，将原来的大主板变成通用的底板总线插座系统，将主板分成几块 PC 插件，如 CPU 板、存储器板等，把原来的 PC 电源改造成工业电源，采用密封机箱，并采用内部正压送风，配以相应的工业应用软件。工控机控制系统的设计过程主要分为四个阶段：准备阶段、设计阶段、模拟与调试阶段和现场安装调试阶段，如图 8-19 所示。

图 8-19　工控机控制系统的设计过程

8.4.4　伺服系统控制设计

伺服系统在复杂机电产品中应用广泛，是一个闭环系统，又称闭环伺服系统。其输入可以是模拟电压、参考脉冲信号和二进制数字信号，输出则是机械量，如机械角位移或线位移。之所以称之为伺服系统，是由于输出量与输入量成比例，并跟踪输入量的变化。伺服系统不只属于控制模块，同时还包括驱动模块、测量模块、机械模块。伺服系统结构方框图如图 8-20 所示。

为了进行伺服系统的性能分析和控制器设计，必须首先建立系统的数学模型，以表达系统的输入和输出的数学关系。整个系统可分为三个控制环路：电流环、速度环和位置环。电流环以直流电动机的电枢电流为反馈量，速度环以电动机轴的转速为反馈量，位置反馈则采用模拟式或数字式测量元件。

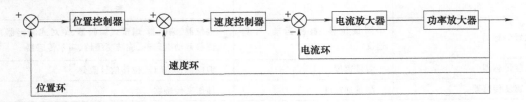

图 8-20　伺服系统结构方框图

思　考　题

1. 什么是低压电器？低压电器按用途分哪几类？低压电器的重要技术参数有哪些？选择低压电器时应注意什么问题？

2. 试画出某机床主电动机控制电路图。要求包括：可正反转；可点动、两处启停；可反接制动；有短路和过载保护；有安全工作照明及电源信号灯。

学海扩展

大国重器频频"上新"　高端装备挺起工业"脊梁"

高端装备，作为制造业的脊梁，有几个突破领域在全球进入领先的无人区，如引领特高压输变电装备和技术，在盾构机方面的研究也站在世界前沿，服务于特大城市、中心城市。

视频资源：大国重器频频"上新"高端装备挺起工业"脊梁"

中国高端制造展示创新实力

我国在高分辨场发射枪扫描电子显微镜技术取得突破，广泛应用于纳米科技、材料分析、分子生物学研究与半导体检测领域，最佳分辨率 0.9nm，达到国际先进水平，实现了这一领域核心技术的自主可控。

视频资源：中国高端制造展示创新实力

第2篇

典型设计案例

本篇介绍三个典型设计案例的设计过程，目的是基于第一篇的相关设计知识，以问题为导向，通过对案例的原理方案设计、结构设计、工艺设计和控制设计这四个设计阶段的分析，引导学生在设计实践中进一步掌握复杂机电系统设计的内容、方法和步骤，培养其综合运用所学的知识，理论联系实际去分析和解决工程实际问题，提升开发和创新机械产品的能力。三个设计案例包括小型冲床、四足行走机器人和模块化工业机器人。

第9章 ▶▶
小型冲床设计

冲床是一种典型的加工机器，用来带动模具对板料或线材进行切断、拉伸、压印、压形和弯曲等加工。

9.1 ⊙ 设计内容

设计一冲制薄板零件的小型冲床，具体包括冲压机构和送料机构。

9.1.1 原理方案设计要求

完成冲床的冲压机构和送料机构的原理方案设计。

（1）机构实现的主要动作

① 冲压运动。上模（冲头）[图 9-1（a）]自最高位置向下，以较快的进度接近坯料，在下模型腔内对薄板进行拉延成形，拉延过程速度较低且尽量均匀，然后继续下行将成品推出下模型腔，最后快速返回。一个周期内运动要求如图 9-1（b）所示。

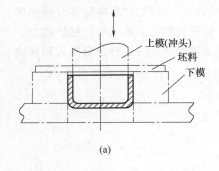
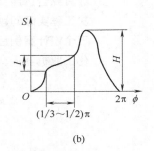
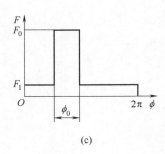

图 9-1 冲头的运动和受力

② 送料运动。上模自下模型腔退出后，送料机构从冲床一侧将另一坯料推至冲头冲压位置。

（2）原始数据和设计要求

① 下模固定，上模（冲头）做往复直线运动，运动规律大致如图 9-1（b）所示。

② 生产率约 70 件/min。

③ 工作行程 l 为 30～100mm。

④ 在一个周期内，冲压工作阻力变化曲线如图 9-1（c）所示。工作行程冲压阻力 $F_0 = 50000N$，其他行程阻力 $F_1 = 50N$。

⑤ 行程速比系数 $K \geqslant 1.5$。

⑥ 机器运转不均匀系数 δ 不超过 0.05。

⑦ 动力源为电动机。

⑧ 设计中要求机构应具有较好的传力性能，特别是工作段的压力角应尽量小。

⑨ 含刹车机构，刹车机构应保证在任何工况下都能够实现刹停，包括有动力的情况下；刹车机构中的离合器和制动器能够实现联动。

9.1.2 结构设计要求

完成冲床的结构设计，撰写结构设计说明书，绘制装配图，建立冲床三维模型。

（1）整机结构设计

整机结构设计主要分为以下内容：

① 传动轴组件设计；

② 冲压机构、操纵机构结构设计；

③ 送料机构的结构件设计；

④ 机架设计。

结构设计需要绘制完成冲床的二维总装图，并建立冲床的三维模型（包括零件图和装配图）。二维总装图需能清楚表达所设计冲床的传动及结构，图纸中零件明细栏完备；三维模型需与二维总装图对应，且装配关系正确，无运动干涉。

（2）关键零部件的强度刚度计算和校核

对以下几类关键零部件进行强度刚度校核：

① 轴；

② 齿轮（或其他传动件）；

③ 机架。

需要撰写关键零部件强度刚度分析报告。可采用有限元分析软件对关键零部件进行相关校核，校核时需按照实际工作条件分析受力和约束，根据分析结果改进和优化相关结构。

（3）结构设计说明书

结构设计说明书应包括整机结构设计和关键零部件强度刚度校核、优化等内容。

9.1.3 工艺设计要求

完成冲床重要零件（如轴、机架、齿轮等）制造工艺设计，撰写制造工艺设计说明书，编制热、冷加工工艺过程卡、加工工序卡。

（1）热加工工艺设计

确定毛坯材料、尺寸、制造类型，绘制毛坯零件图，编制热加工工艺过程卡。

（2）冷加工工艺设计

制定详细工艺路线，通过计算或查表的方式确定各加工表面的机械加工余量、工序尺寸，计算各工艺参数如切削用量、基本工时等，编制冷加工工艺过程卡与关键工序的加工工序卡。

（3）制造工艺设计说明书

制造工艺设计说明书包括零件的技术要求分析、粗/精基准选择、加工阶段划分、加工顺序安排，以及各工艺参数的查表与计算过程。

9.1.4 控制设计要求

完成冲床的电气控制系统模块的设计，包括电气元件的选择、绘制主电路图和控制电路图，并撰写电气控制电路设计说明书。

（1）控制系统设计的要求

根据冲床系统的工作特点，对控制系统提出的设计要求如下。

① 上电后，检测各工作机构的状态，控制各工作机构处于初始位置。

② 夹紧和加工。待加工材料尺度达到设定值后，由主电动机带动压料器和冲头，先夹紧板料，然后加工。

③ 具备断电保护和来电恢复功能。

④ 保证板料加工精度、加工效率和安全可靠性。

（2）控制电路设计说明书

控制电路设计说明书应包括如何选择电气元件，选用的具体厂家及型号，主电路图和控制电路图，采用的控制方式（继电器-接触器、单片机、PLC），以及基本的控制过程的设计。

9.2 ➡ 原理方案设计

9.2.1 原理方案选择

根据给定的数据和设计要求，进行满足运动要求的机构设计。

机构运动的原动机为电动机，所以需要对电动机的转速进行调整，在表 3-6 中列出了常见运动转换基本功能和匹配机构，选择转动运动形式的机构完成转速、运动轴线变化等功能。针对冲压机构和送料机构设计的可能传动方案列入表 9-1。

表 9-1 传动系统运动方案

运动转换		图示	功能载体
传动系统运动方案	运动缩小 运动放大	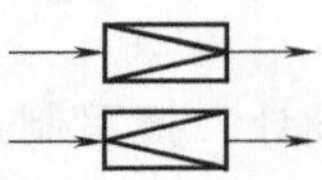	带传动机构、链传动机构、螺旋传动机构、齿轮传动机构、摩擦轮传动机构、行星传动机构、蜗杆传动机构、谐波齿轮传动机构、连杆机构、摆线针轮传动机构
	运动轴线变向	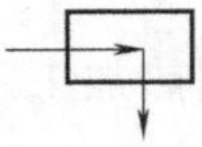	圆锥齿轮传动机构、蜗杆传动机构、双曲面齿轮传动机构、螺旋齿轮传动机构、半交叉带传动机构、单万向节传动机构
	运动轴线平移	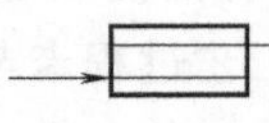	带传动机构、圆柱摩擦轮传动机构、平行四边形机构、链传动机构、双万向节传动机构、圆柱齿轮传动机构
	运动分支	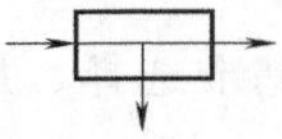	齿轮机构、带轮机构、链轮机构

送料动作和冲压机构属于执行系统，其基本运动是往复直线移动、双向摆动、双侧停歇直线移动、双侧停歇摆动、单侧停歇直线移动、单侧停歇摆动，所能采用的机构见表 9-2。

表 9-2 可实现冲床执行系统运动转换的基本机构

运动转换		图示	功能载体
执行系统运动方案	连续转动→往复直线移动	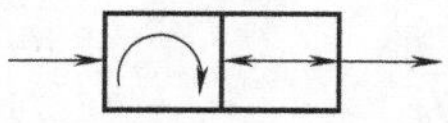	曲柄滑块机构、六杆滑块机构、移动从动件凸轮机构、正弦机构、连杆-齿轮齿条机构、齿轮-连杆组合机构
	连续转动→双向摆动	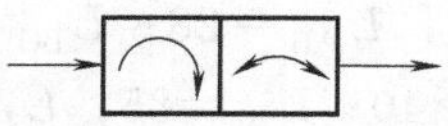	曲柄摇杆机构、摆动导杆机构、曲柄六杆机构、曲柄摇块机构、摆动从动件凸轮机构
	连续转动→双侧停歇直线移动	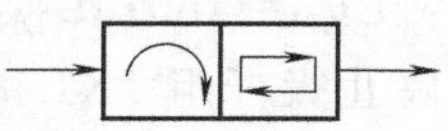	移动从动件凸轮机构、利用连杆轨迹实现停歇运动机构、不完全齿轮齿条往复移动间歇机构、不完全齿轮移动导杆间歇机构
	连续转动→双侧停歇摆动	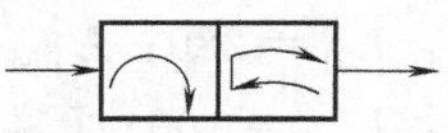	摆动从动件凸轮机构、双侧停歇的凸轮连杆机构、利用连杆轨迹实现停歇运动机构、曲线槽导杆机构、六杆两极限位置停歇摆动机构
	连续转动→单侧停歇直线移动	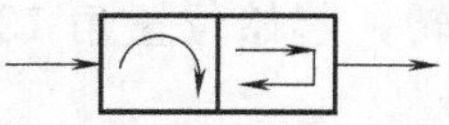	不完全齿轮齿条机构、行星内摆线间歇移动机构、槽轮-齿轮齿条机构、移动从动件凸轮机构
	连续转动→单侧停歇摆动	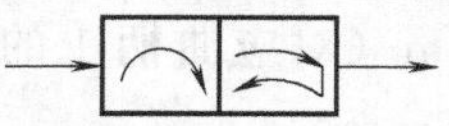	摆动从动件凸轮机构、输出摆杆有停歇的圆弧导路机构、曲线槽导杆机构

9.2.2 冲压机构的原理方案

（1）方案1：简单的曲柄滑块机构

冲压动作是将旋转运动转换为直线运动，最简单的机构为曲柄滑块机构，如图 9-2 所示。为了减小电动机转速，采用皮带轮和齿轮进行两次减速后连接曲柄。送料动作可采用不完全齿轮齿条机构来完成。下面着重介绍冲压机构的设计。

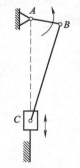

图 9-2 曲柄滑块冲压机构

曲柄滑块冲压机构的几何参数：

杆长尺寸（mm）：$L_{AB}=25$；$L_{BC}=200$；$e=0$。

图 9-3 是曲柄滑块冲压机构（冲头 C）的运动规律曲线，曲线横坐标为时间。

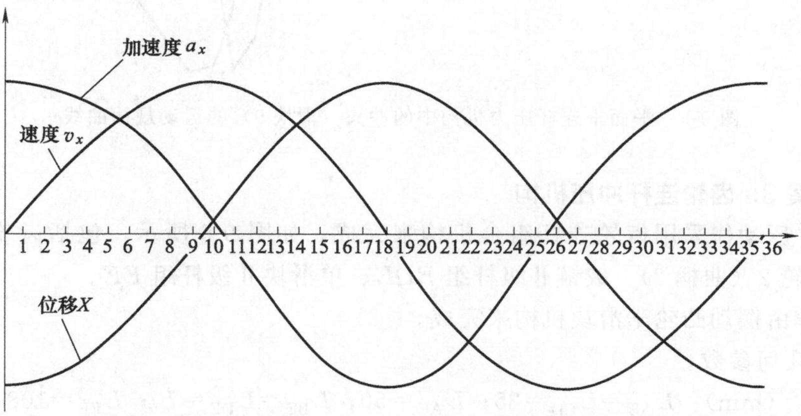

图 9-3 曲柄滑块冲压机构（冲头 C）的运动规律曲线

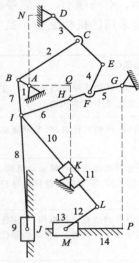

图 9-4 平面＋连杆机构

（2）方案 2：平面+ 连杆压力机构

本方案冲压和送料动作采用全部由Ⅱ级杆组构成的平面＋连杆压力机构来完成，如图 9-4 所示，包括原动件（曲柄）AB、铰链Ⅱ级杆组 BCD、铰链Ⅱ级杆组 EFG、铰链Ⅱ级杆组 HIB、单滑块Ⅱ级杆组 IJ。

① 机构几何参数。

杆长尺寸（mm）：$L_{AB}=28$；$L_{BC}=167$；$L_{CE}=80$；$L_{EF}=72$；$L_{FG}=80$；$L_{FH}=40$；$L_{BI}=85$；$L_{HI}=128$；$L_{IJ}=262$。

机架尺寸（mm）：$L_{AN}=160$；$L_{DN}=60$；$L_{AG}=220$。

送料工作由单摇块Ⅱ级杆组 IKL 和单滑块Ⅱ级杆组 LM 来完成。

杆长尺寸（mm）：$L_{IL}=280$；$L_{LM}=90$。

机架尺寸（mm）：$L_{AQ}=100$；$L_{EF}=200$；$L_{PG}=332$。

曲柄 1 逆时针回转，起始位置角 136°。

② 运动参数。

冲头（滑块 9）行程：总行程 $H=104.5$ mm（对应曲柄 1 的转角 $\Phi_1=223°$）。行程速比系数 $K=1.628$；外廓尺寸为 534.92mm×248mm。

图 9-5 给出了平面＋连杆压力机构中的冲头（滑块 9）的运动规律曲线，曲线横坐标为时间。

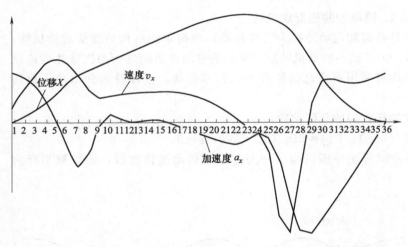

图 9-5　平面＋连杆压力机构中的冲头（滑块 9）的运动规律曲线

（3）方案 3：齿轮连杆冲压机构

本方案冲压动作采用齿轮连杆组合机构来完成，如图 9-6 所示，包括齿轮 1（曲柄 1、原动件）、齿轮 2（曲柄 2）、铰链Ⅱ级杆组 BDE、单滑块Ⅱ级杆组 EF。

送料动作由摆动凸轮＋滑块机构来完成。

① 机构几何参数。

杆长尺寸（mm）：$L_{AB}=L_{CD}=25$；$L_{AC}=50$；$L_{BE}=L_{DE}=70$；$L_{EF}=108$。

机架尺寸（mm）：$H_1=50$；$H_2=15$。

齿轮采用标准直齿圆柱齿轮传动：传动中心距 $a=50\text{mm}$；模数 $m=1.25\text{mm}$；齿数 $z_1=z_2=40$。

机构原动件曲柄 1 顺时针转动，初始角 $-57°$，曲柄 2 则逆时针转动（初始角 $147°$）。

② 运动参数。

冲头（滑块 9）行程：总行程 $H=105\text{mm}$（对应曲柄 1 的转角 $\Phi_1=230°$）。行程速比系数 $K=1.77$。外廓尺寸约 $200\text{mm}\times115\text{mm}$（不包括送料机构）。

图 9-7 给出了齿轮连杆冲压机构（冲头 F）的运动规律曲线，曲线横坐标为时间。

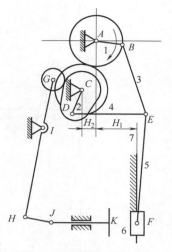

图 9-6　齿轮连杆组合机构

9.2.3　机构的传动方案分析

从以下几个方面对传动方案进行分析比较。

① 满足传递运动功能方面。从机构运动线图可以看出，方案 2 和方案 3 较好，均有明显的冲压快速接近行程特点，而且在冲压段具有较好的等速段，所有方案都可以满足急回运动要求。

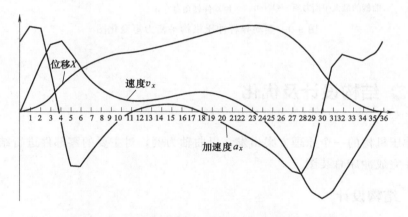

图 9-7　齿轮连杆冲压机构（冲头 F）的运动规律曲线

② 机构结构的复杂性方面。方案 1 结构最简单，构件数量最少；方案 3 构件数量居中，但使用了齿轮连杆机构；方案 2 运动链较长。方案 3 使用了凸轮机构，结构不如方案 2 简单。

③ 外围尺寸方面。按等滑块行程进行比较：方案 2 尺寸最大，方案 1、方案 3 尺寸小。

④ 力的传递方面。用解析法进行机构的动态静力分析，得到方案 3 的平衡力矩随原动件转角的变化规律曲线，如图 9-8 和图 9-9 所示（原动件的角速度取 70r/min，其他方案略）。方案 2 和方案 3 的最大平衡力矩相差不大，为 $110\sim130\text{N}\cdot\text{m}$（将行程按比例折算到 100mm）。

也可以进行机构运动压力角比较，几个方案相差不大。

对于设计任务中的其他部分，如送料机构设计、飞轮设计等，不再赘述。

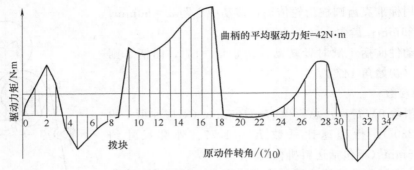

图 9-8　齿轮连杆机构平衡力矩变化图

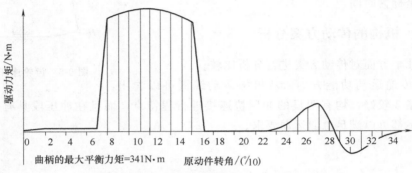

图 9-9　摆动导杆冲压机构平衡力矩变化图

9.3 ➲ 结构设计及优化

本节从冲压机构的一个原理方案出发，以曲轴为例，对主要的零部件进行结构设计、分析和优化，并完成冲床总装图。

9.3.1　结构设计

在冲压机构的原理设计方案中，曲柄滑块机构为较常见的执行机构，以下以曲柄滑块机构为例，进一步开展结构设计，实现从原理图到零部件的结构具象化，如图 9-10 所示。

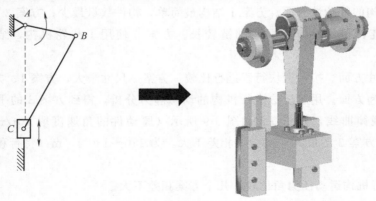

图 9-10　曲柄滑块机构的结构具象化

（1）轴系零件结构设计

以曲轴为例，介绍轴系零件结构设计，如图 9-11 所示设计例，曲轴的轴支承采用的是两端定位调隙的方式，两端调隙均通过调整垫片组实现，其轴向力传递路线设计如下。

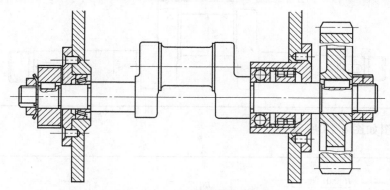

图 9-11　轴系零件结构设计例

向左的轴向力的传递路径：轴肩→圆锥滚子轴承内圈→滚动体→圆锥滚子轴承外圈→法兰→螺钉→箱体。

向右的轴向力的传递路径：轴肩→推力球轴承左圈→滚动体→推力球轴承右圈→挡圈→双列圆柱滚子轴承外圈→法兰→螺钉→箱体。

曲轴左端安装有闸带式刹车轮盘，轴与刹车轮盘通过平键传递转矩，其一端通过轴肩来定位，另一端通过圆螺母、止动垫片和紧定螺钉实现定位和防松。

曲轴右端安装有大齿轮传递动力，轴与大齿轮也通过平键传递转矩，其一端通过轴肩来定位，另一端通过双螺母对顶实现定位和防松。

（2）卸荷式带轮结构设计

为了去除带轮机构运动传递产生的径向拉力对轴的影响，使皮带传递给轴的只是转矩，此处采用卸荷式带轮结构。根据图 4-13，确定此卸荷式带轮采用孔板式；结合表 4-8，确定带轮具体结构尺寸。带轮与其他零件的具体结构设计如图 9-12 所示，带轮通过端盖和矩形花键将转矩传递给轴；带轮上的径向拉力通过一对深沟球轴承和支架法兰传递至机架；此外，轴和轴承之间支架法兰需要有足够的材料厚度，推荐材料厚度为 6mm 以上。

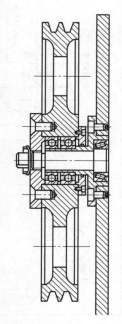

图 9-12　卸荷式带轮结构设计

（3）曲轴结构设计

曲轴的结构设计计算参考表 9-3 中的经验公式，式中 F 为曲柄颈处的径向力载荷，单位 kN。

表 9-3　曲轴参数

曲轴各部分名称	代号	经验数据	设计取值/mm
支承颈直径	d_0	$(4.4 \sim 5)F^{\frac{1}{3}}$	25
曲柄颈直径	d_A	$(1.1 \sim 1.4)d_0$	32
支承颈长度	L_0	$(1.5 \sim 2.2)d_0$	36
曲柄两壁外侧面之间的长度	L_g	$(2.5 \sim 3.0)d_0$	74
曲柄颈长度	L_a	$(1.3 \sim 1.7)d_0$	40
曲柄臂宽度	a	$(1.3 \sim 1.8)d_0$	16

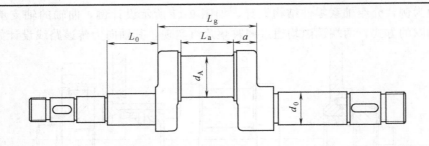

曲轴零件图如图 9-13 所示。

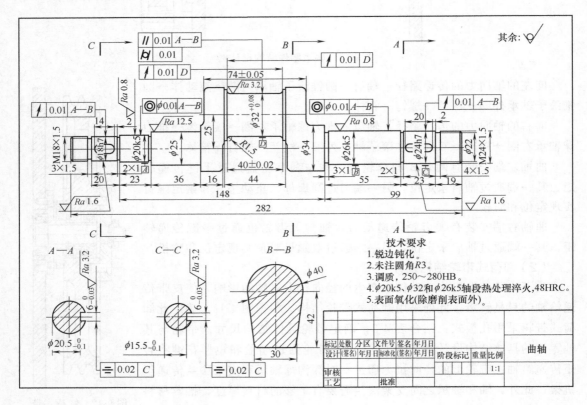

图 9-13　曲轴零件图

（4）冲床总装图和三维模型

冲床三维模型图如图 9-14 所示。设计冲床总装图（不包含送料机构）如图 9-15 所示。

9.3.2　曲轴强度分析

曲轴作为冲床重要的传力构件，需要确保其有足够的强度，可采用有限元对曲轴进行静力学分析和校核。根据结构设计，曲轴的材料为 40Cr，其材料的力学参数为杨氏模量 $E=206\text{GPa}$，泊松比 $\nu=0.28$，密度 $\rho=7800\text{kg/m}^3$，屈服强度 $\sigma_b=785\text{MPa}$。去

图 9-14　冲床三维模型

除不影响整体受力的几何细节，如退刀槽、倒角等，建立几何模型，如图 9-16 所示。

（1）约束条件

曲轴在工作时由两端滚动轴承支撑，因此施加约束于轴承的连接处，如图 9-17 所示，除旋转自由度外，约束其他 5 个自由度。

（2）载荷条件

强度校核时，考虑工作过程中最危险的工况，即承受最大冲压阻力并同时制动的工况。曲轴工作过程中，存在四个载荷：曲柄处来自冲头产生的反力 F_1、大齿轮重力 F_g、齿轮传递的转矩 T_z、刹车制动转矩 T_b 和制动力 F_2。根据原理方案模块的设计分析计算，曲轴的曲柄颈处受到径向力 $F_1=25\text{kN}$，其受力沿着 y 轴的负向。曲轴的最右端连接着一个大齿轮，根据大齿轮的材料密度和体积，确定大齿轮的重量 3.7kg，即 $F_g=37\text{N}$，其受力沿着 y 轴的正方向。齿轮传递给曲轴的转矩为 $T_z=95.5\text{N·m}$，经过受力分解，齿轮传动时的径向力沿 y 轴负向，大小为 810.5N，圆周力沿 z 轴正向，大小为 378N。曲轴左端的刹车机构，根据计算，制动力分解为 y 向和 z 向，沿 y 轴正向，大小为 214N；沿 z 轴负向，大小为 214N；同时受到和齿轮传动方向相反的制动转矩 $T_b=95.5\text{N·m}$。曲轴载荷施加详情如图 9-18 所示。

经过有限元求解分析，获得曲轴应力云图如图 9-19 所示。由图可知，曲轴在危险工况下，最大等效应力为 355.0MPa，发生于左端曲柄臂左侧与轴段的台阶处。由于材料的屈服极限为 785MPa，根据《机械设计手册》，此类轴静强度安全系数选取标准为 1.4～1.8，若取其安全系数为 1.6，则材料的许用应力为 490MPa，大于最大等效应力，因此该曲轴强度满足要求。

9.3.3 曲轴尺寸优化

为了节约能源，降低成本，进一步对曲轴进行以轻量化为目的的优化设计。以体积最小为设计目标，以许用应力作为约束条件，对曲轴的轴径进行尺寸优化。设计变量为曲轴的 9 段轴径，如图 9-20 所示 $D_1 \sim D_9$，设计变量的初始值和取值范围见表 9-4 第 2～4 列，优化后结果见第 5 列，基于制造约束，对各轴径进行圆整，结果见第 6 列。

表 9-4　设计变量的取值范围及优化结果　　　　　mm

设计变量	初始值	下限	上限	优化结果	圆整结果
D_1	17	10	17	13.650	14
D_2	18	14	18	14.616	15
D_3	20	14	20	17.861	18
D_4	25	20	25	23.110	23
D_5	32	26	32	27.990	28
D_6	34	24	34	31.900	32
D_7	26	16	26	21.910	22
D_8	24	20	24	20.000	20
D_9	22	13	22	17.192	17

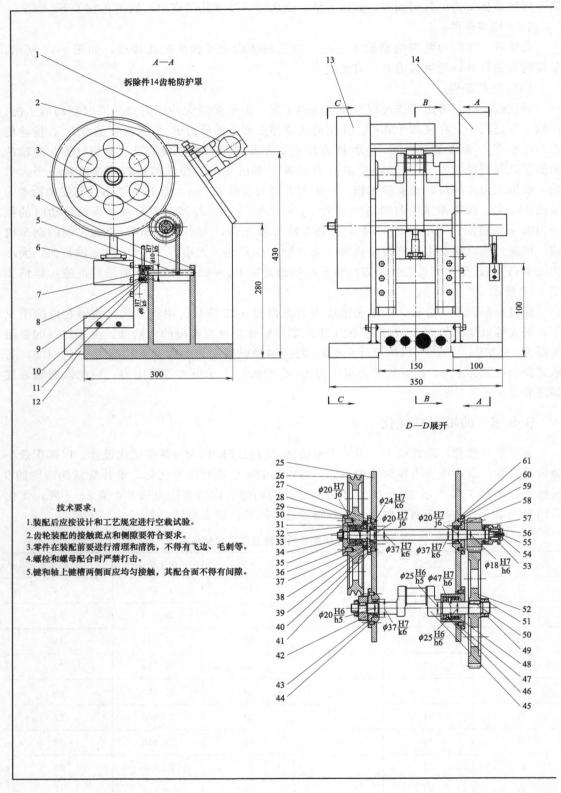

技术要求:
1.装配后应按设计和工艺规定进行空载试验。
2.齿轮装配的接触斑点和侧隙要符合要求。
3.零件在装配前要进行清理和清洗,不得有飞边、毛刺等。
4.螺栓和螺母配合时严禁打击。
5.键和轴上键槽两侧面应均匀接触,其配合面不得有间隙。

图 9-15 冲床

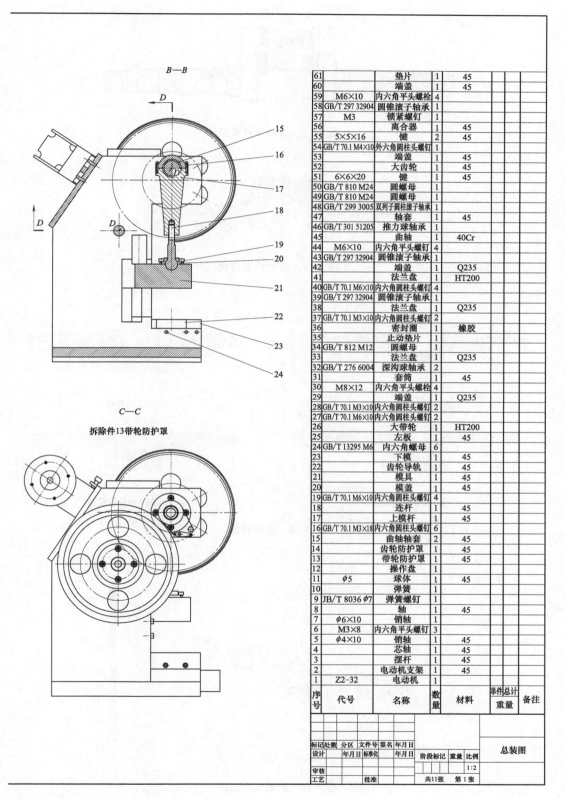

序号	代号	名称	数量	材料	单件总计重量	备注
61		垫片	1	45		
60		端盖	1	45		
59	M6×10	内六角平头螺栓	4			
58	GB/T 297 32904	圆锥滚子轴承	1			
57	M3	锁紧螺钉	1			
56		离合器	1	45		
55	5×5×16	键	1	45		
54	GB/T 70.1 M4×10	外六角圆柱头螺钉	1			
53		端盖	1	45		
52		大齿轮	1	45		
51	6×6×20	键	1	45		
50	GB/T 810 M24	圆螺母	1			
49	GB/T 810 M24	圆螺母	1			
48	GB/T 299 3005	双列子圆柱滚子轴承	1			
47		轴套	1	45		
46	GB/T 301 51205	推力球轴承	1			
45		曲轴	1	40Cr		
44	M6×10	内六角平头螺钉	4			
43	GB/T 297 32904	圆锥滚子轴承	1			
42		端盖	1	Q235		
41		法兰盘	1	HT200		
40	GB/T 70.1 M6×10	内六角圆柱头螺钉	1			
39	GB/T 297 32904	圆锥滚子轴承	1			
38		法兰盘	1	Q235		
37	GB/T 70.1 M3×10	内六角圆柱头螺钉	2			
36		密封圈	1	橡胶		
35		止动垫片	1			
34	GB/T 812 M12	圆螺母	1			
33		法兰盘	1	Q235		
32	GB/T 276 6004	深沟球轴承	2			
31		套筒	1	45		
30	M8×12	内六角平头螺栓	4			
29		端盖	1	Q235		
28	GB/T 70.1 M3×10	内六角圆柱头螺钉	2			
27	GB/T 70.1 M6×10	内六角圆柱头螺钉	2			
26		大带轮	1	HT200		
25		左板	1	45		
24	GB/T 13295 M6	内六角螺母	6			
23		下模	1	45		
22		齿轮导轨	1	45		
21		模具	1	45		
20		模盖	1	45		
19	GB/T 70.1 M6×10	内六角圆柱头螺钉	4			
18		连杆	1	45		
17		上模杆	1	45		
16	GB/T 70.1 M3×18	内六角圆柱头螺钉	6			
15		曲轴轴套	2	45		
14		齿轮防护罩	1	45		
13		带轮防护罩	1	45		
12		操作盘	1			
11	φ5	球体	1	45		
10		弹簧	1			
9	JB/T 8036 φ7	弹簧螺钉	1			
8		轴	1	45		
7	φ6×10	销轴	1			
6	M3×8	内六角平头螺钉	3			
5	φ4×10	销轴	1	45		
4		芯轴	1	45		
3		摆杆	1	45		
2		电动机支架	1			
1	Z2-32	电动机	1			

标记	处数	分区	文件号	签名	年月日		总装图
设计					年月日		
		标准化		年月日			

阶段标记	重量	比例
		1:2

审核
工艺　　　　批准　　　　共11张　第1张

总装图

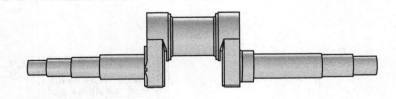

图 9-16　曲轴几何模型

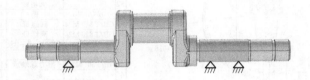

图 9-17　曲轴约束设置

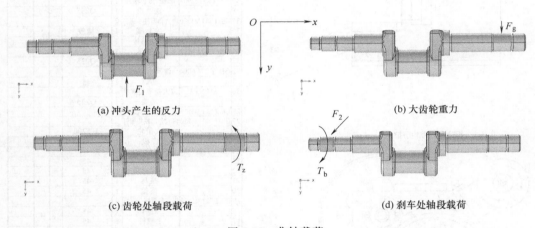

(a) 冲头产生的反力　　　(b) 大齿轮重力

(c) 齿轮处轴段载荷　　　(d) 刹车处轴段载荷

图 9-18　曲轴载荷

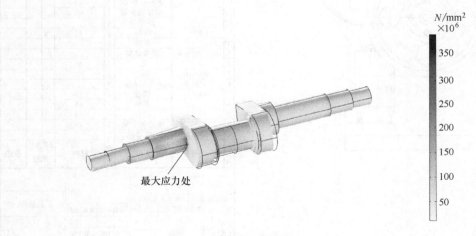

最大应力处

图 9-19　曲轴应力云图

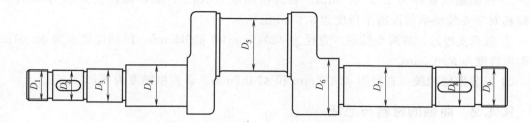

图 9-20　曲轴尺寸优化设计变量

对优化后曲轴（轴径圆整后）进行力学分析，得到最大应力为 450.4MPa，如图 9-21 所示，小于许用应力 490MPa，满足强度要求。相比原设计，曲轴质量减小了 14.3%，最大应力增加了 26.9%，优化后安全系数为 1.74，仍在允许的范围内。表 9-5 为曲轴优化前后性能的对比，可以看出，曲轴经过优化设计，在保证强度的情况下，实现了轻量化。

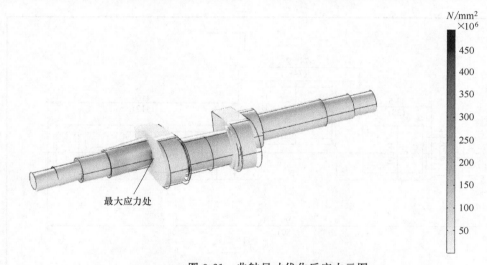

最大应力处

图 9-21　曲轴尺寸优化后应力云图

表 9-5　曲轴优化前后性能比较

项目	优化前	优化后	增长率
体积百分比	1.0	0.857	−14.3%
最大应力	355.0MPa	450.4MPa	26.9%
安全系数	2.21	1.74	−21.3%

9.4 ⊙ 工艺方案设计

9.4.1　曲轴的主要技术要求

曲轴作为冲床重要的传力构件，在冲床工作过程中起着最重要的作用。其具体技术要求如图 9-13 所示。

① 曲轴轴颈直径为 $\phi32^{+0.08}_{0}$ mm，表面粗糙度为 $Ra3.2\mu$m，圆柱度要求为 0.01mm，轴线相对于安装轴承轴段的平行度为 0.01mm。

② 轴承支撑处，共两个轴段，直径为 $\phi20$k5mm 和 $\phi26$k5mm，同轴度要求为 $\phi0.01$mm，表面粗糙度为 $Ra0.8\mu$m。

③ 安装齿轮轴段，直径为 $\phi18$h7mm 和 $\phi24$h7mm，表面粗糙度为 $Ra1.6\mu$m。

9.4.2 曲轴的材料与毛坯

曲轴在工作过程中需要确保有足够的强度、冲击韧性、疲劳强度和耐磨性，根据结构设计，曲轴的材料为 40Cr。

曲轴的毛坯由批量大小、尺寸、结构及材料品质来决定。批量较大的小型曲轴，采用碳钢模锻毛坯；单件、小批量的中大型曲轴，采用自由锻毛坯。本例冲床为大批量生产，选用模锻毛坯。曲轴毛坯的热加工工序为下料—中频感应（加热到 1150℃±50℃）—辊锻—预锻—终锻—热切边—热校直—余热正火—冷校直，曲轴毛坯图如图 9-22 所示。

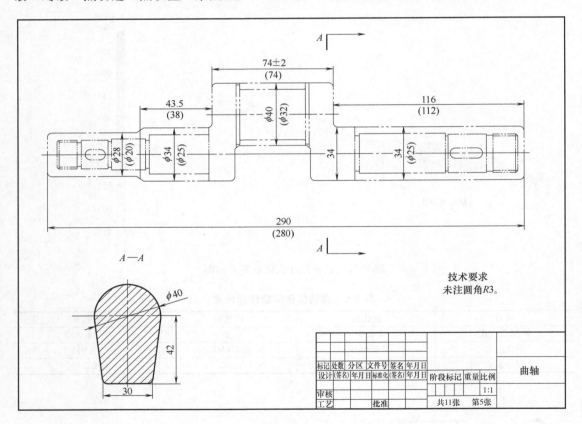

图 9-22　曲轴毛坯图

9.4.3　曲轴的机械加工工艺

（1）定位基准的选择

① 粗基准的选择。为保证曲轴两端中心孔都能钻在两端面的几何中心线上，粗基准应选择靠近曲轴两端的轴段，本例中选择轴承支撑的轴段。为保证其他轴颈外圆余量均匀，在

钻中心孔后，应对曲轴进行校直。

② 精基准的选择。曲轴的中心孔，是加工各轴段的精基准。但在曲轴的整个加工过程中，定位基准要经过多次转换和修正。

（2）加工阶段的划分

曲轴的主要加工部位：连杆轴颈、两轴承支撑部分的主轴颈、安装大齿轮部分的主轴颈。次要加工部位：键槽、曲柄臂、螺纹。其他加工内容：轴颈表面淬火、探伤、动平衡等。加工过程中，还要安排校直、检验、清洗等工序。

加工阶段大致可分为：加工定位基准面—粗加工连杆轴颈与各主轴轴颈—加工次要表面—连杆轴颈与各主轴轴颈热处理—精加工连杆轴颈与各主轴轴颈等重要轴段—加工键槽—动平衡—光整加工各重要轴段。

（3）加工顺序的安排

曲轴机械加工工艺过程如表 9-6 所示。曲轴粗加工时，一般先粗加工和半精加工主轴颈，连杆轴颈的粗、精加工一般要以曲轴两端的主轴颈为基准定位。因此，一般连杆轴颈的粗、精加工安排在主轴颈加工之后进行；主轴颈和连杆轴颈需要在粗加工后进行高频淬火，再进行轴颈的精加工；对于主轴颈和连杆轴颈，还需要在精磨后安排光整加工工序。

表 9-6 曲轴机械加工工艺过程

工序号	工序名称	工序内容	工序设备
1	备料		
2	调质热处理		
3	铣、钻	铣端面，钻中心孔	铣钻组合机床
4	车	车主轴颈外圆	曲轴主轴颈车床
5	磨	粗磨轴承支撑处主轴颈和齿轮安装处主轴颈	曲轴磨床
6	车	粗车连杆轴颈	曲轴连杆轴颈车床
7	清洗		清洗机
8	热处理	高频感应淬火各轴颈表面	曲轴高频感应淬火机
9	磨	精磨轴承支撑处主轴颈和齿轮安装处主轴颈	曲轴磨床
10	车	车右端螺纹	曲轴主轴颈车床
11	粗磨	粗磨连杆轴颈	曲轴磨床
12	精磨	精磨连杆轴颈	曲轴磨床
13	铣	铣键槽	键槽铣床
14	动平衡		专机
15	粗抛	粗抛各主轴颈与连杆轴颈	曲轴油石抛光机
16	精抛	精抛各主轴颈与连杆轴颈	曲轴砂带抛光机
17	清洗		清洗机
18	检查		

9.5 ➡ 控制方案设计

9.5.1 冲床实现的主要功能

① 动力源为电动机。电动机启动，实现动力源功能，通过离合器和制动器实现冲头的上下动作。

② 基于安全和操作方便需要，使用双按钮和脚踏开关实现操作方式的选择。

③ 冲床开机，指示灯亮，具有冲床运行状态指示功能。

9.5.2 冲床电气元件的选择

冲床电气元件如表 9-7 所示，包括选型及规格。

表 9-7 元器件选型及明细

符号	名称	型号	规格	数量
M	三相异步电动机	Y90S-4	1.1kW ,1400r/min	1
KM	交流接触器	CJ20-10	380V,10A	4
KA	中间继电器	CR-M024DC2L	380V,10A	4
FR	热继电器	JSR2-25	16～25A	1
FU1	熔断器	RL6-25	25A	1
FU2	熔断器	RL6-25	10A	1
FU3	熔断器	RL6-25	5A	1
FU4	熔断器	RL6-25	3A	1
SB1	控制按钮	LA-18	5A,红色	1
SB2	控制按钮	LA-18	5A,绿色	1
SB3	控制按钮	LA-18	5A,绿色	1
SB4	控制按钮	LA-18	5A,绿色,自保持	1
HL1	指示灯	ZSD-0	6.3V,绿色	1
HL2	指示灯	ZSD-0	6.3V,绿色	1
EL	照明灯		36V,40W	1

9.5.3 电气控制原理图

冲床电路原理如图 9-23 所示。电路通电后，组合开关 QF 将 380V 的三相电源引入冲床主电路。SB3 和 SB4 是单手和双手启动按钮，SQ 为脚踏开关，SA 是操作方式选择，KA 为中间继电器，YA 为离合器或牵引电磁铁，EL 为照明灯，HL1 为电源指示灯，HL2 为运行指示灯，SB1 为控制电动机停止按钮，SB2 为控制电动机启动按钮，FR 为电动机过载保护，FU 为电路短路保护。电路控制采用传统控制方式，后续如果要实现自动上下料功能，可以选用 PLC 进行控制。

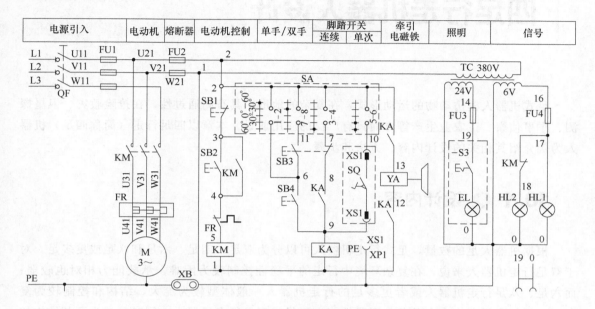

图 9-23　冲床电路原理

第10章

四足行走机器人设计

　　足式机器人模仿动物的运动形式，在复杂的地形中具有高通过性，在抢险救灾、卫星探测、军事侦察、工农业生产等方面具有广泛的应用前景。本章以四足行走（简称四足）机器人为例介绍其相关的设计内容、方法和步骤。

10.1 ⚙ 设计内容

　　根据机器人足的数量，足式行走机器人可以分为双足、四足、六足和八足或更多足。对于双足行走机器人来说，在复杂环境中行走的平稳性控制较为困难，承载能力相对也较弱；而六足、八足行走机器人或者更多足的行走机器人一般体型较为庞大，结构和控制较为复杂；四足行走机器人在高负载与平稳性能方面优于双足行走机器人，同时又减小了其结构的冗余和复杂性，而且能以静态步行方式实现在复杂地形上稳定行走，能以动态步行方式在较为平坦的地面实现快速行走，适合作为灾害救援、军事侦察与货物运输等的机器人，其基本结构如图 10-1 所示。

图 10-1　四足行走机器人基本结构

10.1.1　原理方案设计要求

　　根据四足机器人的性能要求，完成其行走机构原理方案设计。

　　四足机器人的系统性能要求如下。

（1）运动功能

① 步态为模仿蛾类、蝶类幼虫的爬行方式。

② 步距为 150～200mm。

③ 步速为 30～60 步/min 可调。

④ 步高至少达到 30mm。

⑤ 能实现前进和后退。

⑥ 结构紧凑，耗能小。

（2）工作参数

工况：单班（4h）连续作业，每年工作 300 天。

整机长度：1200mm±10mm；整机宽度：500mm±10mm；整机高度：运行过程中＜800mm。

载荷：自重≤40kg，载重 50kg。

环境：室内正常温度、湿度、气压等，温升范围 5～35℃。

设计寿命：整机设计寿命 2 年，极限应力≤170MPa。

机器效率：≥75%，电动机功率 110W。

10.1.2 结构设计要求

对四足机器人的主要结构进行设计，撰写结构设计说明书，绘制装配图，建立四足机器人三维模型。

（1）整机结构设计

整机结构设计主要分为以下内容：

① 结构方案设计；

② 各动、静连接形式设计及具体结构设计，包括各回转副结构设计；

③ 轴设计及校核；

④ 机架设计。

结构设计需要绘制完成四足机器人的二维总装图，并建立四足机器人的三维模型（包括零件图和装配图）。二维总装图需能清楚表达所设计四足机器人的传动及结构，图纸中零件明细栏完备；三维模型需与二维总装图对应，且装配关系正确，无运动干涉。

（2）关键零部件的强度计算和校核

可选择以下关键零部件进行强度校核：

① 轴；

② 齿轮（或其他传动件）；

③ 机架。

可采用有限元分析软件对关键零部件进行强度校核，受力和约束需按照实际工作条件，根据分析结果改进和优化相关结构。

（3）结构设计说明书

结构设计说明书应该包括整机结构设计和关键零部件强度校核、优化两部分。

10.1.3 工艺设计要求

完成四足机器人重要零件如回转轴、带轮、轴承座等的制造工艺设计，撰写制造工艺设计说明书，编制热、冷加工工艺过程卡、加工工序卡。

（1）热加工工艺设计

确定毛坯材料、毛坯尺寸、毛坯制造类型，绘制毛坯零件图，编制热加工工艺过程卡。

（2）冷加工工艺设计

制定详细工艺路线，通过计算或查表的方式确定各加工表面的机械加工余量、工序尺寸，计算各工艺参数如切削用量、基本工时等，编制冷加工工艺过程卡与关键工序的加工工序卡。

（3）制造工艺设计说明书

制造工艺设计说明书，包括零件的技术要求分析、粗/精基准选择、加工阶段划分、加工顺序安排，以及各工艺参数的查表与计算过程。

10.1.4 控制设计要求

完成四足机器人的电气控制系统模块的设计，包括电气元件的选择、绘制主电路和控制电路图，并撰写电气控制电路设计说明书。

（1）控制系统设计的要求

根据四足机器人的工作特点，对控制系统提出的要求如下。

① 供电系统由开关电源构成，输入电压 AC220V，输出电压 DC24V、DC5V，为各种传感器和编码器供电。

② 四杆（或六杆）机构，由一个电动机驱动。

③ 安装三个加速度传感器、四个位移传感器、一个冲压力传感器和一个旋转编码器。

④ 数据采集部分，通过 USB3155 高速数据采集卡采集加速度、位移、冲压力传感器上的数据，读取编码器数值、控制电动机旋转方向和速度、读取电动机转矩等。

⑤ 控制部分包括变频器、PLC、继电器模组等。由 PLC 内部逻辑实现动作控制。

（2）控制电路说明书

控制电路说明书，包括如何选择电气元件，选用的具体厂家及型号，绘制主电路图和控制电路图，采用的控制方式（继电器-接触器、单片机、PLC），以及基本的控制过程的设计。

10.2 ➲ 原理方案设计

10.2.1 原理方案选择

根据给定的数据和设计要求，进行机构原理设计满足运动要求。

机构运动的原动机为电动机，所以需要对电动机的转速进行调整，在表 3-6 中列出了常见运动转换基本功能和匹配机构，选择转动运动形式的机构完成转速、运动轴线变化等功能。针对四足机器人行走要求设计的传动系统运动方案见表 10-1。

表 10-1 传动系统运动方案

运动转换		图示	功能载体
传动系统 运动方案	运动缩小 运动放大	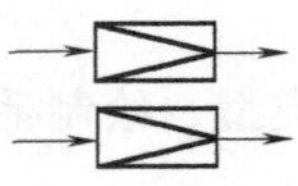	齿轮传动机构、蜗轮蜗杆传动机构、摩擦轮传动机构、链传动机构、带传动机构
	运动分支	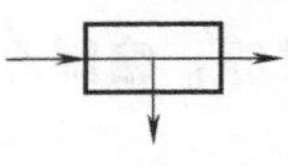	齿轮传动机构

行走机构属于执行系统，其基本运动是往复直线移动、双向摆动、双侧停歇直线移动、双侧停歇摆动，所能采用的机构见表 10-2。

表 10-2　可实现执行系统运动转换的基本机构

运动转换		图示	功能载体
执行系统 运动方案	连续转动→ 往复直线移动		曲柄滑块机构、六杆滑块机构、齿轮-连杆组合机构
	连续转动→ 双向摆动		曲柄摇杆机构、曲柄六杆机构、转动导杆机构
	连续转动→ 双侧停歇直线移动		利用连杆轨迹实现停歇运动机构
	连续转动→双侧停歇摆动		利用连杆轨迹实现停歇运动机构、六杆两极限位置停歇摆动机构

10.2.2　行走机构的原理方案

四足机器人通过以下 4 种步态切换，实现行走。以单侧的机构运动为例，进一步对运动原理进行说明。图 10-2 中 1 杆为原动件，绕其固定铰支座做圆周运动，在图示时刻，A、C 两点与地面接触，支撑机体，此后，1 杆转动，D 点上移，2、3 杆之间夹角减小，4、5 杆之间夹角增大，机构整体表现为前腿（A 点）收拢，后腿（C 点）舒张，当 D 到达最高点，A、B、C 三点均接触地面，如图 10-3 所示。此后，D 点继续运动，3、4 杆之间夹角减小，A、C 点被抬离地面，仅 B 点与地面支撑机体，如图 10-4 所示。此后的运动可视为第一步的镜像，表现为前腿（A 点）舒张，后腿收拢（C 点），如图 10-5 所示，随后机构恢复图 10-2 状态，由此连杆机构完成一个运动周期。

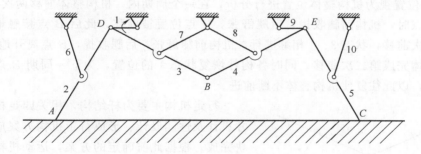

图 10-2　四足站立（状态 1）

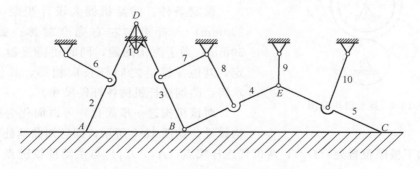

图 10-3　收前腿舒后腿三点（ABC 点）支撑（状态 2）

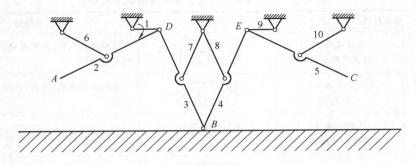

图 10-4 腹部（B 点）支撑（状态 3）

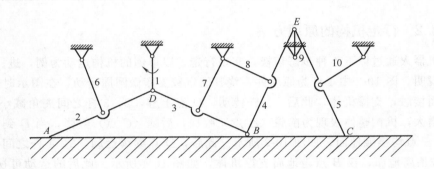

图 10-5 舒前腿收后腿三点（ABC 点）支撑（状态 4）

将 B 点位置视为机构整体位置进行分析，在一个周期内，机构整体前移两次。A、C 作为地面接触点时，机构前腿收拢，后腿舒张，B 点位置被前移，此后 B 点接触地面，机构整体完成一次前移，状态 3、4 相继进行，机构前腿舒张，后腿收拢，B 点离开地面并前移，此时机构整体完成第二次前移，同时各构件恢复状态 1 的位置，为下一周期 B 点的第一次前移做准备，以此往复使机构整体不断前进。

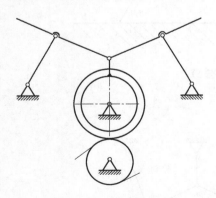

图 10-6 运动机构简图

行走机构主要为杆结构，相关四足机器人的尺寸设计及性能设计、形成行走机构方案应在原理模块完成。根据此前确定的方案，运动机构为六杆机构。将方案中的运动机构拆分出来，如图 10-6 所示。

设定条件：四足机器人设计步距 L 为 150～200mm；六杆机构左右完全对称；曲柄长度取 30mm；为了简化问题，同时使得机器人行走更稳定，其他各铰链之间杆长应相等，其值为 x mm。求解：曲柄摇杆机构各杆件尺寸。

对该机构进一步简化，可以简化为摇杆滑块机构设计，如图 10-7 所示，即已知曲柄处于上极限位置（D_2）和下极限位置处（D_1），两位置连杆端点（A_1，A_2）与主动件铰链点（H）的水平距离之差（$\Delta L = L_1 - L_2$）的 2 倍为步距 L。

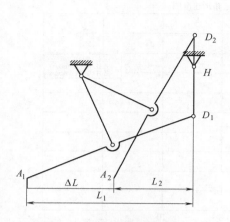
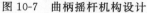

图 10-7 曲柄摇杆机构设计

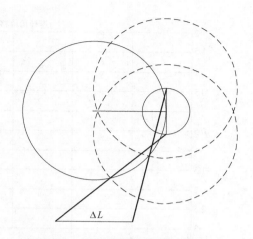

图 10-8 曲柄摇杆机构设计的图解法

对该问题可以采用图解法或解析法求解，如图 10-8 所示。已知两位置进行四杆机构设计，可以有多种设计解。本例取杆 6、7、8、10 的长度 $x = 96\text{mm}$ 时，杆 2、3、4、5 的长度为 192mm。针对该组设计数据，图 10-9 给出了 A、B、C 三点的运动位移-时间曲线，图 10-10 给出了 A 点运动规律曲线。同理，可采用四杆机构形态变化进行步高、重心高度变化等设计验证。

综上所述，行走机构的基本尺寸：杆 1（主动杆）长度为 30mm，杆 9 长度为 30mm，杆 2、3、4、5 长度为 192mm，杆 6、7、8、10 长度为 96mm。

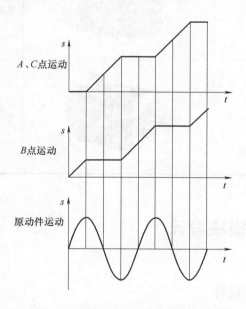

图 10-9 四足机器人的运动位移-时间曲线

10.2.3 原动机的选择

针对上述可选择的执行机构，四足机器人主运动的原动件可以选择三相异步电动机、伺服电动机，如表 10-3 所示。

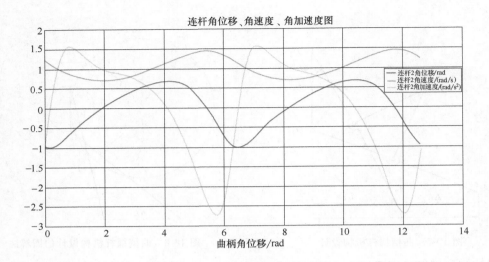

图 10-10　A 点运动规律曲线

表 10-3　原动件列表

原动件	示意图	特点
三相异步电动机		价格低廉，调速性能好，驱动效率高
伺服电动机		控制容易，低速特性差，传动链简单，价格/成本稍高

10.3 ➲ 结构模块设计

10.3.1　结构方案设计

为了具象化四足机器人，进一步对行走机构进行结构设计。四足机器人行走机构可拆分为驱动机构、传动机构和执行机构。

（1）整机布局方案

整机布局方案示意图如图 10-11 所示，其中 M 为驱动机构、T 为传动机构、E 为执行机构。

其中，对于驱动机构，原动机选用步进电动机；传动机构采用二级普通圆柱齿轮减速；执行机构主要为曲柄摇杆机构，如图 10-12 所示的执行机构简图拆分为图 10-13 形式，其包含 10 个运动构件（2 个曲柄、4 个连杆、4 个摇杆），12 个回转副（$R_1 \sim R_{12}$）。

（2）动连接形式设计

本设计例中，动连接包括各回转副和齿轮副。

在传动机构中，动连接为 2 处：二级普通圆柱齿轮传动、电动机输出轴回转副，其类型与性能指标如表 10-4 所示（输入端为电动机主轴）。

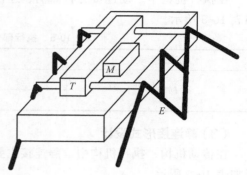

图 10-11　整机布局方案示意图

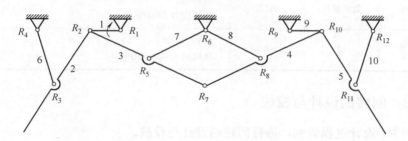

图 10-12　执行机构简图

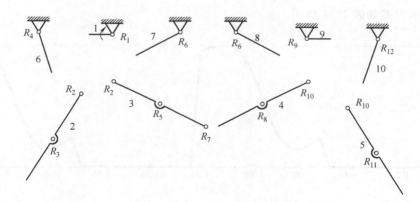

图 10-13　执行机构拆分示意图

表 10-4　传动部件动连接形式及性能指标

动连接形式	零件名称	性能指标
齿轮传动	小齿轮	使用寿命 2 年
	大齿轮	
电动机输出轴回转副	滚动轴承	使用寿命 2 年
	轴承挡圈	

在执行机构中，动连接为各曲柄、连杆和摇杆之间的 12 个回转副，其类型与性能指标如表 10-5 所示。

表 10-5　执行部件动连接形式及性能指标

动连接形式	零件名称	性能指标
回转副	滚动轴承	使用寿命 2 年
	轴承挡圈	

（3）静连接形式设计

在传动机构、执行机构中，静连接主要为键连接与紧定螺钉连接，其相关参数与性能指标如表 10-6 所示。

表 10-6　传动机构、执行机构静连接形式及性能指标

静连接形式	零件名称	类型	性能指标
紧定螺钉连接	紧定螺钉	M2	材料：钢 许用应力 30MPa
键连接	键	$L \times 5 \times 5$	材料：45 钢 极限应力 $\leqslant$ 600MPa

10.3.2　回转副设计与校核

以回转副 R_1 设计过程为例，进行回转副设计与校核。

R_1 轴等效转速 13.94r/min，轴径直径 $D = 15$mm，设计寿命 2 年；计算回转副 R_1 受力如图 10-14 所示，其所受径向最大载荷 $F_r = 229$N。由于无轴向载荷，此处可选择向心轴承组合，支承方案如表 10-7 所示。

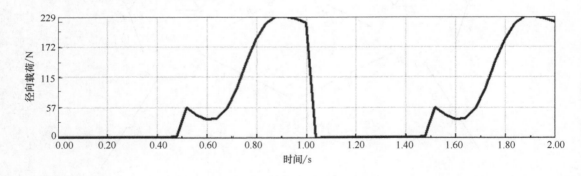

图 10-14　回转副 R_1 受力

表 10-7　支承方案

序号	简图	模型
深沟球-深沟球		

续表

序号	简图	模型
圆柱滚子-圆柱滚子	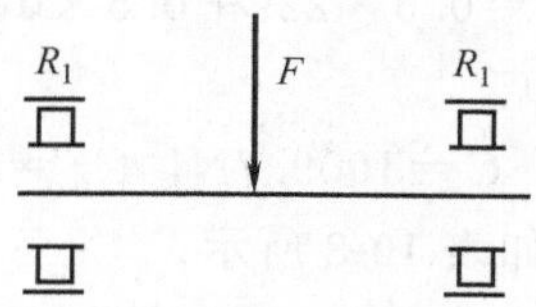 R_1　F　R_1	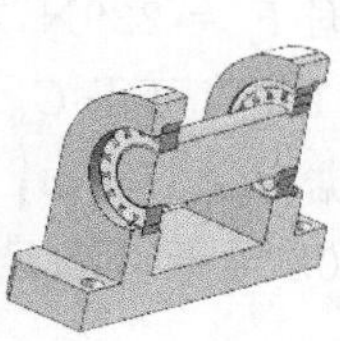
深沟球-圆柱滚子	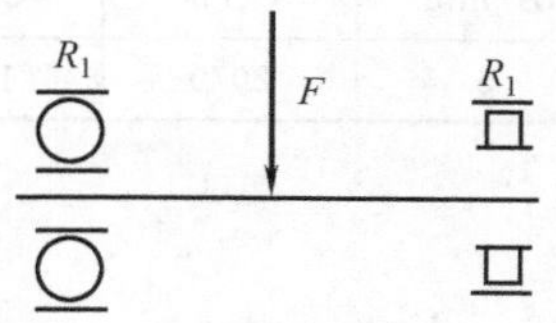 R_1　F　R_1	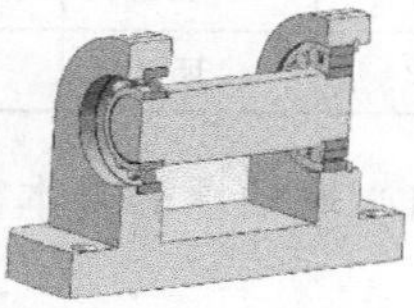

以下分析和计算均基于《机械设计手册》。

在等效转速为 13.94r/min 的情况下，应该优先选择球类轴承，因此，选用表 10-7 中"深沟球-深沟球"的配置形式。

分别计算深沟球轴承的额定动载荷、当量动载荷和当量静载荷，用以选取具体轴承型号。

基本额定动载荷 C：

$$C = \frac{f_h f_m f_d}{f_n f_T} P_r \tag{10-1}$$

式中　f_h——寿命因素；

　　　f_m——力矩载荷因素；

　　　f_d——冲击载荷因素；

　　　f_n——速度因素；

　　　f_T——温度因素；

　　　P_r——当量动载荷，由《机械设计手册》按相关计算公式和查表可得：

$$C = \frac{3.27 \times 1.5 \times 1.2}{1.335 \times 1.0} \times 229 = 1009.7 \text{（N）}$$

当量动载荷 P_r：

$$P_r = X F_r + Y F_a \tag{10-2}$$

式中　X——径向动载荷系数；

　　　Y——轴向动载荷系数；

　　　F_r——径向载荷；

　　　F_a——轴向载荷。

根据 $F_a = 0$，则 $X = 1$，$Y = 0$，$P_r = 229$N。

当量静载荷 P_0：

$$P_0 = 0.6 F_r + 0.5 F_a \tag{10-3}$$

$$C_0 = S_0 P_r \leqslant C_{0r} \tag{10-4}$$

式中　S_0——安全因素；

C_0——基本额定静载荷计算值；

C_{0r}——轴承尺寸及性能表中所列径向基本额定静载荷。

根据 $F_r=229\text{N}$，$F_a=0$，$P_0=0.6\times229+0.5\times0=137.4$（N），$P_0\leqslant P_r=229$（N），取 $S_0=1.5$，可得 $C_0=343.5$（N）。

根据 $d\geqslant15\text{mm}$，$D=24\text{mm}$，$C=1009.7\text{N}$，$C_0=343.5\text{N}$，参照 NSK 轴承样本手册，查得 6802 轴承可满足要求参数，如表 10-8 所示。

表 10-8 6802 轴承参数

型号	d/mm	D/mm	B/mm	C_r/N	C_0/N	极限转速/(r/min)(ZZ 型)
6802	15	24	5	2070	1260	28000

向心球轴承的基本额定寿命：

$$L_{10h}=\frac{10^6}{60n}\left(\frac{f_T C_r}{P_r}\right)^{\varepsilon}=8.83\times10^5>L_n=17520\ (\text{h})=2\ (\text{年}) \tag{10-5}$$

球轴承时寿命系数 $\varepsilon=3$，滚子轴承取 $\varepsilon=10/3$，温度因素 $f_T=1$，选择深沟球轴承 6802-ZZ 满足寿命要求。

回转副 R_1 具体结构如图 10-15 所示，采用两端定位调隙的支承方式，箱体与端盖之间安装调整垫片组进行调隙。此处，轴承内圈与轴的配合采用基孔制，轴承外圈与轴承座孔的配合采用基轴制。轴承内径尺寸为 $\phi15^{+0.043}_{+0.01}\text{mm}$，轴尺寸为 $\phi15^{-0.01}_{-0.043}\text{mm}$、轴承座孔尺寸为 $\phi35^{+0.025}_{0}\text{mm}$，轴承外径尺寸为 $\phi35^{0}_{-0.025}\text{mm}$。由于回转副的旋转速度较低，轴承选择脂润滑，毡圈密封。

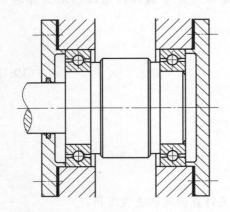

图 10-15 回转副 R_1 支承方式

10.3.3 主轴设计与校核

对于四足机器人主轴结构设计，先估算最小轴径，再根据轴上零件的固定和定位方式，设计轴的结构和尺寸（即轴径和各段轴长），最后校核轴的强度和刚度。以下所有计算依据均出自《机械设计手册》。

所设计的四足机器人主轴，转速 $n_m=60\text{r/min}$，无偏心轮，材料选择 45 钢，正火处理，可查得材料的强度极限 $[\sigma]=600\text{MPa}$，$[\tau]=500\text{MPa}$，屈服极限 $\sigma_s=500\text{MPa}$，弯曲疲劳极限 $\sigma_{-1}=255\text{MPa}$，$\tau_{-1}=155\text{MPa}$。

选取轴的材料及载荷系数 $A=110$，四足机器人额定功率约为 0.11kW，由此

$$d_{min}\geqslant A\sqrt[3]{\frac{P}{n}}=13.46\ (\text{mm}) \tag{10-6}$$

由于安装处有键连接，故轴需加大 4%～8%，则

$$d\geqslant13.46\times1.04=13.998\ (\text{mm})$$

故选取该轴最小轴径 $d_{min}=14\text{mm}$。

根据功能要求，确定图 10-16 中标识的 7 段轴径大小，见表 10-9。

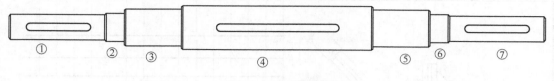

图 10-16 轴的结构

表 10-9 轴径设计

轴径标识号	轴径尺寸/mm	设计依据
①	14	根据油封标准选择
②	15	根据滚动轴承尺寸选取
③	20	轴肩,轴径大于 15mm,取 20mm
④	25	安装带轮,取 25mm
⑤	20	轴肩,轴径大于 15mm,取 20mm
⑥	15	根据滚动轴承尺寸选取
⑦	14	根据油封标准选择

同样，也可根据各段轴径的功能和连接件的要求，确定各段轴长。主轴的结构尺寸初步确定后，为验证所设计轴尺寸是否满足使用要求，还需校核轴的强度和刚度，可采用有限元分析方法进行校核计算。

10.3.4 总装图

四足机器人总装图如图 10-17 所示。

10.4 ● 工艺方案设计

10.4.1 轴承座的主要技术要求

轴承座是各种机械设备中常见的部件，它的主要作用是支承轴承，是固定轴承的重要部件，同时也是承载重量和滚动轴承的核心单元，在整个轴承构建中起到了支架的作用。轴承座一般采用铸铁或者铸钢等材料铸造而成，耐磨性高，使用寿命长。如图 10-18 所示为四足机器人中使用的轴承座，具体技术要求分别如下。

① 轴承座安装轴承外圈的两孔直径为 $\phi 55^{+0.05}_{+0.02}$mm，两孔同轴度要求为 $\phi 0.02$mm，表面粗糙度为 $Ra 3.2\mu m$，两孔深度为 (10 ± 0.02)mm；

② 轴承座内槽宽 $30^{+0.10}_{+0.06}$mm，内壁端面平行度要求为 0.020mm；

③ 轴承座孔轴线距离地面的距离为 (38.5 ± 0.02)mm；

④ 四个螺纹孔中心距为 (34 ± 0.1)mm 与 (54 ± 0.1)mm。

10.4.2 轴承座的材料与毛坯

本例中轴承座采用的材料为 45 钢，生产批量为中等，在使用中所受冲击不大，零件机构简单，总体轮廓尺寸不大，直接选用型材进行加工，毛坯的尺寸通过确定加工余量后确

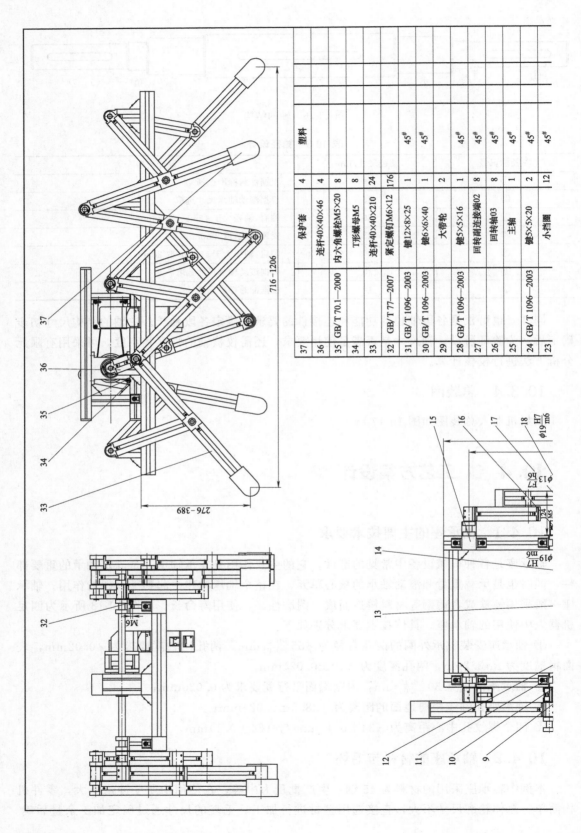

37		保护套	4	塑料
36		连杆40×40×46	4	
35	GB/T 70.1—2000	内六角螺栓M5×20	8	
34		T形螺母M5	8	
33		连杆40×40×210	24	
32	GB/T 77—2007	紧定螺钉M6×12	176	
31	GB/T 1096—2003	键12×8×25	1	45#
30	GB/T 1096—2003	键6×6×40	1	45#
29		大带轮	2	
28	GB/T 1096—2003	键5×5×16	1	45#
27		回转轴连接端02	8	45#
26		回转轴03	8	45#
25		主轴	1	45#
24	GB/T 1096—2003	键5×5×20	2	45#
23		小挡圈	12	45#

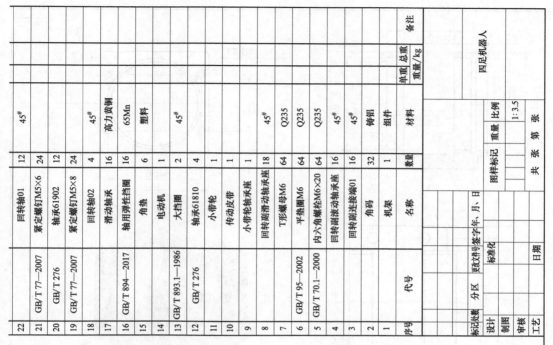

序号	代号	名称	数量	材料	单重	总重	备注
22		回转轴01	12	45#			
21	GB/T 77—2007	紧定螺钉M5×6	24				
20	GB/T 276	轴承61902	12				
19	GB/T 77—2007	紧定螺钉M5×8	24				
18		回转轴02	4	45#			
17		滑动轴承	16	高力黄铜			
16	GB/T 894—2017	轴用弹性挡圈	16	65Mn			
15		角垫	6	塑料			
14		电动机	1				
13	GB/T 893.1—1986	大挡圈	2	45#			
12	GB/T 276	轴承61810	4				
11		小带轮	1				
10		传动皮带	1				
9		小带轮轴承座	1				
8		回转副滑动轴承座	18	45#			
7		T形螺母M6	64	Q235			
6	GB/T 95—2002	平垫圈M6	64	Q235			
5	GB/T 70.1—2000	内六角螺栓M6×20	64	Q235			
4		回转副滚动轴承座	16	45#			
3		回转副连接端01	16	45#			
2		角码	32	铸铝			
1		机架	1	组件			

标记处数	分区	更改文件号	签字 年, 月, 日			
设计		标准化		阶段标记	重量	比例
制图						1:3.5
审核						
工艺		日期		共 张	第 张	

四足机器人

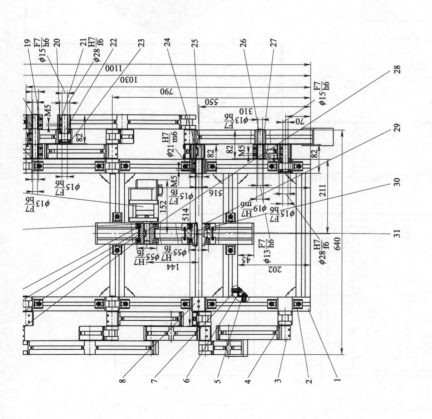

图 10-17 四足机器人总装图

技术要求

1. 装配前，轴承及轴瓦用汽油清洗，其余金属零件用煤油清洗。箱体和其他铸件不加工面应清理干净，除去飞边、毛刺，并添防锈漆；
2. 安装时需要先将机架倒置在桌面上，再依次从下往上安装；
3. 调整、固定轴承时应留有轴间隙；
4. 未注明铸造圆角半径为2～5mm；
5. 未注倒角为2×45°；
6. 装配后需要进行试验。

215 ◀◀◀

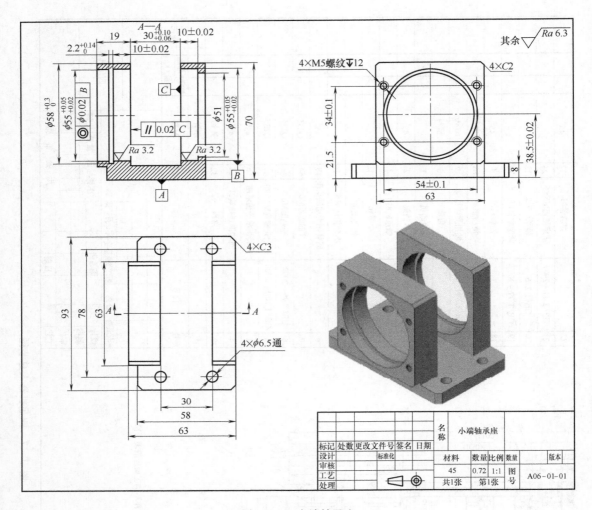

图 10-18 小端轴承座

定，选取立方体毛坯，尺寸为 99mm×76mm×70mm，如图 10-19 所示。

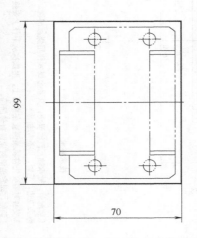
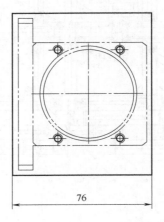

图 10-19 小端轴承座毛坯图

10.4.3 小端轴承座的机械加工工艺

本例中的轴承座，在保持加工精度的基础上提高加工效率，采用高效的加工方法。如轴承座的总体尺寸，在铣床上利用互为基准的原则，保证总体尺寸 99mm×76mm×70mm。对于轴承座中的各孔，为保证轴承孔的尺寸精度与同轴度要求，在加工中心统一进行加工。而轴承座内槽 $30^{+0.10}_{+0.06}$mm 采用线切割的方法进行加工，可以提高加工效率，同时保证尺寸精度与平行度要求。在所有加工完成后，对零件进行表面处理（即电镀白锌），起到美观与防锈的作用。小端轴承座机械加工工艺过程如表 10-10 所示。

表 10-10 小端轴承座机械加工工艺过程

工序号	工序名称	工序内容	工序设备
1	备料	99mm×76mm×70mm	
2	铣	铣各表面至尺寸 93mm×70mm×63mm,铣两台阶至要求尺寸 63	铣床
3	铣	镗孔,保证各孔尺寸 $\phi55^{+0.05}_{+0.02}$mm、$\phi51$mm、$\phi58$mm,同时注意加镀锌余量,保证台阶尺寸 58mm,4×$\phi6.5$mm 孔打点	加工中心
4	线切割	割槽,尺寸为 $\phi30^{+0.10}_{+0.06}$mm	线切割机床
5	钳工	钻 4×$\phi6.5$mm,4×$\phi5$mm,去毛刺及倒角	钻床
6	表面处理	电镀白锌,镀层厚度 10～15μm	
7	检查		

10.5 ➡ 控制方案设计

10.5.1 电气控制总体方案确定

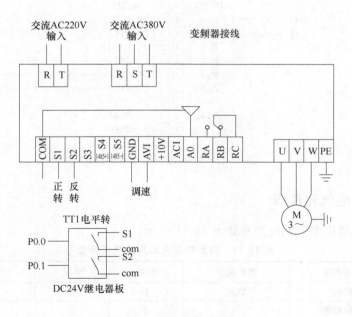

图 10-20 变频器连线图

控制部分包括变频器、PLC、继电器模组等，由 PLC 内部逻辑实现动作控制。变频器连线如图 10-20 所示，变频器接线可以选择 220V 或 380V 电压输入，可以实现电动机的正反转，并具有调速功能。USB 数据采集盒的设定如图 10-21 所示，数据采集部分通过 USB3155 高速数据采集卡采集加速度、位移、冲压力传感器上的数据，读取编码器数值，控制电动机旋转方向和速度，读取电动机转矩等，然后将这些数据上传到 Web 端进行后续处理。

图 10-21　USB 数据采集盒的设定

10.5.2　电气元件表

四足机器人所用电气元件型号如表 10-11 所示。

表 10-11　四足机器人所用电气元件型号

序号	设备名称	型号规格	数量	单位	备注
1	机箱	铝质	1	台	
2	前后贴膜		2	块	
3	航空插座	3 芯	6	套	

续表

序号	设备名称	型号规格	数量	单位	备注
4	航空插座	4 芯	6	套	
5	信号线	4 芯屏蔽	50	米	
6	热缩管	5mm	10	米	
7	继电器板	4 路	1	块	
8	开关电源	直流 24V,5V,2A	1	台	
9	PLC 板				
10	USB 采集卡	36 路 200kS/s	1	台	
11	变频器		1	台	
12	电动机		1	台	
13	加速度传感器		3	个	
14	位移传感器		4	个	
15	冲压力传感器		1	个	
16	编码器		1	个	

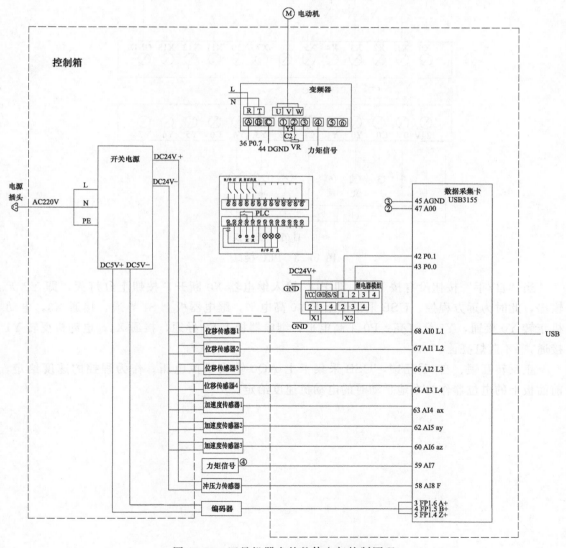

图 10-22 四足机器人的整体电气控制原理

10.5.3　电气原理图

根据前述设计，四足机器人的整体电气控制原理如图 10-22 所示。电控系统总体说明如下：开关电源为 DC24V 和 DC5V 双电输出，DC24V 为 3 个加速度传感器、4 个位移传感器、冲压力传感器、PLC、继电器模组、指示灯、USB 采集卡提供电源，DC5V 为编码器提供电源。继电器模组负责电平转换，PLC 负责逻辑和时序控制，USB 采集卡负责各个传感器上数据采集，变频器负责机构的驱动。

PLC 的接口如图 10-23 所示，当按下"自/手"按钮时，即 PLC 输入继电器 X0 导通，按钮上红灯亮，即 Y2 输出，此时为本地手动控制。按下"正"按钮，即 X1 接通，电动机正转 Y0 接通，Y3 绿灯亮；按下"反"按钮 X2 接通，电动机反转 Y1 接通，Y4 蓝灯亮。

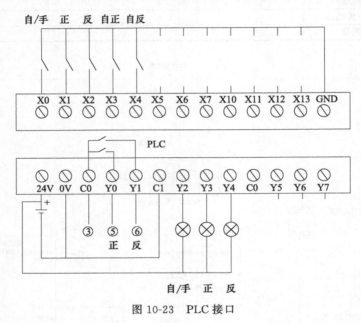

图 10-23　PLC 接口

当"自/手"按钮没有按下时，即 PLC 输入继电器 X0 断开，按钮上红灯灭，即 Y2 无输出，此时为远方程控。USB 采集卡上 P0.0 高电平，继电器板上 S1 导通，接通 X3，电动机正转 Y0 接通，Y3 绿灯亮；P0.1 高电平，继电器板上 S2 导通，接通 X4，电动机反转 Y1 接通，Y4 蓝灯亮。

正反转互锁、自/手互锁，USB 采集卡上 AQ0 输出模拟电压，作为程控的速度给定，前面板上的电位器作为本地手动时的电动机速度给定。

第11章 ▶▶
模块化工业机器人设计

模块化工业机器人是通过通用的机械结构件、标准化的电气接口、控制模块及末端执行器（气动手指、气动吸盘、雕刻主轴、3D 打印头、激光雕刻及柔性顺摆组件）的选择和重组，生成具有不同功能的机器人。Delta 机器人是一种典型的并联机器人，可实现目标物体的运输、加工等操作。本章着重从原理方案设计和电气控制设计两个模块说明模块化工业机器人的设计内容、方法和步骤。

11.1 ➲ 设计内容

11.1.1 原理方案设计要求

① 对可重组模块化工业机器人的结构进行原理分析，绘制各类机构对应的运动简图。

② 对 Delta 机器人进行重点分析。以单轴电动机驱动执行部件在水平面匀速直线运动为例，设计主动件的运动规律（位移、速度、加速度）曲线。

11.1.2 电气控制设计要求

完成模块化机器人总体控制系统设计，针对 Delta 并联机器人，完成其电气控制系统的设计，包括选择电气元件、绘制主电路和控制电路图，并撰写电气控制电路设计说明书等。

（1）控制系统设计的要求

根据 Delta 并联机器人的工作特点，对控制系统提出的控制要求如下。

① 上电后，检测各工作机构的状态，控制各工作机构处于初始位置。

② Delta 机器人系统有 3 个直线模块。运动控制采用运动控制器＋驱动器＋电动机的位置闭环控制系统。

③ 具备断电保护和来电恢复功能。

④ 能实现加工过程自动控制、加工参数显示、系统检测。

（2）电气控制电路设计说明书

撰写电气控制电路设计说明书，包括如何选择电气元件，选用的具体厂家及型号，主电路图和控制电路图，采用的控制方式（继电器-接触器、单片机、PLC），以及基本的控制过程的设计。

11.2 ➡ 原理方案设计

11.2.1 机构运动简图

模块化机器人每种组合所对应的机构运动简图如表 11-1 所示。

表 11-1　模块化机器人每种组合所对应的机构运动简图

序号	结构名称	基本功能描述	实物图	机构运动简图	主要运动副
1	Delta 机器人	高速、轻载的并联机器人，由 3 个并联的伺服轴确定末端执行器中心的空间位置，实现目标物体的运输、加工等操作。主要应用于食品、药品和电子产品等的加工、装配	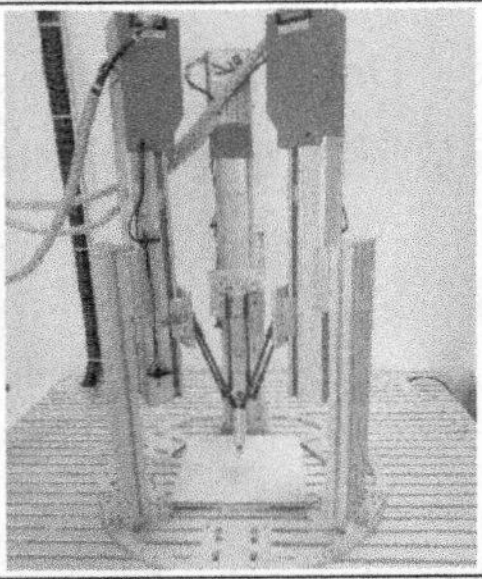	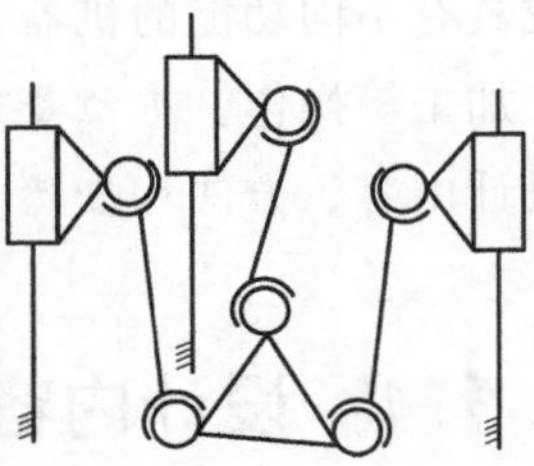	滑块-球铰
2	Scara 机器人	水平关节型机器人有 4 个关节，3 个轴线相互平行的旋转关节在平面内进行定位和定向，1 个移动关节用于完成末端件在垂直平面的运动。应用于装货、卸货、点胶、锁螺钉、包装、固定、涂层、黏结、封装、特种搬运操作、装配等	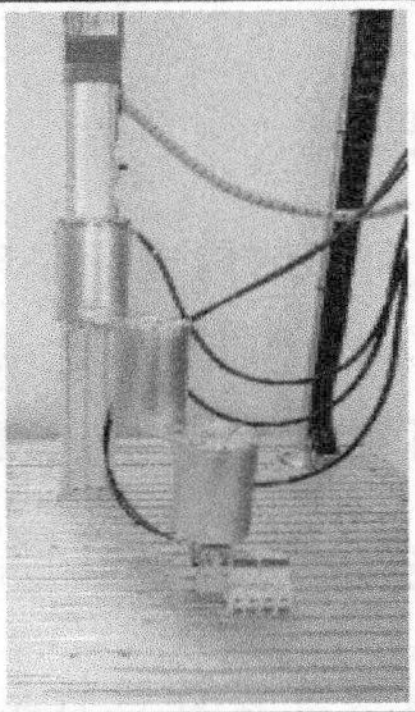	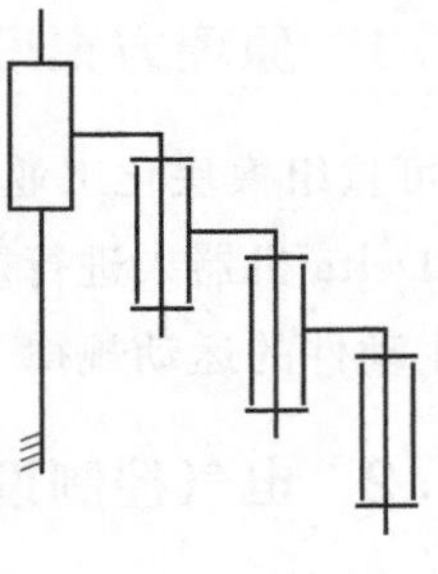	滑块-铰链
3	直角坐标机器人	具有空间上相互垂直的多个直线移动轴(通常 3 个)，通过直角坐标方向的 3 个移动轴确定其手部的空间位置，其动作空间为一长方体。应用于点胶、滴塑、喷涂、码垛、分拣、包装、焊接、金属加工、搬运、上下料、装配、印刷等常见的工业生产领域	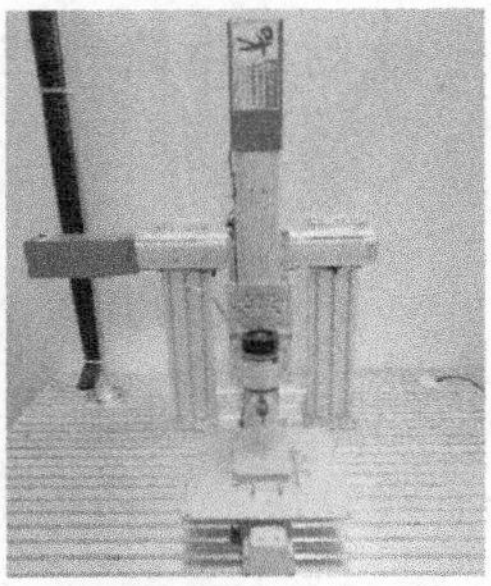	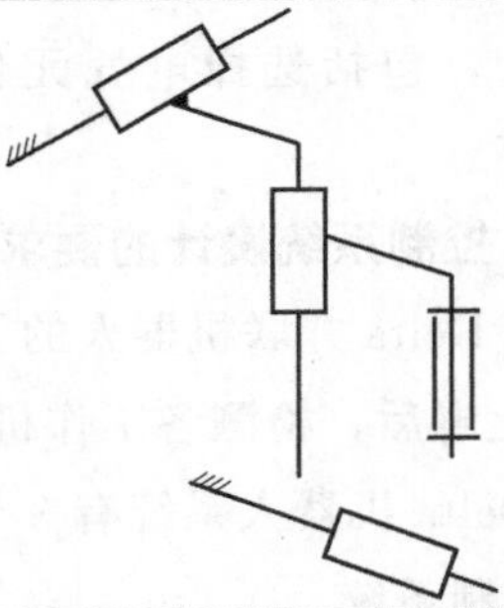	滑块-铰链
4	三自由度机械臂	三自由度机械臂是一种能模仿人手和臂的某些动作功能，用以按固定程序抓取、搬运物件或操作工具的自动操作装置		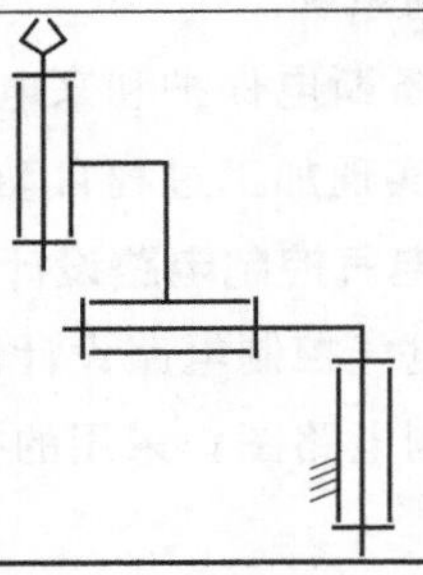	铰链

续表

序号	结构名称	基本功能描述	实物图	机构运动简图	主要运动副
5	四自由度机械臂	由 4 个旋转运动关节组成的机械臂			铰链
6	XY 运动平台	完成平面运动			十字滑块

11.2.2　Delta 机器人运动分析

　　Delta 机器人通过电动机变速驱动主动件实现末端运动件所需要的运动，现以单轴电动机驱动执行部件在水平面上做匀速直线运动为例来说明，此时机构可以简化为平面双滑块结构，如图 11-1 所示。A 滑块为主动件，B 为连杆，连杆长度 180mm，C 滑块为末端执行件，其行程为 170mm。为了确保执行件 C 做匀速直线运动，主动件 A 的线性位移-角度（时间）、速度-角度（时间）、加速度-角度（时间）等运动规律曲线如图 11-2 所示。

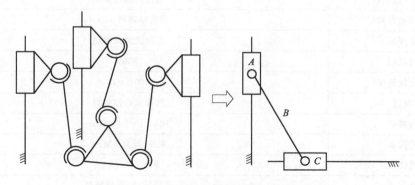

图 11-1　Delta 机器人平面运动等效机构简图

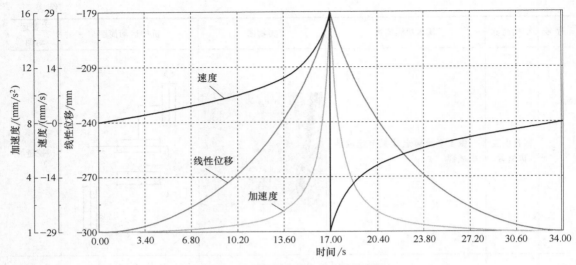

图 11-2　双滑块机构的运动规律曲线

11.3 ➡ 控制方案设计

模块化工业机器人由 3 个直线模块、3 个转动模块、电控柜及拆装平台组成。模块化机器人的基本产品技术参数如表 11-2 所示。

表 11-2　模块化工业机器人的基本产品技术参数

名称	模块化工业机器人实训平台 I 型
直线运动控制电动机	闭环步进电动机
控制模式	支持脉冲＋方向控制，支持总线式
反馈方式	500 线增量式编码器
直线运动传动方式	滚珠丝杠传动
有效行程	200mm
最大运动速度	1000mm/min
旋转关节电动机	直流伺服电动机
旋转传动方式	谐波减速机 10：1
限位开关	正限位及负限位
旋转范围	360°
最大旋转速度	100r/min
控制器	六轴运动控制器
通信接口	网口 10/100Mbps
脉冲控制	支持，最大 1Mpps
总线协议	支持 CANopen
插补方式	直线插补、圆弧插补
外形材质	铝型材＋钣金

续表

名称	模块化工业机器人实训平台Ⅰ型
零件安装方式	T 形槽
工业静音气泵	1 个,压力为 0.2～0.8MPa,容量不低于 50L
外形尺寸	不大于 850(L)×850(W)×750(H)(mm)
手爪	气动控制,最大抓取力 10N

单个模块的搭建有两种方式:一种是搭建单个直线模块;另一种是搭建单个转动模块。直线模块配有正负限位,丝杠导程为 5mm,电动机采用闭环步进电动机。转动模块配有原点限位,谐波减速器的减速比为 10∶1,电动机采用直流伺服电动机。运动控制采用运动控制器＋驱动器＋电动机的位置闭环控制系统。运动控制器采用六轴控制器,为网口通信。主要控制 3 个直线模块和 3 个旋转模块,每个轴对应有编码器反馈接口,控制基本流程如图 11-3 所示。

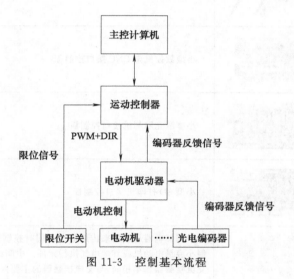

图 11-3 控制基本流程

11.3.1 电气元件的选择

模块化工业机器人所用到电气元件外形及主要功能如表 11-3 所示。

表 11-3 电气元件选择

序号	模块名称	实物图	主要功能
1	空气断路器		空气断路器,习惯称为空气开关,是低压配电网络和电气传动系统中非常重要的一种电器,它集控制和多种保护功能于一身。除能完成接触和分断电路外,也能对电路或电气设备发生的短路、严重过载及欠电压等进行保护
2	交流接触器		交流接触器可以快速切断交流与直流主回路,经常运用于电动机作为控制对象的场合,也可用作控制工厂设备、电热器、工作母机和各样电力机组等电力负载。接触器不仅能接通和切断电路,而且还具有低电压释放保护作用。接触器控制容量大,适用于频繁操作和远距离控制,是自动控制系统中的重要元件之一

序号	模块名称	实物图	主要功能
3	继电器模组		继电器模组把电气控制柜中的单个小功率继电器加以集成化、系列化，减少了中间接线环节，提高了产品的性能。产品顺应了微型化、集成化的发展趋势，是原单个继电器的更新换代产品
4	光耦隔离模块		光耦隔离模块使被隔离的两部分电路之间没有电的直接连接，主要是防止因有电的连接而引起的干扰，特别是低压的控制电路与外部高压电路之间
5	DC-DC 降压模块		输入直流 24V 电压，输出直流 12V 电压
6	CNC 加工控制器		小型数控机床 CNC 接口控制板
7	激光雕刻控制器		小型激光雕刻机接口控制板
8	3D 打印控制器		小型 3D 打印机接口控制板
9	中间继电器		中间继电器通常用来传递信号和同时控制多个电路，也可用来直接控制小容量电动机或其他电气执行元件。中间继电器的结构和工作原理与交流接触器基本相同，与交流接触器的主要区别是触点数目多些，且触点容量小
10	导轨式开关电源		开关电源就是利用电子开关器件（如晶体管、场效应管、晶闸管等），通过控制电路，使电子开关器件不停地"接通"和"关断"，让电子开关器件对输入电压进行脉冲调制，从而实现 DC/AC、DC/DC 电压变换，以及输出电压可调和自动稳压
11	电动机驱动器	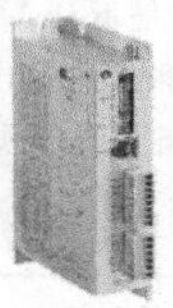	电动机驱动器是一种将电脉冲转化为角位移的执行机构。当驱动器接收到一个脉冲信号，它就驱动电动机按设定的方向转动一个固定的角度（称为"步距角"），它的旋转是以固定的角度一步一步运行的
12	运动控制器	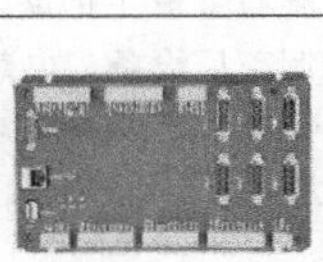	运动控制器是整个平台的控制核心，主要用来对电动机运动精确的位置、速度、加速度、转矩或力的控制

11.3.2 运动控制器功能与连线

ZMC306X 系列控制器支持最多达 12 轴直线插补、任意圆弧插补、空间圆弧、螺旋插补、电子凸轮、电子齿轮、同步跟随、虚拟轴设置等，采用优化的网络通信协议可以实现实时的运动控制。单台计算机最多支持达 256 个 ZMC 控制器同时连接。ZMC 控制器支持 U 盘保存或读取数据（00×系列除外）。典型连接配置如图 11-4 所示。

ZMC 控制器通过 ZDevelop 开发环境来调试。ZDevelop 是一个很方便的编程、编译和调试环境。ZDevelop 可以通过串口、USB 或以太网与控制器建立连接。应用程序可以使用 VC、VB、VS、C++Builder、C♯等软件来开发。调试时可以把 ZDevelop 软件同时连接到控制器，程序运行时需要动态库 zmotion. dll。ZMC306X 主要参数如表 11-4 所示。ZMC306X 接线如图 11-5 所示。

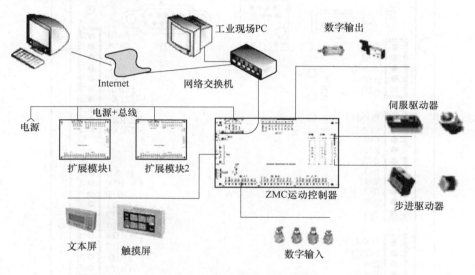

图 11-4　典型连接配置

表 11-4　ZMC306X 主要参数

项目	主要参数
控制器	ZMC306X
基本轴数	6
最多扩展轴数	12
基本轴类型	脉冲输出,所有轴都带编码器
内部 I/O 数	24 进 12 出(带过流保护),另外每轴有 1 进 1 出(轴内输出只能做使能)
最多扩展 I/O 数	512 进 512 出
PWM 数	2(输出频率 1MHz)
内部 ADDA 数	2 路 AD,2 路 DA(0~10V)
最多扩展 AD/DA	256 路 AD,128 路 DA
脉冲位数	32
编码器位数	32
速度、加速度位数	32

项目	主要参数
脉冲最高速率	10MHz
每轴运动缓冲数	128
数组空间	160000
程序空间	2000KB
Flash 空间	128MB
电源输入	24V 直流输入(功耗 10W 内,不用风扇散热)
通信接口	RS-232、RS-485、RS-422、以太网、U 盘、CAN
外形尺寸	205mm×134mm

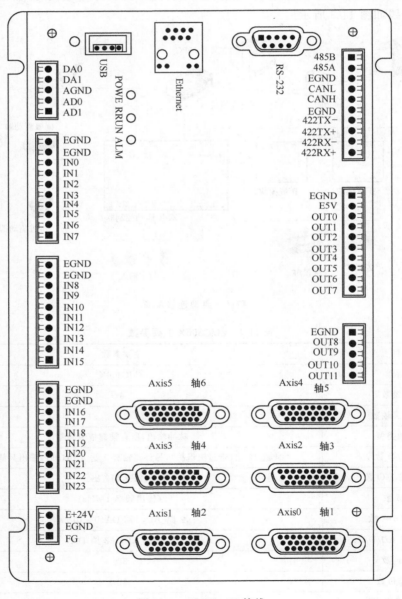

图 11-5 ZMC306X 接线

ZMC306X 具有 6 个轴，最多达 12 个虚拟轴。ZMC306X 可以通过扩展模块来扩展轴。ZMC306X 板上自带 24 个通用输入口、12 个通用输出口（每轴另带 1 个输入口、1 个输出口）；带 2 个 0～10V AD，2 个 0～10V DA；带 1 个 RS-232、1 个 RS-485、1 个 RS-422 串口，1 个以太网接口，一个 CAN 总线接口，支持通过 ZCAN 协议来连接扩展模块；一个 U 盘接口。ZMC306X 控制器和松下 A5 伺服驱动器低速差分脉冲口接线如图 11-6 所示。

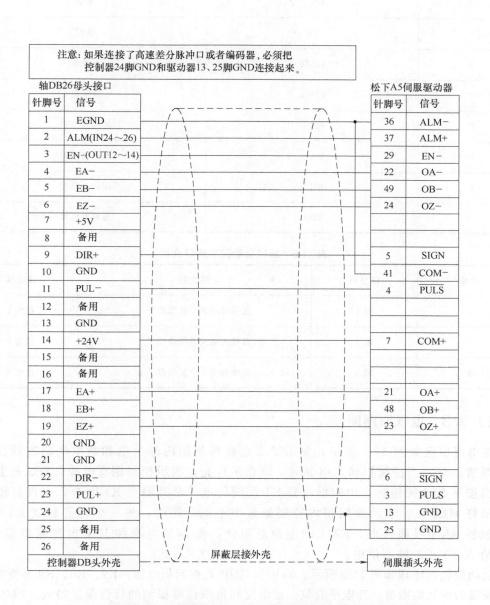

图 11-6　ZMC306X 控制器和松下 A5 伺服驱动器低速差分脉冲口接线

Delta 机器人做 3 轴直线运动，它有 3 个直线模块。直线运动关节接线端子引脚定义如表 11-5 所示。直线运动关节端口设计如表 11-6 所示。

表 11-5　直线运动关节接线端子引脚定义

序号	信号	说明
1	PUL−	脉冲
2	DIR−	脉冲方向
3	EN−	使能
4	5V	电源
5	LIMF	正限位
6	LIMR	负限位
7	EA+	编码器反馈
8	EA−	编码器反馈
9	EB−	编码器反馈
10	EB+	编码器反馈

表 11-6　直线运动关节端口设计

序号	信号端	接线端	输出端
1	轴 1	直线运动关节接线端子 1	直线 1
2	轴 2	直线运动关节接线端子 2	直线 2
3	轴 3	直线运动关节接线端子 3	直线 3

11.3.3　电气原理图

主电路原理如图 11-7 所示，显示了主电路控制柜内部上电和断电电路连线。HL1 是电源指示灯，当控制柜接入电源时，该指示灯亮，表示控制柜有电源。SB2 是上电按钮，当按下 SB2 按钮时，中间继电器 K1 线圈得电，常开触点 K1 闭合，实现自锁，绿色指示灯 HL2 亮，表示控制柜内控制器系统上电。同时，另一个常开触点 K1 闭合，使接触器 KM1 线圈得电，KM1 的主触点闭合，使 24V 电源和 12V 电源输出端接通，从而给 X、Y、Z 轴等供电。

运动控制器原理如图 11-8 所示。24V 和 GND 是控制板电源；K7、K8、K9 是受控制板输出控制的中间继电器，高电平有效。正限位和负限位每根轴的行程保护输入。PUL−是脉冲信号，DIR（±）是方向信号，EN（−）是使能信号。EA＋、EA−、EB＋、EB−是编码器的 A、B 相差分信号。

直线模块驱动器连接如图 11-9 所示。管脚定义与图 11-8 相同，K2、K3、K4 为抱闸控制。

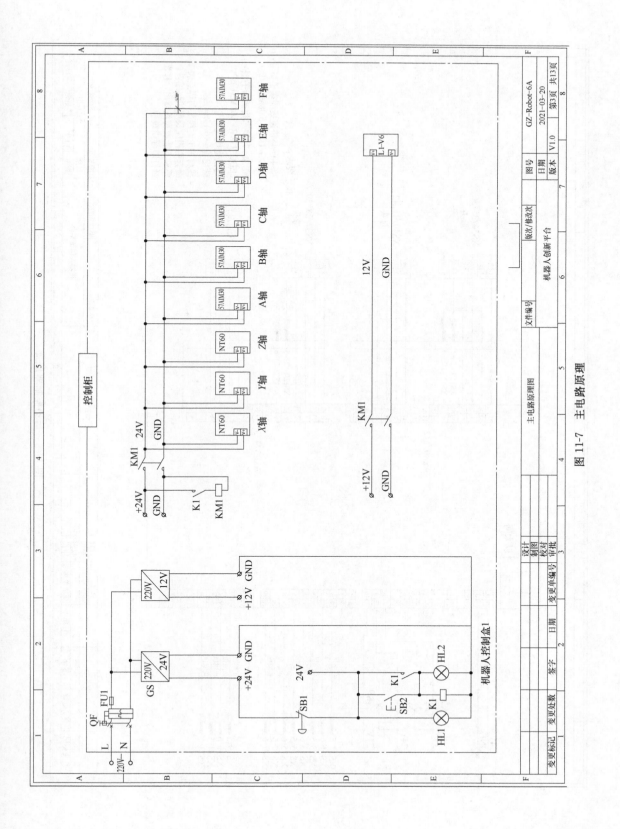

图 11-7 主电路原理

复杂机电系统综合设计

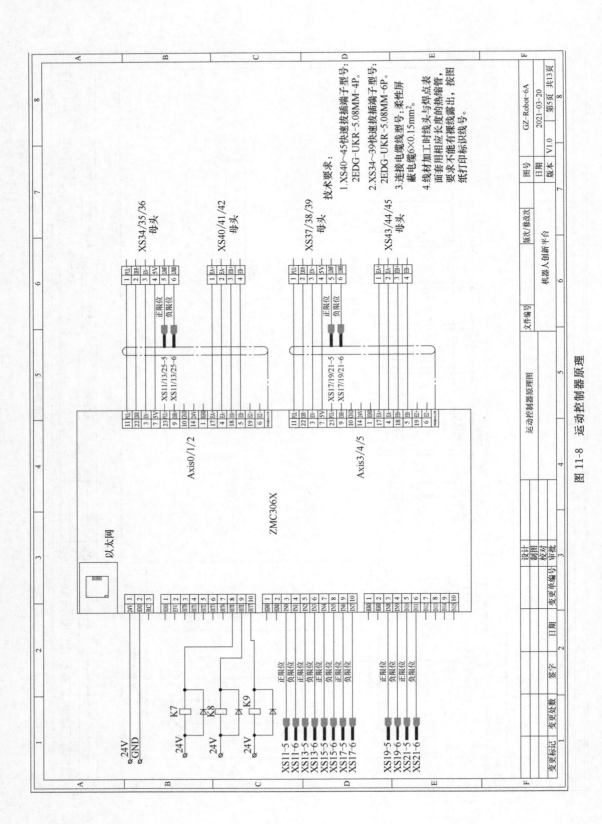

图 11-8　运动控制器原理

232

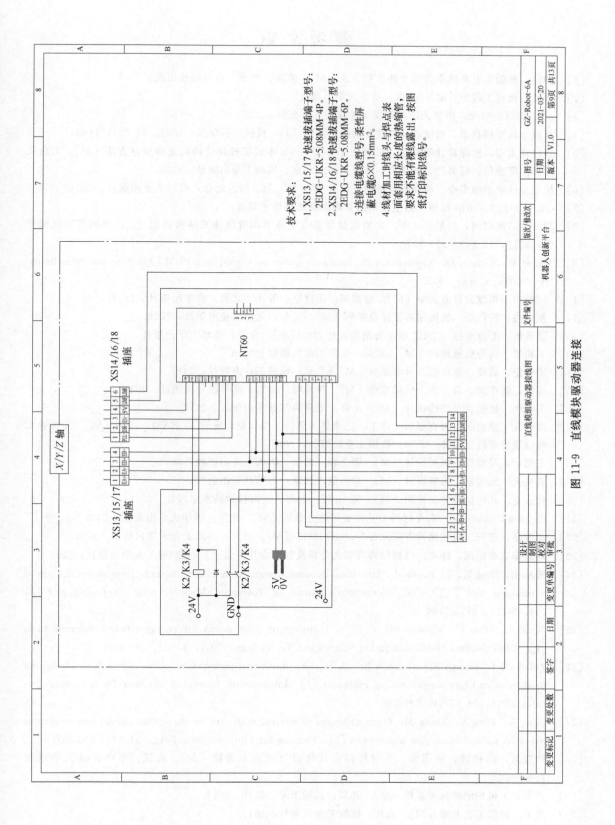

图 11-9　直线模块驱动器连接

参 考 文 献

[1] 钟掘. 复杂机电系统耦合设计理论和方法 [M]. 北京：机械工业出版社出版，2007.

[2] 张策. 机械工程史 [M]. 北京：清华大学出版社，2015.

[3] 2021中国的航天. 中华人民共和国国务院新闻办公室，2022.

[4] 林京. 机器信息学：机械产品智能化的学科支撑 [J]. 机械工程学报，2021，57（2）：11-20.

[5] 畑村洋太郎，实际设计研究会. 机械设计实践——日本式机械设计的构思和设计方法 [M]. 王启义监译. 周德信，阎喜仁，陆子男，李佳，译. 北京：机械工业出版社，1998.

[6] 机械设计手册编委会. 机械设计手册 [M]. 第6卷. 第3版. 北京：机械工业出版社，2004.

[7] GB/T 33222—2016 机械产品生命周期管理系统通用技术规范.

[8] 周奇才，沈鹤鸿，刘星辰，等. 大型机械设备全生命周期管理体系结构研究 [J]. 中国工程机械学报，2017，15（4）：318-323.

[9] Jun H B, Kiritsis D, Xirouchakis P. Research issues on cloded-loop PLM [J]. Computers in Industry，2007，58（8）：855.

[10] 柯勒R. 机械设计方法学 [M]. 党志梁，田世亭，等译. 北京：科学出版社，1997.

[11] 张丽杰，冯仁余. 机械创新设计及图例 [M]. 北京：化学工业出版社，2018.

[12] 潘承怡，姜金刚等. TRIZ理论与创新设计方法 [M]. 北京：清华大学出版社，2015.

[13] 王新华. 高等机械设计 [M]. 北京：化学工业出版社，2013.

[14] 王德伦，高媛，董惠敏. 机械原理 [M]. 北京：机械工业出版社，2011.

[15] 孙桓，陈作模，葛文杰. 机械原理 [M]. 第8版. 北京：高等教育出版社，2013.

[16] 丁晓红. 机械装备结构设计 [M]. 上海：上海科学技术出版社，2017.

[17] 奥拉夫·迪格尔，阿克塞尔·诺丁，达米恩·莫特. 增材制造设计（DFAM）指南 [M]. 安世亚太科技股份有限公司译. 北京：机械工业出版社，2020.

[18] 王德伦，马雅丽. 机械设计 [M]. 第2版. 北京：机械工业出版社，2020.

[19] 濮良贵，纪明刚. 机械设计 [M]. 第6版. 北京：高等教育出版社，1996.

[20] 甘永立. 几何量公差与检测 [M]. 第10版. 上海：上海科学技术出版社，2013.

[21] Richard G Budynas. 高等材料力学和实用应力分析 [M]. 北京：清华大学出版社，2001.

[22] 赵汝嘉，曹岩. 机械结构有限元分析及应用软件 [M]. 西安：西北工业大学出版社，2012.

[23] 刘宏梅，曹艳丽，陈克. 机械结构有限元分析及强度设计 [北京]. 北京理工大学出版社，2018.

[24] Shen L, Ding X, Li T, et al. Structural dynamic design optimization and experimental verification of a machine tool [J]. The International Journal of Advanced Manufacturing Technology，2019，104（9-12）：3773-3786.

[25] Kroll L, Blau P, Wabner M, et al. a Lightweight components for energy-efficient machine tools [J]. CIRP Journal of Manufacturing Science and Technology，2011，4（2）：148-160.

[26] Zulaika J J, Campa F J, Lacalle L N L D. An integrated process—machine approach for designing productive and lightweight milling machines [J]. International Journal of Machine Tools & Manufacture，2011，51（7-8）：591-604.

[27] Dong X, Ding X, Xiong M. Optimal layout of internal stiffeners for three-dimensional box structures based on natural branching phenomena [J]. Engineering Optimization，2019，51（4）：590-607.

[28] 钟毅芳，陈柏鸿，王周宏. 多学科综合优化设计原理和方法 [M]. 武汉：华中科技大学出版社，2006.

[29] 卢秉恒. 机械制造技术基础 [M]. 北京：机械工业出版社，2017.

[30] 朱平. 制造工艺基础 [M]. 北京：机械工业出版社，2019.

[31] 吕明. 机械制造技术基础 [M]. 第 3 版. 武汉：武汉理工大学出版社，2015.

[32] 任家隆，刘志峰. 机械制造工艺及专用夹具设计指导书 [M]. 北京：高等教育出版社，2014.

[33] 邓力，余传祥. 工业电气控制技术 [M]. 第 2 版. 北京：科学出版社，2013.

[34] 王德胜，韩洪彪. 电气控制系统设计 [M]. 北京：电子工业出版社，2011.

[35] 张毅刚，王少军，付宁. 单片机原理及接口技术 [M]. 第 2 版. 北京：人民邮电出版社，2015.

[36] 张伯龙. 电气控制入门及应用：基础·电路·PLC·变频器·触摸屏 [M]. 北京：化学工业出版社，2020.

[37] Saeed B Niku. 机器人学导论——分析、控制及应用 [M]. 第 2 版. 北京：电子工业出版社，2018.

[38] 李慧，马正先，马辰硕. 工业机器人集成系统与模块化 [M]. 北京：化学工业出版社，2018.